信号与系统

基础（MATLAB版）

石辛民　程晓东　郝整清　编著

清华大学出版社

北京

内容简介

本书共分为 8 章,分别介绍了信号与系统的基本概念,连续时间系统的时域分析,傅里叶分析,连续时间信号与系统的 S 域分析,离散时间信号与系统的时域分析,离散时间信号和系统的 Z 域分析,数字信号处理基础以及系统的状态变量分析。

本书可作为电子信息工程、通信工程、自动化、电子科学与技术、计算机技术以及生物医学工程等电气信息类专业本科生的"信号与系统"课程教材,也可供工程技术人员自学参考。

图书在版编目(CIP)数据

信号与系统基础:MATLAB版/石辛民,程晓东,郝整清编著.—北京:清华大学出版社,2016(2024.8重印)

ISBN 978-7-302-43731-4

Ⅰ.①信… Ⅱ.①石… ②程… ③郝… Ⅲ.①Matlab 软件－应用－信号系统－系统分析 Ⅳ.①TN911.6

中国版本图书馆 CIP 数据核字(2016)第 089172 号

责任编辑:陈　明
封面设计:傅瑞学
责任校对:王淑云
责任印制:沈　露

出版发行:清华大学出版社
网　　　址:https://www.tup.com.cn,https://www.wqxuetang.com
地　　　址:北京清华大学学研大厦 A 座　　　　　　　　邮　　编:100084
社　总　机:010-83470000　　　　　　　　　　　　　　邮　　购:010-62786544
投稿与读者服务:010-62776969,c-service@tup.tsinghua.edu.cn
质量反馈:010-62772015,zhiliang@tup.tsinghua.edu.cn
印　装　者:天津鑫丰华印务有限公司
经　　　销:全国新华书店
开　　　本:185mm×230mm　　印　张:19.75　　　　　　字　　数:478 千字
版　　　次:2016 年 3 月第 1 版　　　　　　　　　　　　印　　次:2024 年 8 月第 7 次印刷
定　　　价:59.00 元

产品编号:062946-03

    "信号与系统"课程是电子信息、通信工程、电气工程以及自动化等专业的一门主干专业基础课,也是相关专业研究生入学考试课程之一。进入到信息和智能化时代,无线通信、光通信、云计算、微电子、人工智能以及大数据处理等技术已经达到很高的水平,这些领域的理论和应用都渗透了信号与系统的相关知识。信号与系统理论阐述了电路系统的数学模型建立、求解方法,给出了电信号和系统在频率域的定义、描述方法,总结和拓展了人们对信号特性的认知,完善了关于频域的一整套理论和分析方法,为后续在信号处理领域进一步探索与应用打下了基础。同时,线性电路系统的分析理论和方法又可以应用到诸如生命科学、仿生材料、装备制造、空间科学、智能系统以及人类社会等领域的研究方面,是一套普适的方法论,具有开拓思路、启迪智慧的作用。

    全书共分为 8 章。第 1 章信号与系统的基本概念,第 2 章连续时间系统的时域分析,第 3 章傅里叶分析,第 4 章连续时间信号与系统的 S 域分析,第 5 章离散时间信号与系统的时域分析,第 6 章离散时间信号与系统的 Z 域分析,第 7 章数字信号处理基础,第 8 章系统的状态变量分析。

    本书结合编者多年教学实践,围绕新的教学改革对教学方式和教材内容的要求,编写时突出了以下特点:

    (1) 内容简练易懂,强调概念,突出教学重点。结合对应用性、创新性本科生的要求,以信号与系统的基本概念、基本理论和分析方法为主,注重层次、循序渐进。

    (2) 例题讲解丰富,举一反三,让学生在有限的时间内掌握较多的解题方法和技巧,为后续的习题求解提供了思路,对前面概念和理论内容也是一种更好的复习掌握。

    (3) 将 MATLAB 解题方法与经典解题方法及内容讲解有机结合起来,运用现代的手段分析和描述信号与系统,通过简单实例介绍 MATLAB 基本语句与函数,让学生既学到了信号与系统的通用分析方法,又掌握了软件工具,学会快速分析及描绘信号曲线图的方法。

    (4) 课后习题精心挑选、难易适度、内容较新、紧扣书中内容。除了经典内容的习题,增加了思考题和 MATLAB 习题。

    本书由石辛民担任主编,负责拟定大纲、统稿并编写第 8 章和所有的 MATLAB 例题,程晓东编写了第 1~4 章,郝整清编写了第 5~7 章。

本书可作为电子信息工程、通信工程、自动化、电子科学与技术、计算机技术以及生物医学工程等电气信息类专业本科生的"信号与系统"课程教材。

编　者

2016 年 1 月

CONTENTS

第1章

信号与系统的基本概念

本章是全书的基础,概括地介绍了信号与系统的基本概念和基本理论。主要介绍信号的描述、分类、分解、基本运算和波形变换,详细阐述了常用的典型信号、奇异信号的概念和基本性质,重点介绍了冲激信号的定义和性质。同时也讲述了系统的分类以及系统模型的概念,介绍了线性时不变系统的性质。

1.1 信号与系统

信息(information)泛指人类社会传播的一切内容,在人类认识和改造自然界的过程中,始终离不开信息的获取、传播和存储。美国信息管理专家霍顿给信息下的定义是:"信息是为了满足用户决策的需求而经过加工处理的数据。"简单地说,信息是经过加工的数据,或者说,信息是数据处理的结果。

消息(message)是客观物质运动或主观思维活动状态的一种反映,可以通过语言、文字、图像和数据等不同形式进行具体描述。消息可分为离散消息和连续消息,如电报中的报文、电话中的声音、电视中的图像和雷达探测的目标距离等,都是消息。信息与消息比较起来,信息的概念表现得更宏观一些,消息的概念表现得更具体一些。

信号(signal)是指消息的表现形式,是带有信息的某种物理量,如电信号、光信号和声信号等。消息一般不能直接传送,必须借助于一定形式的信号才能进行各种处理和实现远距离传输。信息包含在消息中,信号是消息的表现形式,因此也可以说信号是信息的载体,信息是信号的内涵,常见的消息有声音、图像和编码等。电信号是应用最广泛的物理量,通常用电压、电流或电磁场等物理量来表示,也可以表示为以时间 t 为自变量的函数形式。

系统(system)泛指由一群相互关联的个体组成,根据预先编排好的规则工作,能完成个别元件无法单独完成的工作群体。在信号处理理论中,人们把能加工、变换数字信号的实体称作系统,由于处理数字信号的系统在指定的时刻或时序对信号进行加工运算,所以这种系统被看作是离散时间的。系统也可以用基于时间的语言、表格、公式、波形等多种形式来描述。

在人类社会的发展过程中,信息的传递一直是一个非常重要的任务,从古代的号角、烽火台,到今天的卫星通信,人类历史的发展与通信的发展有着密切的联系。信号的传输与处理技术最早始于利用电磁波传输信息的无线电通信,以后技术逐步进步并发展成为现代的通信、自动控制以及计算机等学科领域。

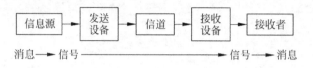

图 1-1　通信过程原理图

如图 1-1 所示,消息经过特定的传感器转换成电信号,再经发射机发射,进行远距离的传输,到达接收端。接收端通过接收机接收到发射信号,然后转换成电信号,通过特定转换器,将电信号转换成原始的消息,传达到接收者,完成了整个通信过程。

在信号传输过程中,会遇到各种各样的系统,"信号与系统"课程的主要内容就是研究这些系统将对信号产生怎样的影响;满足某些需要的系统应该具有怎样的特性;为了达到某种目的,应该设计怎样的系统。这些工作对于通信和控制系统有着非常重要的意义。以上提到的系统并不局限于通信系统,"信号与系统"的研究对象不光是通信和控制系统,也可以是能用数学模型和微分方程表示的其他系统,本课程中的很多理论和方法,可用于对其他系统的研究。

1.2　信号的分类及基本信号示例

1.2.1　信号的分类

信号的分类方法有很多种,从不同的角度考虑有不同的分类方法。按照信号和自变量的特性,可分为确定性信号与随机信号、周期信号与非周期信号、连续时间信号与离散时间信号、因果信号与非因果信号等。描述信号的基本方法是写出它的数学表达式,它们都是时间的函数,函数的图像称为信号的波形。为便于讨论,本书中信号与函数两个名词通用。

1. 确定性信号与随机信号

按照信号随时间变化的确定性来划分,信号可分为确定性信号与随机信号,如图 1-2 所示。

(a) 随机信号　　　　　　　　　　　　(b) 确定性信号

图 1-2　随机信号与确定性信号的波形

确定性信号　对于指定的某一时刻,可确定相应的函数值,如 $f(t)=2e^t$。

随机信号　不可预知的不确定性信号,如噪声。

2. 周期信号与非周期信号

周期信号　若信号 $f(t)$ 满足

$$f(t) = f(t+nT), \quad n = 0, \pm 1, \pm 2, \cdots \tag{1-1}$$

则 $f(t)$ 为周期信号,满足式(1-1)的最小正数 T 值,称为信号的周期。

非周期信号　不具有重复性的信号,找不到满足式(1-1)的周期 T 值。

3. 连续时间信号与离散时间信号

按时间函数取值的连续性与离散性,可将信号划分为连续时间信号与离散时间信号。

连续时间信号　在讨论的时间范围内,除若干个不连续点之外,对于任意时间值都可以给出确定的函数值,如 $f(t)=A\sin\omega t$。连续时间信号的幅值可以是连续的,也可以是离散的(只取某些规定值)。时间和幅值都为连续的信号,又称模拟信号。

离散时间信号　信号的取值在时间上是离散的,只在某些规定的时刻给出函数值,其他时间没有意义,如 $x(n)=\{2,1,3,4,0,-2\}$($n=1,2,\cdots,6$)。若离散时间信号的幅值也被限定为某些离散值,即时间与幅度取值都具有离散性,则称为数字信号。数字信号在离散时刻的函数取值只能为 0 或 1 二者之一,或为其他整数离散值。如图 1-3(a)所示为连续时间信号,图 1-3(b)所示为离散时间信号。

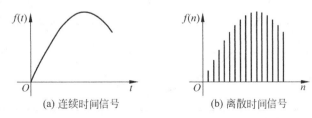

(a) 连续时间信号　　　　　　　　　　(b) 离散时间信号

图 1-3　连续时间信号与离散时间信号

4. 因果信号与非因果信号

若信号 $f(t)$ 在 $t<0$ 时为零,即 $f(t)=0(t<0)$,则称该信号为因果信号,或称为单边信号,否则称为非因果信号。周期信号不是因果信号,因为周期信号在 $t<0$ 时取值不一定为零。

除以上划分方式之外,还有将信号分为能量信号与功率信号,调制信号、载波信号和已调信号等方式。

1.2.2　常用基本信号示例

1. 指数信号

指数信号的定义式为

$$f(t) = Ke^{at} \tag{1-2}$$

式中 a 是实数,当 $a>0$ 时信号随时间而增长;当 $a<0$ 时信号随时间而衰减;当 $a=0$ 时信号不变,即为直流信号。令 $\tau=1/|a|$,τ 称为时间常数,τ 越大,指数信号增长或衰减速率越慢。

在 MATLAB 指令窗中输入

```
>> ezplot 10 * exp(0.4 * t),
  hold,
  ezplot 10 * exp( - 0.4 * t),
  grid
```

回车得出的图 1-4,即为指数信号。

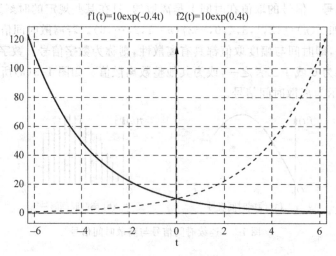

图 1-4　指数信号

2. 正弦信号

正弦信号和余弦信号之间仅仅相位相差 $\frac{\pi}{2}$，故统称为正弦信号，其表达式为

$$f(t) = K\sin(\omega t + \theta) \tag{1-3}$$

式中 K 为振幅，ω 为角频率，θ 为初相位。周期 $T = \frac{2\pi}{\omega}$，其波形如图 1-5 所示。

3. 复指数信号

若指数信号的指数因子为复数，则称为复指数信号，其表达式为

$$f(t) = Ke^{st} \quad (s = \sigma + j\omega)$$

借助欧拉公式，常把正弦信号和余弦信号统一用复指数信号表示为

$$\begin{cases} e^{j\omega t} = \cos(\omega t) + j\sin(\omega t) \\ e^{-j\omega t} = \cos(\omega t) - j\sin(\omega t) \end{cases}$$

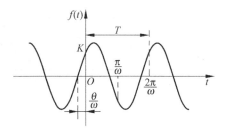

图 1-5 正弦信号

由此可得

$$\sin(\omega t) = \frac{1}{2j}(e^{j\omega t} - e^{-j\omega t}), \quad \cos(\omega t) = \frac{1}{2}(e^{j\omega t} + e^{-j\omega t})$$

所以复指数信号可以表示成

$$Ke^{st} = Ke^{\sigma t}\left[\cos(\omega t) + j\sin(\omega t)\right]$$

此结果表明：复指数信号可以分解为实部和虚部两部分，其中实部只包含余弦信号，虚部只包含正弦信号。式中的 σ 表征了正弦函数和余弦函数振幅随时间变化的情况：

若 $\sigma > 0$，则正弦信号、余弦信号增幅震荡；

若 $\sigma < 0$，则正弦信号、余弦信号衰减震荡；

若 $\sigma = 0$，则正弦信号、余弦信号等幅震荡。

而当 $\omega = 0$ 时，s 为实数，则复指数信号成为一般指数信号。

4. 抽样信号

在通信以及信号处理过程中，经常会遇到一种重要的信号，称为抽样信号（sampling function），其定义为

$$Sa(t) = \frac{\sin t}{t} \tag{1-4}$$

在 MATLAB 指令窗中输入

```
>> ezplot('sin(t)/t',[-12 12 -0.3 1.2]),grid
```

回车则得出该信号,如图 1-6 所示。

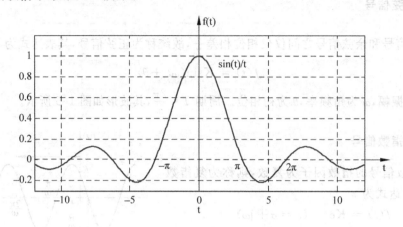

图 1-6　抽样信号

抽样信号有以下性质和特点:

(1) $Sa(t)$ 函数是偶函数,它关于纵坐标轴对称,因为它是两个奇函数 $\dfrac{1}{t}$ 与 $\sin t$ 的乘积。

(2) 当 $t=0$ 时,$Sa(0)=\lim\limits_{t\to 0}\dfrac{\sin t}{t}=1$,此时函数取得最大值。

(3) 当 $t=\pm\pi,\pm 2\pi,\cdots,\pm n\pi$ 时,$Sa(t)=0$,曲线衰减震荡,正负半轴第一个零点的横坐标分别为 $+\pi,-\pi$,主瓣宽度为 2π。

(4) $\displaystyle\int_{0}^{+\infty}Sa(t)\mathrm{d}t=\dfrac{\pi}{2}$,$\displaystyle\int_{-\infty}^{+\infty}Sa(t)\mathrm{d}t=\pi$。

与 $Sa(t)$ 类似的还有 $\mathrm{sinc}(t)$ 函数,其定义式为 $\mathrm{sinc}(t)=\dfrac{\sin\pi t}{\pi t}$。

1.3　信号的运算

信号的运算主要包括:信号的移位(时移或延时)、反褶、尺度变换(伸展或压缩)、微分、积分以及两信号的相加或相乘等。

1.3.1　信号的移位、反褶

信号 $f(t)$ 的移位　若把 $f(t)$ 表达式中的自变量 t 更换为 $t+t_0,t_0>0$,则信号变成 $f(t+t_0)$,相当于 $f(t)$ 的波形在 t 轴上整体右移 t_0;若将 $f(t)$ 表达式中的自变量 t 更换为 $t-t_0,t_0>0$,则相当于 $f(t)$ 的波形在 t 轴上整体向左移 t_0。

观察这些变换,可在 MATLAB 指令窗中输入

>> ezplot exp(- t),hold,ezplot 100 - exp(- t),axis([- 5 - 2 10 50]),grid

回车得出信号 e^{-t} 及其移位的波形,如图 1-7 所示。

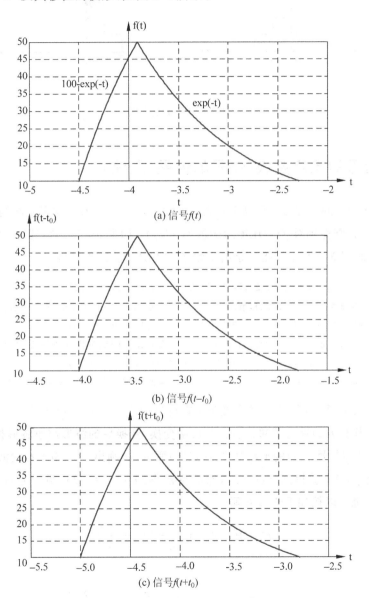

图 1-7 信号的移位示意图

信号 $f(t)$ 的反褶　若将 $f(t)$ 的自变量 t 换为 $-t$，则原函数变成 $f(-t)$，其波形相当于将 $f(t)$ 以 $t=0$ 为轴反褶过来。信号的反褶过程如图 1-8 所示。

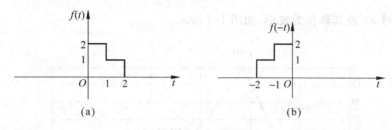

图 1-8　信号的反褶

1.3.2　信号的尺度变换(信号的伸展、压缩)

若将信号 $f(t)$ 的自变量 t 乘以正实数 a，则 $f(t)$ 变成 $f(at)$。这里 a 相当于图形的比例因子，如果 $a>1$，则得到对 $f(t)$ 压缩后的波形 $f(at)$；如果 $a<1$，则得到对 $f(t)$ 扩展后的波形 $f(at)$。下面用 MATLAB 指令绘出函数 $f(t)$ 及其变换后的图线。

```
>> plot([-2 -2],[0 2],[-2 2],[2 2],[2 2],[2 0],'linewidth',3)
>> axis([-3.8 4.4 -0.8 3.2]),grid        %画出 f(t)的图线见图 1-9(a)
>> plot([-1 -1],[0 2],[-1 1],[2 2],[1 1],[2 0],'linewidth',3)
>> axis([-4.8 4.8 -0.8 3.2]),grid        %画出 f(2t)的图线见图 1-9(b)
>> plot([-4 -4],[0 2],[-4 4],[2 2],[4 4],[2 0],'linewidth',3)
>> axis([-4.8 4.8 -0.8 3.2]),grid        %画出 f(t/2)的图线见图 1-9(c)
```

综合以上几种情况，若 $f(t)$ 的自变量 t 更换为 $at+t_0$(a,t_0 为给定的实数)，则得出信号 $f(at+t_0)$，相当于 $f(t)$ 进行了移位、反褶、尺度变换，变换后的波形与原波形相似。

例 1-1　已知信号 $f(t)$ 的形状如图 1-10(a)所示，试画出 $f(-3t-2)$ 的波形。

解　先将 $f(t)$ 平移得到 $f(t-2)$，然后反褶得到 $f(-t-2)$，最后通过尺度变换得出 $f(-3t-2)$。也可以按如下步骤处理：

$$f(-3t-2) = f\left[-3\left(t+\frac{2}{3}\right)\right]$$

运算顺序为

$$f(t) \Rightarrow f(-t) \Rightarrow f(3t) \Rightarrow f\left[-3\left(t+\frac{2}{3}\right)\right]$$

即先反褶、再作尺度变换，最后左移 $\frac{2}{3}$，如图 1-10 所示。变换过程可由如下 MATLAB 指令

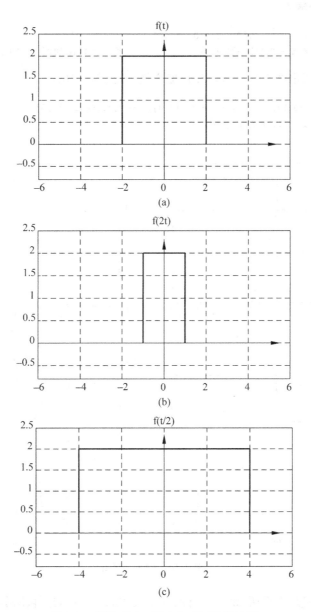

图 1-9 信号 $f(t)$，$f(2t)$ 和 $f(t/2)$ 的波形

实现：

```
>> plot([-2 0],[1 1],'--',[0 1],[1 0],'--','linewidth',3)
>> axis([-3.5 2 -0.5 1.5]),grid          % 得出函数图如图 1-10(a)所示
```

再在指令窗中输入

```
>> plot([0 2],[1 1],'--',[2 3],[1 0],'--','linewidth',3)
>> axis([-3.5 4.5 -0.5 1.5]),grid          % 得出函数图如图1-10(b)所示
```

将上图反褶,画出图1-10(c),再作尺度变换,画出图1-10(d)。

```
>> plot([0 -2],[1 1],'--',[-2 -3],[1 0],'--','linewidth',3)
>> axis([-3.5 3 -0.5 1.5]),grid
```

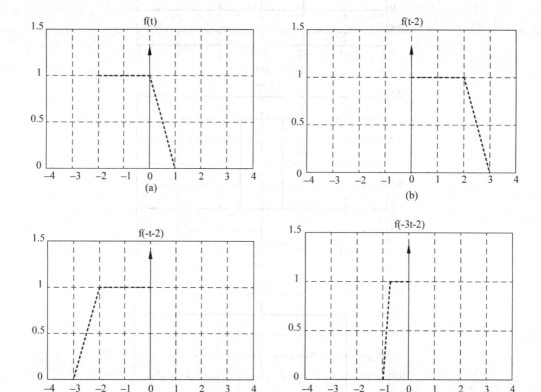

图1-10　例1-1题图

通常按照先平移、再反褶、最后进行尺度变换的顺序画图,这样不易出错。

1.3.3　信号的微分和积分

信号 $f(t)$ 的微分运算是指 $f(t)$ 对 t 取导数,即 $f'(t)=\dfrac{\mathrm{d}f(t)}{\mathrm{d}t}$。

信号 $f(t)$ 的积分运算是指 $f(\tau)$ 在 $(-\infty,t)$ 区间内取定积分运算,即

$$y(t) = \int_{-\infty}^{t} f(\tau)\mathrm{d}\tau$$

例 1-2 已知信号 $f_1(t)$ 和 $f_2(t)$，分别求出 $f_1(t)$ 的微分 $f_1'(t)$ 以及 $f_2(t)$ 的积分 $\int_{-\infty}^{t} f_2(\tau)\mathrm{d}\tau$，这个过程如图 1-11、图 1-12 所示。

解 在 MATLAB 指令窗中输入

```
>> plot([0 1],[0 1],[1 2],[1 1],[2 3],[1 0],'linewidth',2)
>> axis([-1 4 -0.3 1.3]) , grid             % 得出 f₁(t) 的图线如图所示
>> plot([0 0],[0 1],[0 1],[1 1],[1 1],[1 0],[2 2],[0 -1], [2 3],[-1 -1],[3 3],[-1 0],'
linewidth',2)
>> axis([-1 4 -1.3 1.3]), grid              % 画出 f₁'(t) 的图线
```

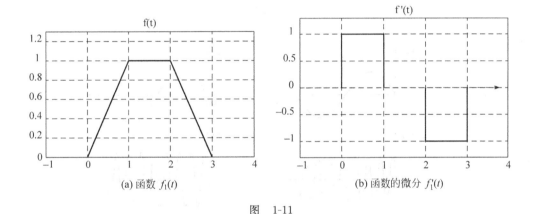

(a) 函数 $f_1(t)$ (b) 函数的微分 $f_1'(t)$

图 1-11

在指令窗中输入下述指令，画出函数 $f_2(t)$ 的图线，如图 1-12(a)所示。

```
>> clf,plot([0 0],[0 1],[0 1],[1 1],[1 1],[1,0],'linewidth',2)
>> axis([-0.5 4 -0.3 1.3]), grid
```

令 $F(t) = \int_{-\infty}^{t} f(\tau)\mathrm{d}\tau$，用下述指令画出 $F(t)$ 的曲线，如图 1-12(b)所示。

```
>> clf,plot([0,1],[0,1],[1 4],[1 1],'linewidth',2)
>> axis([-0.5 4 -0.3 1.3]), grid
```

1.3.4 两信号相加或相乘

信号的相加和相乘运算属于信号之间的基本运算，是指几个信号同一时刻对应值进行相加和相乘的运算。例如，两个信号分别为 $f_1(t) = \sin\Omega t$ 和 $f_2(t) = \sin 8\Omega t$，则 $f_1(t) + f_2(t)$ 以及 $f_1(t) \cdot f_2(t)$ 的波形如图 1-13 所示。

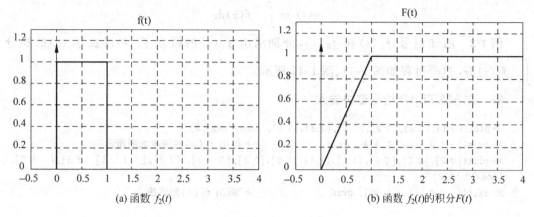

(a) 函数 $f_2(t)$　　　　　　　　(b) 函数 $f_2(t)$ 的积分 $F(t)$

图　1-12

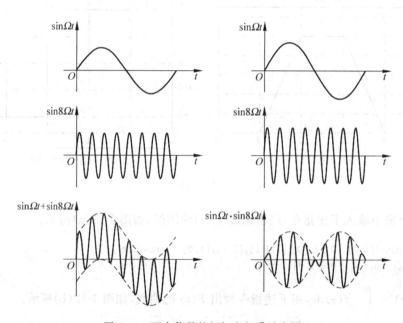

图 1-13　两个信号的相加和相乘示意图

1.4　单位阶跃信号与冲激信号

　　若信号本身有不连续点,或其导数与积分有不连续点,则统称这类信号为奇异信号。通常我们研究的典型信号都是一些抽象出来的数学模型,它们与实际信号可能有差异,但只要把实际信号按某种条件理想化,就可以运用这些模型进行分析研究。本节介绍四种奇异信号：斜变信号、阶跃信号、冲激信号与冲激偶信号,重点介绍阶跃信号和冲激信号。

1.4.1　单位斜变信号

斜变信号也称斜坡信号或斜升信号,它们是从某一时刻开始随时间正比例增长的信号,若增长的变化率为1,则称为单位斜变信号。在 MATLAB 指令窗中输入

```
>> clf,plot([-0.3,4],[-0.1,1.2]),axis([-0.3 4 -0.2 1.2]), grid %
```

回车可得出图 1-14 所示的斜坡信号图。

实际应用中常遇到"截平的"的斜变信号,在时间 τ 以后,斜变波形被切平,其函数为

$$r_1(t) = \begin{cases} \dfrac{k}{\tau} r(t), & 0 < t < \tau \\ k, & t \geqslant \tau \end{cases}$$

如图 1-15 所示。

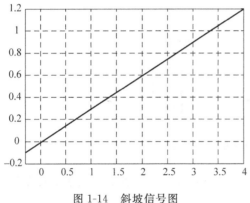

图 1-14　斜坡信号图

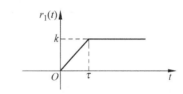

图 1-15　截平的斜坡信号

1.4.2　单位阶跃信号

1. 定义

通常用符号 $u(t)$ 来表示单位阶跃信号,即

$$u(t) = \begin{cases} 0, & t < 0 \\ 1, & t > 0 \end{cases} \tag{1-5}$$

其波形如图 1-16 所示。

$u(t)$ 在 $t=0$ 处无定义,可以取 0,1 之间的任何值,一般可以规定当 $t=0$ 时,$u(t)=0$ 或 $u(t)=\dfrac{1}{2}$。

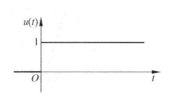

图 1-16　单位阶跃信号波形图

如果发生跳变的时间推迟到 t_0,则可得到时移后的单位阶跃信号

$$u(t-t_0) = \begin{cases} 0, & t < t_0 \\ 1, & t > t_0 \end{cases} \qquad (1-6)$$

其图形如图 1-17 所示。

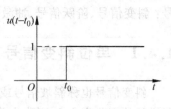

图 1-17　时移后的单位阶跃信号

2. 性质及应用

单位斜变信号的导数,是单位阶跃信号,即

$$\frac{\mathrm{d}r(t)}{\mathrm{d}t} = u(t)$$

矩形脉冲和门信号可以用单位阶跃信号及其延时信号之差来表示:

$$R_\tau(t) = u(t) - u(t-\tau), \quad G_\tau(t) = u\left(t+\frac{\tau}{2}\right) - u\left(t-\frac{\tau}{2}\right)$$

其图线如图 1-18 所示。

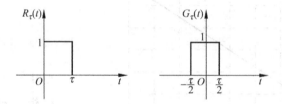

图 1-18　矩形脉冲和门信号

单位阶跃信号可以用来表示信号的起止时间和范围,这样省去用文字描述单边信号或者区间信号。例如

$$f_1(t) = \sin t \cdot u(t) \qquad (1-7)$$

$$f_2(t) = \mathrm{e}^{-t}[u(t) - u(t-t_0)] \qquad (1-8)$$

其图形分别如图 1-19、图 1-20 所示。

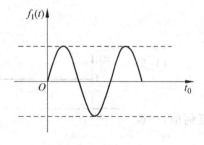

图 1-19　$\sin t \cdot u(t)$ 的波形

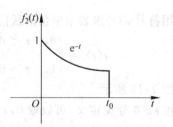

图 1-20　$\mathrm{e}^{-t}[u(t)-u(t-t_0)]$ 的波形

利用单位阶跃信号还可以表示"符号函数"sgn(t),其定义为

$$\text{sgn}(t) = \begin{cases} 1, & t > 0 \\ -1, & t < 0 \end{cases} \tag{1-9}$$

单位阶跃信号与符号函数之间存在如下关系:

$$\text{sgn}(t) = 2u(t) - 1 \tag{1-10}$$

符号函数的图线如图 1-21 所示。

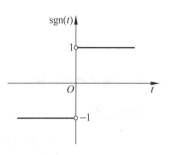

图 1-21 符号函数波形

1.4.3 单位冲激信号

单位冲激函数(信号)是 1930 年英国物理学家狄拉克在研究量子力学中首先提出的,该函数在信号与系统分析中占有重要的地位。

1. 定义

单位冲激信号是对在极短时间内取值极大信号的描述,下面分析由矩形脉冲演变为冲激函数的过程。

宽为 τ、高为 $\dfrac{1}{\tau}$ 的矩形脉冲 $f(t)$,当保持其面积为 1 不变,而使 $\tau \to 0$ 时,则 $\dfrac{1}{\tau} \to \infty$,此极限情况即为单位冲激函数,记为 $\delta(t)$,又称为 δ 函数,它的变化过程如图 1-22 所示。

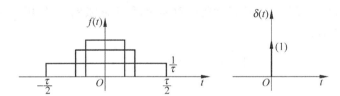

图 1-22 矩形脉冲演变为单位冲激函数

这一过程可以用下列表达式来表示:

$$\delta(t) = \lim_{\tau \to 0} \frac{1}{\tau} \left[u\left(t + \frac{\tau}{2}\right) - u\left(t - \frac{\tau}{2}\right) \right] \tag{1-11}$$

狄拉克还给出 $\delta(t)$ 的另一种定义式:

$$\begin{cases} \displaystyle\int_{-\infty}^{+\infty} \delta(t)\,\mathrm{d}t = 1 \\ \delta(t) = 0, \quad t \neq 0 \end{cases} \tag{1-12}$$

若冲激出现在 t_0 处,则有

$$\begin{cases} \int_{-\infty}^{+\infty} \delta(t - t_0) \mathrm{d}t = 1 \\ \delta(t - t_0) = 0, \quad t \neq t_0 \end{cases}$$

2. 冲激函数的性质

1)筛选性

$$\int_{-\infty}^{+\infty} \delta(t) f(t) \mathrm{d}t = \int_{-\infty}^{+\infty} \delta(t) f(0) \mathrm{d}t = f(0)$$

$$\int_{-\infty}^{+\infty} \delta(t - t_0) f(t) \mathrm{d}t = \int_{-\infty}^{+\infty} \delta(t - t_0) f(t_0) \mathrm{d}t = f(t_0)$$

2)$\delta(t)$是偶函数,即

$$\delta(t) = \delta(-t)$$

3)冲激函数 $\delta(t)$ 的积分等于阶跃函数 $u(t)$。由

$$\begin{cases} \int_{-\infty}^{t} \delta(\tau) \mathrm{d}\tau = 0, \quad t < 0 \\ \int_{-\infty}^{t} \delta(\tau) \mathrm{d}\tau = 1, \quad t > 0 \end{cases}$$

可得

$$\int_{-\infty}^{t} \delta(\tau) \mathrm{d}\tau = u(t), \quad \frac{\mathrm{d}u(t)}{\mathrm{d}t} = \delta(t)$$

4)冲激偶信号

冲激函数的微分呈现出正、负极性的一对冲激,称为冲激偶信号,用 $\delta'(t)$ 表示。

冲激偶的重要性质:

$$\int_{-\infty}^{+\infty} \delta'(t) f(t) \mathrm{d}t = -f'(0)$$

这是因为

$$\int_{-\infty}^{+\infty} \delta'(t) f(t) \mathrm{d}t = \int_{-\infty}^{+\infty} f(t) \mathrm{d}[\delta(t)]$$

$$= f(t)\delta(t) \mid_{-\infty}^{+\infty} - \int_{-\infty}^{+\infty} \delta'(t)\delta(t) \mathrm{d}t$$

$$= -f'(0), 同理有$$

$$\int_{-\infty}^{t} \delta(t - t_0) f(t) \mathrm{d}t = -f'(t_0)$$

将此式推广,让 $t \to +\infty$,可得

$$\int_{-\infty}^{+\infty} \delta'(t) \mathrm{d}t = 0$$

$$f(t) \cdot \delta'(t) = f(0)\delta'(t) - f'(0)\delta(t)$$

1.5　信号的分解

1.5.1　直流分量与交流分量

信号平均值,即信号的直流分量 f_D,从原信号中去掉 f_D,即得信号的交流分量 $f_A(t)$,故有

$$f(t) = f_D + f_A(t)$$

信号在时间间隔 T 内流过单位电阻所产生的平均功率为

$$P = \frac{1}{T}\int_{-\frac{T}{2}}^{\frac{T}{2}} f^2(t)\,\mathrm{d}t = \frac{1}{T}\int_{-\frac{T}{2}}^{\frac{T}{2}} \left[f_D + f_A(t) \right]^2 \mathrm{d}t$$

$$= \frac{1}{T}\int_{-\frac{T}{2}}^{\frac{T}{2}} \left[f_D^2 + 2f_D f_A + f_A^2(t) \right] \mathrm{d}t = f_D^2 + \frac{1}{T}\int_{-\frac{T}{2}}^{\frac{T}{2}} f_A^2(t)\,\mathrm{d}t$$

瞬时功率为 $\dfrac{f^2(t)}{R}$ 或 $f^2(t) \cdot R$,因此信号的平均功率等于直流功率与交流功率之和。

1.5.2　偶分量与奇分量

若 $f_e(t) = f_e(-t)$,则称 $f_e(t)$ 为偶分量;若 $f_o(t) = -f_o(-t)$,则称 $f_o(t)$ 为奇分量。

$$f(t) = \frac{1}{2}\left[f(t) + f(t) + f(-t) - f(t) \right] = \frac{1}{2}\left[f(t) + f(-t) \right] + \frac{1}{2}\left[f(t) - f(-t) \right]$$

故 $f_e(t) = \dfrac{1}{2}\left[f(t) + f(-t) \right]$,$f_o(t) = \dfrac{1}{2}\left[f(t) - f(-t) \right]$,其函数图线见图 1-23。

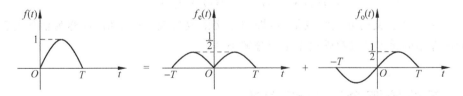

图 1-23　函数分解成偶分量和奇分量

1.5.3　脉冲分量

一个信号可近似分解为许多脉冲分量之和,一种是分解为矩形脉冲分量,另一种是分解成阶跃信号分量。

将 $f(t)$ 近似写成窄脉冲信号的叠加,可把阴影窄脉冲表示为

$$f(t_1)\left[u(t-t_1)-u(t-t_1-\Delta t_1)\right]$$

其波形如图 1-24 所示。

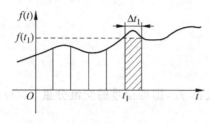

图 1-24   函数分解成窄脉冲的叠加

从 $-\infty$ 到 $+\infty$ 将许多这样的矩形脉冲单元进行叠加,即得近似表达式

$$f(t) = \sum_{t_1=-\infty}^{+\infty} f(t_1)\left[u(t-t_1)-u(t-t_1-\Delta t_1)\right]$$

$$= \sum_{t_1=-\infty}^{+\infty} f(t_1)\frac{\left[u(t-t_1)-u(t-t_1-\Delta t_1)\right]}{\Delta t_1}\Delta t_1$$

当 $\Delta t_1 \rightarrow 0$ 时,有

$$f(t) = \lim_{\Delta t_1 \rightarrow 0}\sum_{t_1=-\infty}^{+\infty} f(t_1)\delta(t-t_1)\Delta t_1 = \int_{-\infty}^{+\infty} f(t_1)\delta(t-t_1)\mathrm{d}t_1$$

若将 t_1 改为 t,而将所有观察时刻 t 用 t_0 表示,则得出

$$f(t) = \int_{-\infty}^{+\infty} f(t_0)\delta(t-t_0)\mathrm{d}t \tag{1-13}$$

与此方法类似,若将函数 $f(t)$ 写成阶跃信号的叠加(当 $t<0$ 时,$f(t)=0$),则可导出

$$f(t) = f(0)u(t) + \int_{0}^{+\infty} \frac{\mathrm{d}f(t_1)}{\mathrm{d}t_1}u(t-t_1)\mathrm{d}t_1 \tag{1-14}$$

1.5.4   实部分量与虚部分量

若复信号 $f(t)=f_r(t)+\mathrm{j}f_i(t)$,与其共轭的函数为 $f^*(t)=f_r(t)-\mathrm{j}f_i(t)$,从而可得

$$f_r(t) = \frac{1}{2}\left[f(t)+f^*(t)\right], \quad \mathrm{j}f_i(t) = \frac{1}{2}\left[f(t)-f^*(t)\right]$$

$$|f(t)|^2 = f(t)\cdot f^*(t) = f_r^2(t)+f_i^2(t)$$

可以用相互正交的分量组成信号,即用正交函数集表示一个信号,称为信号的正交分解。后面介绍的傅里叶级数就属于正交分解类型。

1.6   系统的概念及分析方法

前面介绍了信号的概念,信号与系统是有机联系的,信号不能孤立存在,信号在系统中产生又在系统中传递,系统以一定的规则对信号进行处理或运算。一般系统的定义是由若干相互联系、相互作用的单元组成的,具有一定功能的有机整体。例如,移动通信系统可以看成由基站、基站控制器、交换中心、终端以及软件系统构成的,如图 1-25 所示;计算机、移动电话可以认为是电子产品系统;由各种集成电路、晶体管、RLC(电阻、电容、电感)等元器件构成的电路也是一种系统。在信号与系统中,主要研究输入、输出以及内部信号为电信号的系统的运行规律,暂不考虑系统构成、系统规模大小等内容,只关心如何用抽象的系统模型来等效系统,用数学方法对模型进行分析和求解。

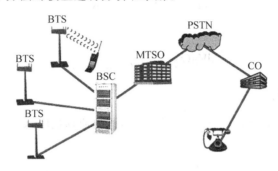

图 1-25　移动通信系统

1.6.1　系统模型概念

系统模型是系统物理特性的数学化,用数学表达式或具有理想特性的符号组合图形表征系统特性。系统模型的建立是有条件的,不同的系统可能得到形式完全一样的数学模型。在信号与系统的分析方法中,主要用三种模型来描述和等效系统,即电路图、系统框图以及微分方程(数学表达式),这三种模型是等价的,可以相互转化。电路图方法已经在电路分析、模拟电路等课程中介绍并应用过,这里不再赘述。微分方程描述系统的方法将在第 2 章详细介绍,本节主要介绍系统框图的概念。

若干个系统框图可以组成一个完整的较大的系统,它的基本单元是加法、标量乘、积分和微分运算,以下介绍四种方框图及其运算功能(图 1-26)。

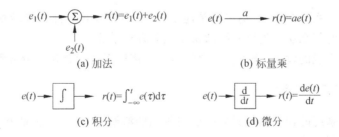

图 1-26　系统框图及运算功能

例 1-3　已知如图 1-27 所示的系统电路图,求该系统的微分方程和框图表示。

解　(1)求出该系统的微分方程。

对于图中 RC 电路,根据电路知识和元件约束关系,微分方程表示如下:

$$RC \frac{\mathrm{d}V_C(t)}{\mathrm{d}t} + V_C(t) = e(t)$$

即
$$\frac{\mathrm{d}V_C(t)}{\mathrm{d}t} + \frac{1}{RC}V_C(t) = \frac{1}{RC}e(t)$$

令 $\alpha = \frac{1}{RC}$，则有

$$\frac{\mathrm{d}V_C(t)}{\mathrm{d}t} + \alpha V_C(t) = \alpha e(t)$$

(2) 画出系统框图。

将表达式改写 $V_C(t) = e(t) - \frac{1}{\alpha}\frac{\mathrm{d}V_C(t)}{\mathrm{d}t}$，则可画出原理框图，如图 1-28 所示。

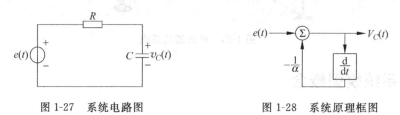

图 1-27　系统电路图　　　　　　图 1-28　系统原理框图

由例 1-3 的解答过程可以看出，电路图、微分方程以及系统框图是等效的。

1.6.2　系统的分类

系统的分类错综复杂，主要通过考虑其数学模型的差异来将系统划分成不同类型，根据不同的划分方法，可以得到下列一些常用的系统分类。

1. 连续系统与离散系统

连续系统　若系统的输入、输出都是连续时间信号，且其内部也未转换为离散信号，这样系统成为连续时间系统。连续系统通常用微分方程描述。

离散系统　系统的输入、输出都是离散信号。离散系统通常用差分方程描绘。

2. 即时系统与动态系统

即时系统　系统的输出信号只取决于同时刻的激励信号，与过去的状态无关。即时系统通常用代数方程描述。

动态系统　系统的输出信号不仅取决于同时刻的激励信号，而且与过去的工作状态有关。动态系统通常用微分方程或差分方程描述。

3. 集总参数系统与分布参数系统

集总参数系统　只由集总参数元件组成的系统称为集总参数系统。集总参数系统通常

用微分方程描述。

分布参数系统　含有分布参数元件的系统称为分布参数系统。分布参数系统通常用偏微分方程描述。

4. 线性系统与非线性系统

线性系统　满足叠加性与均匀性的系统。叠加性即指当几个激励同时作用于系统时，总的输出响应等于多个激励单独作用所产生的响应之和。均匀性即指输入信号乘以某常数时，响应也乘以相同的常数。

非线性系统　不满足叠加性和均匀性的系统。

5. 时变系统与时不变系统

时不变系统　系统的参数不随时间而变化的系统。

时变系统　系统的参数随时间改变的系统。

1.6.3　线性时不变系统(LTIS)

本书着重讨论集总参数线性时不变系统，简称线性时不变系统，详细叙述如下。

1. 叠加性与均匀性

对于给定系统，$e_1(t)$，$r_1(t)$ 和 $e_2(t)$，$r_2(t)$ 分别代表两对激励与响应，则当激励是 $c_1e_1(t)+c_2e_2(t)$（c_1，c_2 均为常数）时，系统的响应为 $c_1r_1(t)+c_2r_2(t)$。

根据系统是否满足均匀性与叠加性，可以判断其是否为线性系统。具体判断方法是

$$先线性运算，再经系统＝先经系统，再线性运算$$

先线性运算，再经系统，有

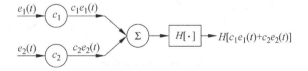

先经系统，再线性运算，有

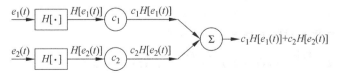

若有

$$H[c_1 e_1(t) + c_2 e_2(t)] = c_1 H[e_1(t)] + c_2 H[e_2(t)]$$

则系统是线性系统,否则是非线性系统。

例 1-4 判断下述微分方程所对应的系统是否为线性系统?

$$\frac{\mathrm{d}r(t)}{\mathrm{d}t} + 10r(t) + 5 = e(t), \quad t > 0$$

解 假设有两个输入信号 $e_1(t)$ 及 $e_2(t)$ 分别激励系统,则由所给微分方程式分别有

$$\frac{\mathrm{d}r_1(t)}{\mathrm{d}t} + 10r_1(t) + 5 = e_1(t), \quad t > 0$$

$$\frac{\mathrm{d}r_2(t)}{\mathrm{d}t} + 10r_2(t) + 5 = e_2(t), \quad t > 0$$

当 $e_1(t) + e_2(t)$ 同时作用于系统时,若该系统为线性系统,应有

$$\frac{\mathrm{d}}{\mathrm{d}t}[r_1(t) + r_2(t)] + 10[r_1(t) + r_2(t)] + 5 = e_1(t) + e_2(t), \quad t > 0$$

但由前两式相加得

$$\frac{\mathrm{d}}{\mathrm{d}t}[r_1(t) + r_2(t)] + 10[r_1(t) + r_2(t)] + 10 = e_1(t) + e_2(t), \quad t > 0$$

矛盾。故该系统不满足叠加性,不是线性系统。

2. 时不变性

由于系统参数本身不随时间改变,因此系统响应跟激励施加于系统的时刻无关。即若激励为 $e(t)$,产生的响应为 $r(t)$,则当激励为 $e(t-t_0)$ 时,响应为 $r(t-t_0)$。时不变系统如图 1-29 所示。

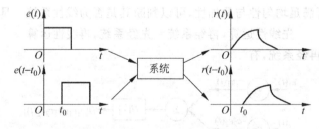

图 1-29 时不变系统

例 1-5 判断下列系统是否为时不变系统:

$$r(t) = \cos[e(t)], \quad t > 0$$

解 系统的作用是对输入信号作余弦运算。

$$e(t) \xrightarrow{\text{时移} t_0} e(t-t_0) \xrightarrow{\text{经过系统}} r_1(t) = \cos e(t-t_0), \quad t > 0$$

$$e(t) \xrightarrow{\text{经过系统}} \cos e(t) \xrightarrow{\text{时移} t_0} r_2(t) = \cos e(t-t_0), \quad t > 0$$

因为 $r_1(t) = r_2(t)$，所以此系统为时不变系统。

3. 微(积)分特性

若 LTI 系统在激励 $e(t)$ 作用下产生的响应为 $r(t)$，则当激励为 $\dfrac{\mathrm{d}e(t)}{\mathrm{d}t}$ 时，响应为 $\dfrac{\mathrm{d}r(t)}{\mathrm{d}t}$；当激励为 $\displaystyle\int_0^t e(\tau)\mathrm{d}\tau$ 时，响应为 $\displaystyle\int_0^t r(\tau)\mathrm{d}\tau$，如图 1-30 所示。

图 1-30 线性系统微(积)分特性

4. 因果性

因果系统是指在 t_0 时刻的响应只与 $t \leqslant t_0$ 时的输入有关的系统，否则为非因果系统。即激励是产生响应的原因，响应是激励引起的结果。

例如，$r_1(t) = e_1(t-1)$ 是因果系统，当 $t=0$ 时，$r_1(0) = e_1(-1)$，满足因果系统的要求；而 $r_2(t) = e_2(t+1)$ 是非因果系统。

常把 $t=0$ 接入系统的信号(在 $t < 0$ 时信号为零)称为因果信号或有始信号。

1.6.4 系统分析方法

在系统分析中，LTI 系统分析具有重要意义。在建立模型方面，描述系统的数学方法分为两大类：一类是输入—输出法，另一类是状态变量法。

输入—输出法着眼于系统激励与响应之间的关系，并不关心系统内部变量的情况。状态变量法不仅可以给出系统的响应，还可以提供系统内部各变量的情况，便于对多输入—多输出系统进行分析。

从数学模型的求解方法来讲，又可分为时间域与变换域方法，对于输入—输出描述的数学模型，可用经典方法求解常系数微分方程或差分方程，辅以算子符号法使分析简化；对于状态变量描述的数学模型，需求解矩阵方程。

变换域方法是将信号与系统模型的时间变量函数，变换成相应的变换域的变量函数，如傅里叶变换以频率为变量，将时间函数变为频率函数，利用频域的分析方法分析系统、求解响应，具体包括将时域卷积运算变为频域乘法运算，时域微分方程变为频域代数方程等方法。

从讲授排序上，本书按先输入—输出，后状态变量；先连续，后离散；先时间域，后变换域的顺序来讲授。

本章小结

　　本章首先给出了信号与系统的基本概念,介绍了常用的几个典型信号的特点和性质,特别是引入了阶跃信号和冲激信号两个奇异信号,分析了它们的特点,给出了信号的性质和应用方法,随后介绍了信号的常用运算方法,最后列举了信号波形进行初等变换的实例;本章指出了要研究的系统为集总参数线性时不变因果电路系统,分别对线性、时不变以及因果等性质进行了举例说明;本章还举例说明了利用 MATLAB 实现信号波形的方法。

课后思考讨论题

　　1. 以平时通过手机打电话或发短信为例子,分析这一通信过程中涉及的具体信号、消息和信息。

　　2. 连续时间信号 $f(t)$ 或者两个连续时间信号 $f_1(t)$ 和 $f_2(t)$ 之间可以进行相加、相乘等运算,试举例图解说明 $f(at-b)$,$f_1(t)+f_2(t)$,$f_1(t)\times f_2(t)$ 运算的方法。(a,b 为常数,$f(t)$,$f_1(t)$ 和 $f_2(t)$ 的波形自定。要求画出运算信号以及结果信号的波型。)

　　3. 用阶跃函数的组合表示如下各图信号:

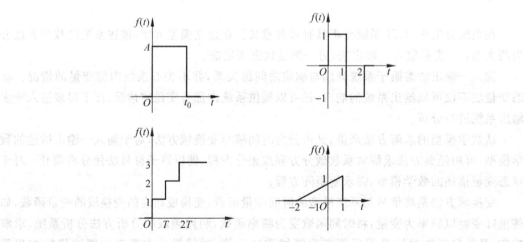

　　4. 已知某系统的输入 $f(t)$ 与输出 $y(t)$ 的关系为 $y(t)=|f(t)|$,试判定该系统是否为线性时不变系统?

　　5. 冲激函数幅度无穷大,宽度为零,积分面积为1;讨论一下它与现实生活中的物理现象,如闪电、电火花等的联系。

6. 判断下列论述是否正确?为什么?

(1) 两个周期信号之和仍为周期信号;

(2) 非周期信号一定是能量信号;

(3) 能量信号一定是非周期信号;

(4) 两个功率信号之和仍为功率信号;

(5) 两个功率信号之积仍为功率信号;

(6) 能量信号与功率信号之积为能量信号;

(7) 随机信号必然为非周期信号。

习题 1

1-1 试判断下列各信号 $f(t)$ 是否为周期信号,若是,其周期 T 为多大?

(1) $f(t)=2\cos\left(5\pi t+\dfrac{\pi}{4}\right)$;

(2) $f(t)=\cos 3t+\sin 5t$;

(3) $f(t)=\cos 3t+2\sin 3\pi t$;

(4) $f(t)=1+\sin 5t$;

(5) $f(t)=4\mathrm{e}^{-6t}\cos\left(3t+\dfrac{\pi}{3}\right)$;

(6) $f(t)=10\sin 5t\varepsilon(t)$。

1-2 试写出题图 1-2 各信号的解析表达式。

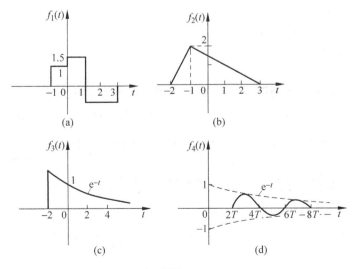

题图 1-2

1-3　计算下列积分：

(1) $\displaystyle\int_{-\infty}^{+\infty}\sin\left(t-\frac{\pi}{4}\right)\delta\left(t-\frac{\pi}{2}\right)\mathrm{d}t$；

(2) $\displaystyle\int_{-\infty}^{+\infty}\mathrm{e}^{-t}\delta(t-3)\mathrm{d}t$；

(3) $\displaystyle\int_{-\infty}^{+\infty}u\left(t-\frac{t_0}{2}\right)\delta(t-t_0)\mathrm{d}t$；

(4) $\displaystyle\int_{-3}^{1}\delta(t^2-4)\mathrm{d}t$；

(5) $\displaystyle\int_{-1}^{1}(3t^2+1)\delta(t)\mathrm{d}t$；

(6) $\displaystyle\int_{1}^{2}(3t^2+1)\delta(t)\mathrm{d}t$；

(7) $\displaystyle\int_{-\infty}^{+\infty}(t^2+\cos\pi t)\delta(t-1)\mathrm{d}t$；

(8) $\displaystyle\int_{-\infty}^{+\infty}\mathrm{e}^{-t}\delta(2t-2)\mathrm{d}t$；

(9) $\displaystyle\int_{-\infty}^{+\infty}\mathrm{e}^{-t}\delta'(t)\mathrm{d}t$。

1-4　已知 $x(t)=t+1$，试画出 $x(2t)$，$x(t/2)x(-t)$ 和 $x(\tau-t)$，τ 为常数的草图。

1-5　写出题图 1-5 所示各信号的表达式。

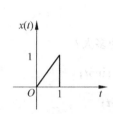

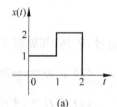

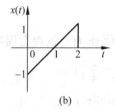

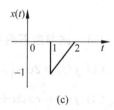

(a)　　　　　(b)　　　　　(c)

题图 1-4　　　　　　　　　题图 1-5

1-6　画出以下各式表示信号的草图。

(1) $x(t)=tu(t)$；

(2) $x(t)=(t-1)u(t-1)$；

(3) $x(t)=tu(t-1)$；

(4) $x(t)=(t-1)u(t)$。

1-7　设 $f(t)$ 的波形如题图 1-7 所示，试画出下列各信号的波形。

(1) $f_1(t)=f(2t-4)$；

(2) $f_2(t)=f(2t+4)$；

(3) $f_3(t)=f(-2t-4)$；

(4) $f_4(t)=f\left(\dfrac{1}{2}t-\dfrac{1}{4}\right)$；

(5) $f_5(t)=f\left(\dfrac{1}{2}t+\dfrac{1}{4}\right)$；

(6) $f_6(t)=f\left(-\dfrac{1}{2}t-\dfrac{1}{4}\right)$。

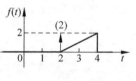

题图 1-7

1-8　计算下列各题：

(1) $\dfrac{\mathrm{d}}{\mathrm{d}t}\left[\mathrm{e}^{-t}\delta(t)\right]$；

(2) $\dfrac{\mathrm{d}}{\mathrm{d}t}\left[\mathrm{e}^{-t}u(t)\right]$；

(3) $\displaystyle\int_{-\infty}^{+\infty}\mathrm{e}^{-\mathrm{j}\omega t}\left[\delta(t)-\delta(t-t_0)\right]\mathrm{d}t$；

(4) $\displaystyle\int_{-\infty}^{t}\mathrm{e}^{-\tau}\left[\delta(\tau)-\delta'(\tau)\right]\mathrm{d}\tau$；

(5) $\displaystyle\int_{-5}^{5}(2t^2+3t-5)\delta(3-t)\mathrm{d}\tau$;　　　　(6) $\displaystyle\int_{-1}^{5}\left(t^2+t-\sin\frac{\pi}{4}\right)\delta(t+2)\mathrm{d}\tau$;

(7) $\displaystyle\int_{-\infty}^{+\infty}\delta(t^2-1)\mathrm{d}t$;　　　　(8) $\displaystyle\int_{-\infty}^{+\infty}(t^2+t+1)\delta\left(\frac{t}{2}\right)\mathrm{d}t$。

1-9　画出题图 1-9 所示各信号奇分量 $f_{\mathrm{o}}(t)$ 与偶分量 $f_{\mathrm{e}}(t)$ 的波形。

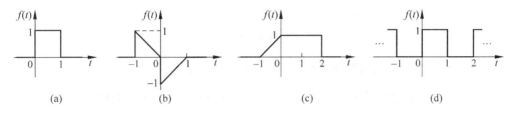

(a)　　　　(b)　　　　(c)　　　　(d)

题图 1-9

1-10　已知 $f(5-2t)$ 的波形如题图 1-10 所示,求 $f(t)$ 的波形。

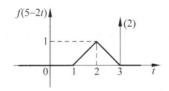

题图 1-10

1-11　设系统的激励为 $f(t)$,全响应为 $y(t)$,试判断下列系统的性质(线性、时变、因果):

(1) $y(t)=5f(t-1)$;　　　　(2) $y(t)=\mathrm{e}^{f(t)}$;

(3) $y(t)=\dfrac{\mathrm{d}}{\mathrm{d}t}[f(t)]+\displaystyle\int_{0}^{t}f(\tau)\mathrm{d}\tau$;　　　　(4) $y(t)=\sin[f(t)]+f(t-2)$;

(5) $y(t)=f(t-1)-f(1-t)$;　　　　(6) $y(t)=f(2t)+f(t+1)$。

1-12　已知系统具有初始值 $y(t_0)$,试判别以下给定系统中哪些是线性系统。

(1) $y(t)=ay(t_0)+bx^2(t)$;　　　　(2) $y(t)=y(t_0)+x(t)\dfrac{\mathrm{d}x(t)}{\mathrm{d}t}$;

(3) $y(t)=y^2(t_0)+3t^3x(t)$;　　　　(4) $y(t)=y(t_0)\sin(5t)+tx(t)$;

(5) $y(t)=x(t)+x(1-t)$。

1-13　判断以下给定系统中哪些是时不变系统。

(1) $y(t)=x(t)+x(1-t)$;　　　　(2) $y(t)=3tx(t)$;

(3) $y(t)=\displaystyle\int_{-\infty}^{t}x(\tau)\mathrm{d}\tau$;　　　　(4) $y(t)=x(2t)$;

(5) $y(t)=\dfrac{\mathrm{d}}{\mathrm{d}t}x(t)$。

1-14 写出题图 1-14 系统的输入输出方程。

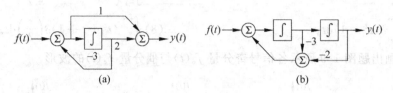

(a)   (b)

题图 1-14

1-15 应用冲激函数的抽样特性求下列表示式的值。

(1) $\int_{-\infty}^{+\infty} \delta(t-t_0) f(t) \mathrm{d}t$；

(2) $\int_{-\infty}^{+\infty} \delta(t-t_0) f(t) \mathrm{d}t$；

(3) $\int_{-\infty}^{+\infty} \delta(t-2) u(t-2) \mathrm{d}t$；

(4) $\int_{-\infty}^{+\infty} \delta(t-4) u(t-5) \mathrm{d}t$；

(5) $\int_{-\infty}^{+\infty} (\mathrm{e}^{-2t} + t\mathrm{e}^{-t}) \delta(t-2) \mathrm{d}t$；

(6) $\int_{-\infty}^{+\infty} (t + \cos t) \delta\left(t + \frac{\pi}{4}\right) \mathrm{d}t$；

(7) $\int_{-\infty}^{+\infty} \mathrm{e}^{-3t} \sin\pi t \left[\delta(t) - \delta\left(t - \frac{1}{3}\right)\right] \mathrm{d}t$；

(8) $\int_{-\infty}^{+\infty} \mathrm{e}^{-j\omega t} \delta(t-3) \mathrm{d}t$；

(9) $\int_{-\infty}^{+\infty} \frac{\sin 2t}{t} \delta(t) \mathrm{d}t$；

(10) $\int_{-\infty}^{+\infty} (t^3 + 1) \delta(1-t) \mathrm{d}t$。

1-16 如题图 1-16 所示电路，输入为 $i_s(t)$，分别写出以 $u(t)$，$i(t)$ 为输出时电路的输入方程。

1-17 如题图 1-17 所示电路，输入为 $u_s(t)$，分别写出以 $i(t)$，$u(t)$ 为输出时电路的输入、输出方程。

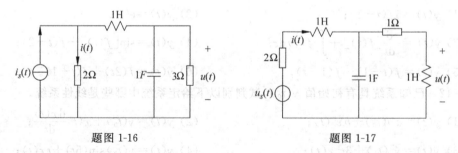

题图 1-16   题图 1-17

第2章

连续时间系统的时域分析

　　线性连续时间信号与系统的时域分析,就是建立和求解描述系统的线性微分方程的过程。其数学模型的建立,需根据力学、电学等物理学基本规律,得出系统输入和输出量之间满足的数学表达式。对于经典力学理论,主要是依赖于牛顿定律;对于微波和电磁问题,则需依赖于电磁场理论中的麦克斯韦方程。

　　本课程主要研究的是由电阻、电容和电感等电子器件构成的集总参数电路系统,它的数学模型建立主要依赖于 KCL 和 KVL 方程。在"物理学"和"电路分析"课程中已经提供了相应的理论和方法。连续时间系统处理连续时间信号,通常用微分方程描述,若输入和输出只通过一个高阶的微分方程相联系,而不研究系统内部其他信号的变化,则此种描述系统的方法即为输入—输出法。

　　本章介绍的时域分析包含几方面内容。一方面是微分方程的求解,另一方面是已知系统单位冲激响应。将冲激响应与激励信号进行卷积运算,得出系统的响应;同时引入近代系统时域分析方法,建立"零输入响应"和"零状态响应"两个重要的基本概念。

2.1　线性时不变系统微分方程的建立

2.1.1　物理系统的微分方程描述

　　力学系统的运动规律一般用牛顿定律及其相关规律来描述,表现为物体加速度与所受外力以及物体的质量之间的关系。当所受外力不恒定而是随时间在变化时,运动方程用微分方程描述。

　　如图 2-1 所示,一个机械位移系统,质量为 m 的刚体一端由弹簧牵引,弹簧的另一端固定在墙壁上。刚体

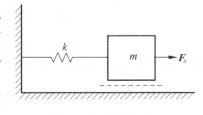

图 2-1　机械位移系统

与地面间的摩擦系数为 f,外加牵引力为 F_s。刚体所受外力为牵引力 F_s、摩擦力 F_f 以及弹簧的弹力 F_k。根据胡克定律,在弹性限度内,弹簧的弹力 F_k 与位移 x 成正比,其外加总牵引力 F_s 与刚体运动速度 v 之间的关系可以表示成一个微分方程,推导过程如下:

刚体位移 $x(t)$ 与速度 $v(t)$ 之间的关系为

$$x(t) = \int_{-\infty}^{t} v(\tau) \, \mathrm{d}\tau$$

刚体在光滑表面滑动,摩擦力 F_f 与速度 v 成正比,即

$$F_f(t) = f \cdot v(t)$$

由牛顿第二定律可得出

$$F_s(t) - F_f(t) - F_k(t) = m \frac{\mathrm{d}v(t)}{\mathrm{d}t}$$

将 $F_f(t)$ 的表达式代入该式,整理得到描述刚体运动的二阶微分方程为

$$m \frac{\mathrm{d}^2 v(t)}{\mathrm{d}t^2} + f \frac{\mathrm{d}v(t)}{\mathrm{d}t} + kv(t) = \frac{\mathrm{d}F_s(t)}{\mathrm{d}t}$$

2.1.2 电路系统的微分方程描述

电路系统中建立微分方程的基本依据,是基尔霍夫定律(KVL)、电路节点电流关系(KCL)以及元件的电压—电流关系。具体说,对电路中任一回路的 KVL 为 $\sum u(t) = 0$;对电路中任一个节点的 KCL 为 $\sum i(t) = 0$。图 2-2 是一个含有 RLC 元件的二阶系统电路,输入激励是电流源 $i_S(t)$,下面列出电阻 R_1 上电压 $u_1(t)$ 和电感 L 中电流 $i_L(t)$ 为输出变量的电路方程。

根据 KVL 列出电压方程,得

$$u_C(t) + u_1(t) = u_L(t) + R_2 i_L(t)$$

由 KCL 列出节点的电流方程,得

$$i_C(t) = i_S(t) - i_L(t)$$

由 VCR 可列出元件的约束方程,得

$$i_C(t) = C \frac{\mathrm{d}u_C(t)}{\mathrm{d}t}$$

$$u_L(t) = L \frac{\mathrm{d}i_L(t)}{\mathrm{d}t}$$

$$u_1(t) = R_1 i_C(t)$$

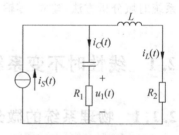

图 2-2　二阶电路系统示例

将电感约束条件代入电压方程中,得到

$$u_C(t) + u_1(t) = L \frac{\mathrm{d}i_L(t)}{\mathrm{d}t} + R_2 i_L(t)$$

将上式两端对 t 求导,得到

$$\frac{\mathrm{d}u_c(t)}{\mathrm{d}t} + \frac{\mathrm{d}u_1(t)}{\mathrm{d}t} = L \frac{\mathrm{d}i_L^2(t)}{\mathrm{d}t^2} + R_2 \frac{\mathrm{d}i_L(t)}{\mathrm{d}t}$$

把电容和电阻元件约束条件代入上式,即得出

$$\frac{1}{R_1 C} u_1(t) + \frac{\mathrm{d}u_1(t)}{\mathrm{d}t} = L \frac{\mathrm{d}^2 i_L(t)}{\mathrm{d}t^2} + R_2 \frac{\mathrm{d}i_L(t)}{\mathrm{d}t}$$

根据 KCL 定理有 $u_1(t) = R_1 i_C(t) = R_1(i_S(t) - i_L(t))$,于是得到 $i_L(t) = i_S(t) - \frac{1}{R_1} u_1(t)$,代入上式得出

$$\frac{1}{R_1 C} u_1(t) + \frac{\mathrm{d}u_1(t)}{\mathrm{d}t} = L \frac{\mathrm{d}^2 \left(i_S(t) - \frac{1}{R_1} u_1(t) \right)}{\mathrm{d}t^2} + R_2 \frac{\mathrm{d} \left(i_S(t) - \frac{1}{R_1} u_1(t) \right)}{\mathrm{d}t}$$

经过整理,可得出以电阻 R_1 上电压 $u_1(t)$ 为输出变量时,电路微分方程为

$$\frac{\mathrm{d}^2 u_1(t)}{\mathrm{d}t^2} + \frac{(R_1 + R_2)}{L} \frac{\mathrm{d}u_1(t)}{\mathrm{d}t} + \frac{1}{LC} u_1(t) = R_1 \frac{\mathrm{d}^2 i_S(t)}{\mathrm{d}t^2} + \frac{R_1 R_2}{L} \frac{\mathrm{d}i_S(t)}{\mathrm{d}t}$$

也可以得出以电感 L 中电流 $i_L(t)$ 为输出变量的电路微分方程为

$$\frac{\mathrm{d}^2}{\mathrm{d}t^2} i_L(t) + \frac{(R_1 + R_2)}{L} \cdot \frac{\mathrm{d}}{\mathrm{d}t} i_L(t) + \frac{1}{LC} i_L(t) = \frac{R_1}{L} \frac{\mathrm{d}}{\mathrm{d}t} i_S(t) + \frac{1}{LC} i_S(t)$$

从上面推导过程可得出两点结论:

(1) 求得微分方程的阶数与动态电路的阶数(即独立动态元件的个数)是一致的;

(2) 无论输出响应是 $u_1(t)$ 或者是 $i_L(t)$,它们的齐次方程都相同。

这表明,当系统中元件参数确定不变时,同一系统的自由频率是唯一的。

2.2 求解微分方程的经典法(系统全响应)

2.2.1 求解的基本原理

数学课中已经介绍过高阶微分方程的求解方法,设输入系统的激励信号为 $e(t)$,响应为 $r(t)$,则描述 n 阶系统的微分方程一般可以写成

$$C_0 \frac{\mathrm{d}^n r(t)}{\mathrm{d}t^n} + C_1 \frac{\mathrm{d}^{n-1} r(t)}{\mathrm{d}t^{n-1}} + \cdots + C_{n-1} \frac{\mathrm{d}r(t)}{\mathrm{d}t} + C_n r(t)$$

$$= E_0 \frac{\mathrm{d}^m e(t)}{\mathrm{d}t^m} + E_1 \frac{\mathrm{d}^{m-1} e(t)}{\mathrm{d}t^{m-1}} + \cdots + E_{m-1} \frac{\mathrm{d}e(t)}{\mathrm{d}t} + E_m e(t) \qquad (2-1)$$

由经典法原理可知,方程的完全解 $r(t)$ 由两部分组成:齐次解 $r_h(t)$ 与特解 $r_p(t)$。与齐次解对应的方程右端激励项 $e(t) = 0$,即齐次方程

$$C_0 \frac{\mathrm{d}^n r(t)}{\mathrm{d}t^n} + C_1 \frac{\mathrm{d}^{n-1} r(t)}{\mathrm{d}t^{n-1}} + \cdots + C_{n-1} \frac{\mathrm{d}r(t)}{\mathrm{d}t} + C_n r(t) = 0 \qquad (2-2)$$

齐次解 $r_h(t)$ 的形式是形如 $Ae^{\alpha t}$ 函数的线性组合。令 $r_h(t)=Ae^{\alpha t}$,代入式(2-2),则有

$$C_0 A\alpha^n e^{\alpha t} + C_1 A\alpha^{n-1}e^{\alpha t} + \cdots + C_{n-1}A\alpha e^{\alpha t} + C_n A\alpha e^{\alpha t} = 0 \tag{2-3}$$

化简得出

$$C_0\alpha^n + C_1\alpha^{n-1} + \cdots + C_{n-1}\alpha + C_n = 0 \tag{2-4}$$

式(2-4)称为微分方程的特征方程,解出特征方程便可求得方程的特征根 $\alpha_1,\alpha_2,\cdots,\alpha_n$。根据特征根的不同情况,齐次解可分为三种情况:

(1)若特征根是不相等的实数 $\alpha_1,\alpha_2,\cdots,\alpha_n$ 时,则有

$$r_h(t) = A_1 e^{\alpha_1 t} + A_2 e^{\alpha_2 t} + \cdots + A_n e^{\alpha_n t} \tag{2-5}$$

(2)若特征根是相等的实数,即 $\alpha_1=\alpha_2=\cdots=\alpha_n=\alpha$ 时,则有

$$r_h(t) = A_1 e^{\alpha t} + A_2 t e^{\alpha t} + \cdots + A_n t^{n-1} e^{\alpha t} \tag{2-6}$$

(3)若特征根是成对的共轭复数,即 $\alpha_1=\sigma_1\pm j\omega_1$,$\alpha_2=\sigma_2\pm j\omega_2$,$\cdots$,则有

$$r_h(t) = e^{\sigma_1 t}(A_1\cos\omega_1 t + A_1\sin\omega_1 t) + \cdots + e^{\sigma_i t}(A_i\cos\omega_i t + A_i\sin\omega_i t) \tag{2-7}$$

微分方程的特解 $r_p(t)$ 与激励函数的形式有关,将激励 $e(t)$ 代入方程式(2-2)的右端,化简后选择特解的函数式;再代入方程式(2-2),利用方程左右两边表达式恒等,可求得特解函数式的待定系数,即可得出特解 $r_p(t)$。

与几种激励信号对应的特解函数式一并列于表 2-1,供求解方程时参考。

表 2-1　与几种激励函数相对应的特解函数

激励函数 $e(t)$	特解函数 $r_p(t)$
C(常数)	B
t^m	$B_1 t^m + B_2 t^{m-1} + \cdots + B_m t + B$
$e^{\alpha t}$	$Be^{\alpha t}$
$\cos\omega t$	$B_1\cos\omega t + B_2\sin\omega t$
$\sin\omega t$	

例 2-1　求微分方程 $\dfrac{d^3}{dt^3}r(t) + 4\dfrac{d^2}{dt^2}r(t) + 5\dfrac{d}{dt}r(t) + 2r(t) = u(t)$ 的完全解。

解　系统的特征方程为 $\alpha^3 + 4\alpha^2 + 5\alpha + 2 = 0$,即

$$(\alpha+1)^2(\alpha+2) = 0$$

解得特征根 $\alpha_{12}=-1$(重根),$\alpha_3=-2$。所以方程的齐次解为

$$r_h(t) = A_1 e^{-t} + A_2 t e^{-t} + A_3 e^{-2t}$$

若方程右端为 $u(t)$(当 $t\geqslant 0$ 时,方程右端为常数 1),可设特解为 $r_p(t)=B$,代入微分方程中可得 $2B=1$,$B=\dfrac{1}{2}$,所以得出特解为

$$r_p(t) = \frac{1}{2}$$

将上面求出的齐次解和特解相加,即得到方程的完全解

$$r(t) = A_1 e^{-t} + A_2 t e^{-t} + A_3 e^{-2t} + \frac{1}{2}$$

如果已知系统的起始条件,就可以确定出 A_1,A_2 以及 A_3 的值。

例 2-2 已知描述某系统的微分方程为

$$\frac{d^2}{dt^2}r(t) + 4\frac{d}{dt}r(t) + 3r(t) = \frac{d}{dt}e(t) + e(t)$$

输入的激励分别为:(1)$e(t) = e^{2t}$;(2)$e(t) = t^2$ 的情况下,求微分方程的特解。

解 (1) 将 $e(t) = e^{2t}$ 代入方程右端,得到 $3e^{2t}$,为了使方程两端平衡,设 $r_p(t) = Be^{2t}$,B 是待定系数,此式代入方程得到

$$4Be^{2t} + 8Be^{2t} + 3Be^{2t} = 3e^{2t}, \quad 5Be^{2t} = e^{2t}$$

可解得 $B = \frac{1}{5}$,所以 $\qquad r_p(t) = \frac{1}{5}e^{2t}$

(2) 将 $e(t) = t^2$ 代入方程的右端,得到 $t^2 + 2t$。为使得方程两端平衡,设

$$r_p(t) = B_1 t^2 + B_2 t + B_3 \quad (其中 B_1, B_2, B_3 是待定系数)$$

把此式代入方程左端得到

$$3B_1 t^2 + (8B_1 + 3B_2)t + (2B_1 + 4B_2 + 3B_3) = t^2 + t$$

方程两端变量 t 各次幂项的系数应该相等,于是得到方程组

$$\begin{cases} 3B_1 = 1 \\ 8B_1 + 3B_2 = 1 \\ 2B_1 + 4B_2 + 3B_3 = 0 \end{cases}$$

解该方程组得出

$$\begin{cases} B_1 = \dfrac{1}{3} \\[2mm] B_2 = -\dfrac{8}{9} \\[2mm] B_3 = \dfrac{26}{27} \end{cases}$$

于是得到特解为

$$r_p(t) = \frac{1}{3}t^2 - \frac{8}{9}t + \frac{26}{27}$$

一般情况下,如果分别得到微分方程的齐次解 $r_h(t)$ 和特解 $r_p(t)$ 的表示形式,微分方程的完全解 $r(t)$ 则可表示为

$$r(t) = \sum_{i=1}^{n} A_i e^{a_i t} + r_p(t) \tag{2-8}$$

其中特解 $r_p(t)$ 可以用前面例题中的方法求出。

下一步需要确定系数 $A_1, A_2, \cdots, A_n$ 的值。为此,必须给出一组包含 n 个已知值的边界

条件。根据电路理论,对于 n 阶微分方程,其边界条件是系统的响应 $r(t)$ 及其各阶导数在 0_+ 时刻的取值,即

$$\left\{ r(0_+), \frac{\mathrm{d}}{\mathrm{d}t}r(0_+), \cdots, \frac{\mathrm{d}^{n-1}}{\mathrm{d}t^{n-1}}r(0_+) \right\}$$

其中 $t=0_+$ 应该是激励 $e(t)$ 开始时刻的取值。把这 n 个已知的条件称为初始(或起始或状态),代入到式(2-8)中,得到关于 $A_i(i=1,2,\cdots,n)$ 的 n 个一次方程,解该方程组求出 A_1, $A_2,\cdots,A_n$ 的值,最后得到微分方程的完全解,也称系统的完全响应。微分方程的齐次解也称为系统的**自由响应**,特征方程 $\alpha_i(i=1,2,\cdots,n)$ 称为系统的**固有频率**;特解称为系统的**强迫响应**,强迫响应只与激励函数的形式有关,完全响应是由系统自身特性决定的自由响应 $r_h(t)$ 和与外加激励信号 $e(t)$ 引起的强迫响应 $r_p(t)$ 组成,即

$$\underbrace{r(t)}_{\text{完全响应}} = \underbrace{\sum_{i=1}^{n} A_i \mathrm{e}^{a_i t}}_{\text{自由响应}} + \underbrace{r_p(t)}_{\text{强迫响应}}$$

例 2-3 已知描述某系统的微分方程为

$$\frac{\mathrm{d}^2}{\mathrm{d}t^2}r(t) + 5\frac{\mathrm{d}}{\mathrm{d}t}r(t) + 6r(t) = e(t)$$

求当激励 $e(t)=2\mathrm{e}^{-t},t \geq 0$ 且初始条件为 $r(0_+)=2,r'(0_+)=2$ 时方程的全解。

解 (1)求齐次解

该微分方程的特征方程为 $\alpha^2+5\alpha+6=0$,可解出特征根 $\alpha_1=-2,\alpha_2=-3$,故齐次解为

$$e_h(t) = A_1\mathrm{e}^{-2t} + A_2\mathrm{e}^{-3t}$$

(2)求特解

当激励为 $e(t)=2\mathrm{e}^{-t}$ 时,根据表 2-1 中的内容,设其特解 $r_p(t)=B\mathrm{e}^{-t}$,将其代入微分方程得 $B\mathrm{e}^{-t}-5B\mathrm{e}^{-t}+6B\mathrm{e}^{-t}=2\mathrm{e}^{-t}$,可解得 $B=1$。于是特解为

$$r_p(t) = \mathrm{e}^{-t}$$

故全解为

$$r(t) = A_1\mathrm{e}^{-2t} + A_2\mathrm{e}^{-3t} + \mathrm{e}^{-t}$$

其中待定常数 A_1,A_2 可由初始条件确定,将初始条件 $r(0_+)=2,r'(0_+)=2$ 代入上式得

$$\begin{cases} r(0_+) = A_1 + A_2 + 1 \\ r'(0_+) = -2A_1 - 3A_2 - 1 \end{cases}$$

于是解得 $A_1=3,A_2=-2$。

最后得到微分方程的全解为

$$r(t) = 3\mathrm{e}^{-2t} - 2\mathrm{e}^{-3t} + \mathrm{e}^{-t}, \quad t \geq 0$$

在系统分析过程中,激励信号 $e(t)$ 在 $t=0$ 时刻加入,加入后系统的初始状态为

$$\left[r(0_+), \frac{\mathrm{d}}{\mathrm{d}t}r(0_+), \cdots, \frac{\mathrm{d}^{n-1}}{\mathrm{d}t^{n-1}}r(0_+) \right]$$

这组状态称为系统的 0_+ 状态,完全解表达式为 $r(t) = \sum_{i=1}^{n} A_i e^{\alpha_i t} + r_p(t)$,其中待定系数 A_i 可由 $t = 0_+$ 的状态确定;激励 $e(t)$ 加入前瞬间系统状态为

$$\left[r(0_-), \frac{\mathrm{d}}{\mathrm{d}t} r(0_-), \cdots, \frac{\mathrm{d}^{(n-1)}}{\mathrm{d}t^{n-1}} r(0_-) \right]$$

这组状态称为系统的 0_- 状态;在激励 $e(t)$ 加入后,这组状态从 $t = 0_-$ 到 0_+ 时刻可能发生变化。由此可见,用经典法求解系统响应时,为确定自由响应部分的待定系数 A_i,必须根据系统的 0_- 状态和激励情况求出 0_+ 状态。

对于具体电路,0_- 状态是由系统中的储能元件储能情况决定的。一般情况下,先求出电路中电容上的起始电压 $v_C(0_-)$ 和电感上的起始电流 $i_L(0_-)$。当电路中没有冲激电流强迫作用于电容,也没有冲激电压作用于电感时,则换路期间电容两端电压和电感上电流不会发生突变,即 $v_C(0_-) = v_C(0_+)$,$i_L(0_-) = i_L(0_+)$,便可以根据电路理论求得 0_+ 时刻的其他电流或电压。

例 2-4 如图 2-3 所示 RC 电路,电压源 $e(t)$ 的初始值为 E,电路达到稳定状态后,如果把电源的电压调为 $2E$,求电容电压 $v_C(t)$ 的和电流 $i_C(t)$。

解 列出电容电压 $v_C(t)$ 的微分方程,电容的电压 $v_C(t)$ 和电流 $i_C(t)$ 满足关系

$$i_C(t) = C \frac{\mathrm{d}v_C(t)}{\mathrm{d}t}$$

根据 KVL 得

$$v_C(t) + RC \frac{\mathrm{d}v_C(t)}{\mathrm{d}t} = e(t)$$

整理可得

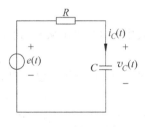

图 2-3 例 2-4 图

$$\frac{\mathrm{d}v_C(t)}{\mathrm{d}t} + \frac{1}{RC} v_C(t) = \frac{1}{RC} e(t)$$

该微分方程的特征方程为 $\alpha + \frac{1}{RC} = 0$,由此可知特征根 $\alpha = -\frac{1}{RC}$,得到齐次解

$$v_{Ch}(t) = A e^{-\frac{t}{RC}}$$

根据激励的形式,设特解 $v_{Cp}(t) = B$,代入微分方程中得 $B = 2E$,故方程的全解为

$$v_C(t) = A e^{-\frac{t}{RC}} + 2E$$

下面求待定系数 A。电容电压在电源电压变化前达到稳定值 E,即 $v_C(0_-) = E$,由于电路中没有冲激电流,电容电压不会跳变,$v_C(0_+) = v_C(0_-) = E$,代入到全解中得出 $A + 2E = E$,可得 $A = -E$,所以得出

$$v_C(t) = 2E - E e^{-\frac{t}{RC}} \quad (t \geqslant 0)$$

$$i_C(t) = C \frac{\mathrm{d}v_C(t)}{\mathrm{d}t} = \frac{E}{R} e^{-\frac{t}{RC}} \quad (t \geqslant 0)$$

电容上电压 $v_C(t)$ 变化情况可用图 2-4 表示。

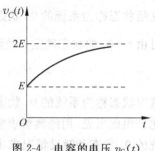

图 2-4　电容的电压 $v_C(t)$
变化的波形

　　如果电路微分方程右端含有冲激函数或其导数，则响应在 0_+ 时刻的状态不等于 0_- 时刻状态，即 $r(0_+) \neq r(0_-)$，$r'(0_+) \neq r'(0_-)$ 等，这时必须求出响应 0_- 到 0_+ 的跳变，才能确定响应 0_+ 时刻的状态。

　　下面介绍如何用冲激函数配平法来求响应 0_- 到 0_+ 的跳变，其原理为根据 $t=0$ 时刻微分方程左右两端的 $\delta(t)$ 函数及其各阶导数平衡相等。在第 4 章我们可以通过拉普拉斯变换的微分性质巧妙地避开 0_- 到 0_+ 的跳变问题。

　　例 2-5　已知 $\dfrac{\mathrm{d}}{\mathrm{d}t}r(t)+2r(t)=2\delta'(t)$，若 $r(0_-)=1$，求 $r(0_+)$。

　　解　由分析可知：方程右边含有 $2\delta'(t) \Rightarrow r'(t)$ 含有 $2\delta'(t) \Rightarrow r(t)$ 含有 $2\delta(t)$，而方程右端无 $\delta(t)$ 项 $\Rightarrow r'(t)$ 还含有 $-4\delta(t)$，由于 $r'(t)$ 中含有 $-4\delta(t) \Rightarrow r(t)$ 在 $t=0$ 时刻含有 $-4\Delta u(t)$，若 $\Delta u(t)$ 表示 0_- 到 0_+ 相对单位跳变函数，得到 $r(0_+)=r(0_-)-4=-3$。

　　这一求解过程可用数学方法描述如下：

$$r'(t)=a\delta'(t)+b\delta(t)+c\Delta u(t)$$

式中 $\Delta u(t)$ 表示从 0_- 到 0_+ 跳变相对单位，在 $0_- < t < 0_+$ 时，积分一次有

$$r(t)=a\delta(t)+b\Delta u(t)$$

将 $r'(t)$，$r(t)$ 代入原方程 $r'(t)+2r(t)=2\delta'(t)$ 中得

$$[a\delta'(t)+b\delta(t)+c\Delta u(t)]+2[a\delta(t)+b\Delta u(t)]=2\delta'(t)$$

令方程两边 $\delta(t)$ 函数及其各阶导数对应的系数相等，得到

$$\begin{cases}a=2 \\ b+2a=0 \\ c+2b=0\end{cases} \Rightarrow \begin{cases}a=2 \\ b=-4 \\ c=8\end{cases}$$

$r(0_-)$ 到 $r(0_+)$ 的跳变为 $b\Delta u(t)$，即 $r(0_+)-r(0_-)=b$，所以有 $r(0_+)=-4+1=-3$。

2.2.2　零输入响应与零状态响应

　　连续信号通过 LTI 系统的数学模型是用微分方程描述的，分析其响应时可以采用求解微分方程的经典方法。只是在分析系统时存在一些局限性。如果输入的激励比较复杂，则设定特解会变得困难；如果输入的激励或者起始条件发生变化，待定系数需要全部重新求算。另外，经典法是一种借鉴纯数学的求解方法，体现不出求解电路系统响应的特点。

　　本节后面介绍的分析方法，将系统的初始状态也作为一种激励看待，根据线性系统的特性，将系统响应看作是初始状态(输入激励为零)与输入激励(起始状态为零)分别单独作用

于系统而产生响应的叠加。把仅由初始状态单独作用于系统而产生的输出,称为**零输入响应**,记作 $r_{zi}(t)$;而把仅由输入单独作用于系统产生的输出,称为**零状态响应**,记作 $r_{zs}(t)$。这样系统的全响应便可写成

$$r(t) = r_{zi}(t) + r_{zs}(t) \tag{2-9}$$

其中零输入响应 $r_{zi}(t)$ 可以通过求解齐次微分方程得到,零状态响应 $r_{zs}(t)$ 则通过卷积积分或者经典法求解微分方程得出。

例 2-6 已知描述电路系统的二阶微分方程为

$$\frac{\mathrm{d}^2}{\mathrm{d}t^2}r(t) + 3\frac{\mathrm{d}}{\mathrm{d}t}r(t) + 2r(t) = \frac{\mathrm{d}}{\mathrm{d}t}e(t) + 3e(t)$$

当输入 $e(t) = u(t)$,起始状态 $r(0_-) = 1$,$r'(0_-) = 2$ 时,分别求输出 $r_{zi}(t)$,$r_{zs}(t)$ 和 $r(t)$。

解 (1)求 $r_{zi}(t)$

由于求零输入响应时 $e(t) = 0$,原微分方程变成齐次方程

$$\frac{\mathrm{d}^2}{\mathrm{d}t^2}r(t) + 3\frac{\mathrm{d}}{\mathrm{d}t}r(t) + 2r(t) = 0$$

该方程其特征方程为 $\alpha^2 + 3\alpha + 2 = 0$,可解得 $\alpha_1 = -1$,$\alpha_2 = -2$。于是得出

$$r_{zi}(t) = A_1 \mathrm{e}^{-t} + A_2 \mathrm{e}^{-2t}$$

输入激励为零时起始状态没有跳变,所以 $r_{zi}(0_+) = r_{zi}(0_-)$,$r'_{zi}(0_+) = r'_{zi}(0_-)$,将它们代入起始状态得出

$$\begin{cases} r_{zi}(0_+) = A_1 + A_2 = 1 \\ r'_{zi}(0_+) = -A_1 - 2A_2 = 2 \end{cases} \Rightarrow \begin{cases} A_1 = 4 \\ A_2 = -3 \end{cases}$$

于是得到

$$r_{zi}(t) = 4\mathrm{e}^{-t} - 3\mathrm{e}^{-2t}, \quad t \geqslant 0$$

(2)求 $r_{zs}(t)$

求零状态响应时 $r_{zs}(0_-) = r'_{zs}(0_-) = 0$,将 $e(t) = u(t)$ 代入原方程得

$$\frac{\mathrm{d}^2}{\mathrm{d}t^2}r(t) + 3\frac{\mathrm{d}}{\mathrm{d}t}r(t) + 2r(t) = \delta(t) + 3u(t)$$

设 $r''(t) = a\delta(t) + b\Delta u(t)$,得

$$\begin{cases} r''(t) = a\delta(t) + b\Delta u(t) \\ r'(t) = a\Delta u(t) \qquad (0_- < t < 0_+) \\ r(t) = 0 \end{cases}$$

将上式代入微分方程中,得

$$a\delta(t) + b\Delta u(t) + 3a\Delta u(t) = \delta(t) + 3\Delta u(t)$$

解得

$$\begin{cases} a = 1 \\ b + 3a = 3 \end{cases} \Rightarrow \begin{cases} a = 1 \\ b = 0 \end{cases}$$

$$r'_{zs}(0_+) - r'_{zs}(0_-) = 1 \Rightarrow r'_{zs}(0_+) = 1$$

$$r_{zs}(0_+) - r_{zs}(0_-) = 0 \Rightarrow r_{zs}(0_+) = 0$$

当 $t \geqslant 0_+$ 时,$r(t)$ 满足方程

$$r''(t) + 3r'(t) + 2r(t) = 3u(t)$$

设特解 $r_{zsp}(t) = B$,代入上方程,可解得 $B = \dfrac{3}{2}$。

$$r_{zs}(t) = B_1 e^{-t} + B_2 e^{-2t} + \frac{3}{2} \quad (t \geqslant 0_+)$$

代入 $r_{zs}(0_+) = 0$,$r'_{zs}(0_+) = 1$,得

$$\begin{cases} B_1 + B_2 + \dfrac{3}{2} = 0 \\ -B_1 - 2B_2 = 1 \end{cases} \Rightarrow \begin{cases} B_1 = -2 \\ B_2 = \dfrac{1}{2} \end{cases}$$

得到

$$r_{zs}(t) = -2e^{-t} + \frac{1}{2}e^{-2t} + \frac{3}{2} \quad (t > 0)$$

将 $r_{zi}(t)$ 和 $r_{zs}(t)$ 的表达式代入 $r(t)$ 中,得

$$r(t) = r_{zi}(t) + r_{zs}(t) = \underbrace{4e^{-t} - 3e^{-2t}}_{\text{零输入响应}} - \underbrace{2e^{-t} + \frac{1}{2}e^{-2t} + \frac{3}{2}}_{\text{零状态响应}}$$

$$= \underbrace{2e^{-t} - \frac{5}{2}e^{-2t}}_{\text{自由响应}} + \underbrace{\frac{3}{2}}_{\text{强迫响应}}$$

通过上面例题可以看出,利用求零输入响应和零状态响应的方法可以求微分方程全响应的过程。一般地,对于任意微分方程,可把表达式写成如下通用形式:

$$C_0 \frac{\mathrm{d}^n r(t)}{\mathrm{d}t^n} + C_1 \frac{\mathrm{d}^{n-1} r(t)}{\mathrm{d}t^{n-1}} + \cdots + C_{n-1} \frac{\mathrm{d}r(t)}{\mathrm{d}t} + C_n r(t)$$

$$= E_0 \frac{\mathrm{d}^m e(t)}{\mathrm{d}t^m} + E_1 \frac{\mathrm{d}^{m-1} e(t)}{\mathrm{d}t^{m-1}} + \cdots + E_{m-1} \frac{\mathrm{d}e(t)}{\mathrm{d}t} + E_m e(t)$$

对于零输入状态,可以写出其齐次方程为

$$C_0 \frac{\mathrm{d}^n r(t)}{\mathrm{d}t^n} + C_1 \frac{\mathrm{d}^{n-1} r(t)}{\mathrm{d}t^{n-1}} + \cdots + C_{n-1} \frac{\mathrm{d}r(t)}{\mathrm{d}t} + C_n r(t) = 0$$

此时的起始状态(0_- 状态)为 $\left[r(0_-), \dfrac{\mathrm{d}}{\mathrm{d}t} r(0_-), \cdots, \dfrac{\mathrm{d}^{(n-1)}}{\mathrm{d}t^{n-1}} r(0_-) \right]$,则可求得方程的零状态响应

$$r_{zi}(t) = \sum_{k=1}^{n} A_{zik} e^{\alpha_k t}$$

对于系统的零状态响应,由于输入不为零,微分方程与此前相同,即

$$C_0 \frac{d^n r(t)}{dt^n} + C_1 \frac{d^{n-1} r(t)}{dt^{n-1}} + \cdots + C_{n-1} \frac{dr(t)}{dt} + C_n r(t)$$

$$= E_0 \frac{d^m e(t)}{dt^m} + E_1 \frac{d^{m-1} e(t)}{dt^{m-1}} + \cdots + E_{m-1} \frac{de(t)}{dt} + E_m e(t)$$

这时起始状态(0_- 状态)为$[0,0,\cdots,0]$,于是可以求得方程的零状态响应为

$$r_{zs}(t) = \sum_{k=1}^{n} A_{zsk} e^{\alpha_k t} + B(t)$$

于是得到方程的全响应为

$$r(t) = r_{zi}(t) + r_{zs}(t) = \underbrace{\sum_{k=1}^{n} A_{zik} e^{\alpha_k t}}_{\text{零输入响应}} + \underbrace{\sum_{k=1}^{n} A_{zsk} e^{\alpha_k t} + B(t)}_{\text{零状态响应}}$$

$$= \sum_{k=1}^{n} A_k e^{\alpha_k t} + B(t) \tag{2-10}$$

可以得出

$$A_k = A_{zik} + A_{zsk}, \quad k = 1, 2, \cdots, n$$

由零输入响应和零状态响应之和,得到方程全响应的过程满足叠加定理。下面再通过一个例题加深对这一过程的理解。

例 2-7 已知 LTI 系统,在相同初始条件下,当激励为 $e(t)$ 时,其全响应为 $r_1(t) = 2e^{-3t} + \sin(2t)$;当激励为 $2e(t)$ 时,其全响应为 $r_2(t) = e^{-3t} + 2\sin(2t)$。求:

(1) 初始条件不变,当激励为 $e(t-t_0)$ 时的全响应 $r_3(t)$,$t_0 > 0$ 为实常数;

(2) 初始条件增大 1 倍,当激励为 $0.5e(t)$ 时的全响应 $r_4(t)$。

解 设零输入响应为 $r_{zi}(t)$,零状态响应为 $r_{zs}(t)$,则有

$$\begin{cases} r_1(t) = r_{zi}(t) + r_{zs}(t) = 2e^{-3t} + \sin(2t) \\ r_2(t) = r_{zi}(t) + 2r_{zs}(t) = e^{-3t} + 2\sin(2t) \end{cases}$$

解方程得

$$\begin{cases} r_{zi}(t) = 3e^{-3t} \\ r_{zs}(t) = -e^{-3t} + \sin(2t) \end{cases}$$

根据线性时不变系统性质,得到

$$r_3(t) = r_{zi}(t) + r_{zs}(t-t_0) = 3e^{-3t}u(t) + [-e^{-3(t-t_0)} + \sin(2t-2t_0)]u(t-t_0)$$

$$r_4(t) = 2r_{zi}(t) + 0.5r_{zs}(t) = 2[3e^{-3t}u(t)] + 0.5[-e^{-3t} + \sin(2t)]u(t)$$

$$= [5.5e^{-3t} + 0.5\sin(2t)]u(t)$$

2.3 冲激响应和阶跃响应

任何一个激励信号都可以分解成冲激信号和阶跃信号等基本信号之和,因此研究信号通过 LTI 系统对激励信号的零状态响应时,可以分别计算系统对一些基本信号的响应,然后通过叠加得出总的零状态响应。由于冲激信号和阶跃信号是两种最基本的典型信号,因此特别需要研究它们通过系统时的响应。

2.3.1 冲激响应

冲激响应定义为 LTI 系统在零状态条件下,输入单位冲激信号时产生的输出响应,用符号 $h(t)$ 表示。冲激响应仅取决于系统内部结构及其元件参数,系统的冲激响应可以表征系统的特性,如因果性、稳定性等,不同的系统会有不同的冲激响应。而且在后面的频域分析中,冲激响应 $h(t)$ 的频域函数,也是分析线性系统的重要手段。

求解系统冲激响应的主要因素是:系统的起始状态(0_-)为零和激励 $\delta(t)$ 在 0 时刻加入。由于冲激函数的作用,系统的 0_+ 状态会有一个跳变。当 $0_+ < t < +\infty$ 时,输入激励变为零,系统微分方程转变为齐次方程,求解该方程就得到冲激响应 $h(t)$。因此求解系统的冲激响应,相当于求解系统的零输入响应,但此时系统的 0_+ 状态不为零。若 $e(t)=\delta(t)$,$r(t)=h(t)$,根据式(2-1)得到关于 $h(t)$ 的 n 阶微分方程

$$C_0 \frac{\mathrm{d}^n h(t)}{\mathrm{d}t^n} + C_1 \frac{\mathrm{d}^{n-1} h(t)}{\mathrm{d}t^{n-1}} + \cdots + C_{n-1} \frac{\mathrm{d}h(t)}{\mathrm{d}t} + C_n h(t)$$

$$= E_0 \frac{\mathrm{d}^m \delta(t)}{\mathrm{d}t^m} + E_1 \frac{\mathrm{d}^{m-1} \delta(t)}{\mathrm{d}t^{m-1}} + \cdots + E_{m-1} \frac{\mathrm{d}\delta(t)}{\mathrm{d}t} + E_m \delta(t) \tag{2-11}$$

其中起始状态 $h^{(i)}(t)=0(i=0,1,2,\cdots,n-1)$,同时当 $t \geqslant 0$ 时,由于输入激励 $\delta(t)$ 及其各阶导数均为零,所以式(2-11)左端也为零,变成齐次方程,$h(t)$ 表达式的形式与齐次解的形式相同。当 $n > m$ 时,如果方程的特征根是不相等的实数根,$h(t)$ 表达式为

$$h(t) = \sum_{i=1}^{n} A_i \mathrm{e}^{a_i t} \cdot u(t) \tag{2-12}$$

式中的待定系数 $A_i(i=0,1,\cdots,n-1)$ 可以利用使方程两端冲激函数平衡的方法来确定。当 $n \leqslant m$ 时,$h(t)$ 表达式中还应该含有 $\delta(t)$ 及其相应阶的导数 $\delta^{(n-m)}(t)$,$\delta^{(n-m-1)}(t)$,$\cdots$,$\delta'(t)$ 等项,下面通过具体例题予以说明。

例 2-8 已知连续信号通过 LTI 系统的微分方程为

$$\frac{\mathrm{d}}{\mathrm{d}t} r(t) + 4r(t) = 2e(t), \quad t \geqslant 0$$

试求系统的冲激响应 $h(t)$。

解 根据冲激响应的定义,当 $e(t)=\delta(t)$ 时的输出 $r(t)=h(t)$,原微分方程式变为

$$h'(t) + 4h(t) = 2\delta(t), \quad t \geqslant 0$$

方程的特征根为 $\alpha=-4$,当 $t \geqslant 0$ 时,方程的齐次解为 $h(t)=Ae^{-4t}$。

方法一 在 $0_- < t < 0_+$ 时,设 $h(t)=a\Delta u(t)$,代入方程中得到 $a\Delta u'(t) + 4a\Delta u(t) = 2\delta(t)$,根据方程两端冲激函数平衡法得出 $a=2$,所以在 $0_- < t < 0_+$ 时,$h(0_+) - h(0_-) = 2 \Rightarrow h(0_+)=2$,于是得到系统的冲激响应为

$$h(t) = 2e^{-4t}u(t)$$

方法二 将 $h(t)=Ae^{-4t}u(t)$ 直接代入方程中得到

$$\frac{\mathrm{d}}{\mathrm{d}t}[Ae^{-4t}u(t)] + 4Ae^{-4t}u(t) = 2\delta(t)$$

即

$$Ae^{-4t}\delta(t) - 4Ae^{-4t}u(t) + 4Ae^{-4t}u(t) = 2\delta(t) \Rightarrow A\delta(t) = 2\delta(t)$$

解得 $A=2$,所以系统的冲激响应为

$$h(t) = 2e^{-4t}u(t)$$

在例 2-8 中,系统微分方程两端的微分阶数为 n、响应端阶数大于激励端阶数($n>m$)。因此,$h(t)$ 的表达式中只有齐次方程的解,不会含有 $\delta(t)$ 及其导数项;将 $h(t)$ 的表达式代入方程中,注意必须包含阶跃函数 $u(t)$ 因子。$u(t)$ 的导数为 $\delta(t)$,在对 $h(t)$ 求导数时应该按照两个函数乘积求导方法进行。下面通过例题 2-9 予以说明,当微分方程两端阶数相等时,系统冲激响应的求解过程。

例 2-9 已知某连续时间 LTI 系统的微分方程为

$$r'(t) + 2r(t) = 2e'(t) + 3e(t)$$

试求系统的冲激响应 $h(t)$。

解 根据冲激响应的定义,当 $e(t)=\delta(t)$ 时,$r(t)=h(t)$,即原微分方程式变为

$$h'(t) + 2h(t) = 2\delta'(t) + 3\delta(t), \quad t \geqslant 0$$

微分方程的特征根 $\alpha=-2$。由于方程两端微分阶数相等,所以 $h(t)$ 中含有 $\delta(t)$ 原函数项。设 $h(t)=Ae^{-2t}u(t) + B\delta(t)$,$A,B$ 为两个待定系数,代入方程中有

$$\frac{\mathrm{d}}{\mathrm{d}t}[Ae^{-2t}u(t) + B\delta(t)] + 2[Ae^{-2t}u(t) + B\delta(t)] = 2\delta'(t) + 3\delta(t)$$

化简得出

$$B\delta'(t) + (A+2B)\delta(t) = 2\delta'(t) + 3\delta(t)$$

解得

$$\begin{cases} B = 2 \\ A + 2B = 3 \end{cases} \Rightarrow \begin{cases} A = -1 \\ B = 2 \end{cases}$$

系统的冲激响应为

$$h(t) - 2\delta(t) = e^{-2t}u(t)$$

若用 MATLAB 求解,在指令窗中输入

```
>> syms t positive
>> h = dsolve('Dh + 2 * h = 2 * diff(dirac(t)) + 3 * dirac(t)')
```

回车得出

$$h = C2/\exp(2 * t)$$

2.3.2 阶跃响应

当激励为单位阶跃函数 $u(t)$ 时,电路的零状态响应称为单位阶跃响应,记做 $g(t)$,简称阶跃响应。经常用阶跃输入信号考察 LTI 系统对突变输入信号的响应特性。系统的阶跃响应 $g(t)$ 满足方程(2-1)以及起始状态 $g^{(k)}(0_-)=0(k=0,1,\cdots,n-1)$,即

$$C_0 \frac{\mathrm{d}^n g(t)}{\mathrm{d}t^n} + C_1 \frac{\mathrm{d}^{n-1} g(t)}{\mathrm{d}t^{n-1}} + \cdots + C_{n-1} \frac{\mathrm{d}g(t)}{\mathrm{d}t} + C_n h(t)$$

$$= E_0 \frac{\mathrm{d}^m u(t)}{\mathrm{d}t^m} + E_1 \frac{\mathrm{d}^{m-1} u(t)}{\mathrm{d}t^{m-1}} + \cdots + E_{m-1} \frac{\mathrm{d}u(t)}{\mathrm{d}t} + E_m u(t) \tag{2-13}$$

求解方程的阶跃响应时,考虑方程右端的自由项可能含有 $\delta(t)$ 及其各阶导数,同时还可能含有阶跃函数,因此在 $g(t)$ 的表示式中除去齐次解形式外,还应增加特解项。

例 2-10 已知连续信号输入 LTI 系统的微分方程为

$$\frac{\mathrm{d}}{\mathrm{d}t} r(t) + 2r(t) = 2\frac{\mathrm{d}}{\mathrm{d}t} e(t) + 3e(t)$$

试求系统的阶跃响应 $g(t)$。

解 方程的特征根为 $\alpha = -2$,齐次解为 $g_h(t) = Ae^{-2t}u(t)$,将 $u(t)$ 代入方程得

$$g'(t) + 2g(t) = 2\delta(t) + 3u(t)$$

当 $t > 0$ 时,$\delta(t) = 0$,方程变为 $g'(t) + 2g(t) = 3u(t)$,所以设 $g_p(t) = Bu(t)$,方程的阶跃响应为 $g(t) = Ae^{-2t}u(t) + Bu(t)$ 代入方程中得

$$\frac{\mathrm{d}}{\mathrm{d}t} [Ae^{-2t}u(t) + Bu(t)] + 2[Ae^{-2t}u(t) + Bu(t)] = 2\delta(t) + 3u(t)$$

整理得

$$2Ae^{-2t}u(t) + Ae^{-2t}\delta(t) + B\delta(t) + 2Ae^{-2t}u(t) + 2Bu(t) = 2\delta(t) + 3u(t)$$

$$Ae^{-2t}\delta(t) + B\delta(t) + 2Bu(t) = 2\delta(t) + 3u(t)$$

由方程两端对应项的系数相等可得出 $\begin{cases} A = \dfrac{1}{2} \\ B = \dfrac{3}{2} \end{cases}$,所以阶跃响应为

$$g(t) = \frac{1}{2} e^{-2t} u(t) + \frac{3}{2} u(t)$$

另外,对于一个 LTI 系统,如果两个输入激励分别为 $e_1(t)$, $e_2(t)$,对应的响应分别为 $r_1(t)$, $r_2(t)$,且已知 $e_2(t) = \int e_1(t)\mathrm{d}t$,则可推出 $r_2(t) = \int r_1(t)\mathrm{d}t$。

在例 2-9 中已经得到系统的冲激响应 $h(t) = 2\delta(t) - \mathrm{e}^{-2t}u(t)$,由于 $u(t) = \int_{-\infty}^{t} \delta(\tau)\mathrm{d}\tau$,所以可推得

$$g(t) = \int h(t)\mathrm{d}t$$

$$g(t) = \int_{-\infty}^{t}(2\delta(\tau) - \mathrm{e}^{-2\tau}u(\tau))\mathrm{d}\tau = 2u(t) - \int_0^t \mathrm{e}^{-2\tau}\mathrm{d}\tau = 2u(t) + \frac{1}{2}[\mathrm{e}^{-2t} - 1]u(t)$$

$$g(t) = \frac{1}{2}\mathrm{e}^{-2t}u(t) + \frac{3}{2}u(t)$$

这个结果与前面用经典法求解微分方程得到的结果是一样的,而且计算更加简便。

2.4 应用 MATLAB 求解微分方程

应用 MATLAB 求解微分方程可分两种方法,一种是求解析解,一种是求数值解,下面分别予以介绍。由于数值解用得不多,本节重点介绍微分方程解析解的求法。

2.4.1 求解析解的符号法

用 MATLAB 求常微分方程解析解(通解和特解)时,先得把微分方程变换成符号格式。

1. 微分方程的符号格式

MATLAB 中微分方程的符号格式,可按下述方法进行变换。

微分方程中函数 $y = f(x)$ 的 m 阶导数 $y^{(m)} = f^{(m)}(x)$,符号格式写成"Dmy"。例如,函数 $y(x)$ 对变量的一阶导数 $\dfrac{\mathrm{d}y}{\mathrm{d}x}$ 或 $\dfrac{\mathrm{d}y}{\mathrm{d}t}$,写成 Dy;函数 $y(x)$ 对自变量的 m 阶导数 $\dfrac{\mathrm{d}^m y}{\mathrm{d}x^m}$ 或 $\dfrac{\mathrm{d}^m y}{\mathrm{d}t^m}$,写成 Dmy。式中的 D 必须大写。据此,在指令窗中把常微分方程一般形式写成

$$\mathrm{Dmy} = \mathrm{F}(x, y, \mathrm{Dy}, \mathrm{D2y}, \cdots, \mathrm{D}(m-1)y)$$

同样按上述规定,把初始条件写成

$$y(x_0) = y_0, \mathrm{Dy}(x_0) = y_1, \cdots, \mathrm{D}(m-1)y(x_0) = y_{m-1}$$

不加特别界定时,通常默认小写字母 t 为函数的自变量。

据此可知,带有初始条件的一阶微分方程 $\begin{cases} \dfrac{\mathrm{d}y(x)}{\mathrm{d}x} + 2xy(x) = 1 \\ y(0) = 0 \end{cases}$,应写成

$$Dy + 2 * x * y = 1, \quad y(0) = 0$$

2. 求微分方程解析解的指令及例题

在 MATLAB 中,用符号法求微分方程解析解的指令 dsolve 的使用格式为

>> [y1, y2, …, y12] = dsolve(a1, a2, …, a12)↵

指令中输入的参数 a1,a2,…,a12 都得用单引号界定,两个参数之间用逗号分隔,每个参数都包含三部分内容:符号格式的微分方程、初始条件和自变量,其中"微分方程"部分不得缺省;"初始条件"若部分或全部缺省时,回车输出含有待定常数的微分方程通解,通解中待定常数的数目等于缺省的初始条件数,结果中的待定常数默认用 C1,C2,…;"界定的自变量"若缺省时,默认的自变量为英文小写字母 t。

指令中的输出格式[y1, y2,…, y12],只在求解一个常微分方程时可以缺省,若求解常微分方程组则不得缺省,否则对于得出的多个解函数将无法区分。

指令里输入的每个参量 ai(i=1,2,…,12)由 3 部分组成,第一部分内容不限于一个微分方程,参量 ai 又可以多达 12 个,所以该指令完全可用于求解常微分方程组。

例 2-11 求微分方程 $\dfrac{d^3}{dt^3}r(t) + 4\dfrac{d^2}{dt^2}r(t) + 5\dfrac{d}{dt}r(t) + 2r(t) = u(t)$ 的完全解。

解 在 MATLAB 指令窗中输入

```
>> r = dsolve('D3r + 4 * D2r + 5 * Dr + 2 * r = 1');
>> disp('r(t) = '),pretty(r)
   r(t) =
              C2        C4         C3 t       1
            ----  +  -------  +  -----  +  ----
            exp(t)   exp(2 t)    exp(t)      2
```

例 2-12 已知微分方程的表示式 $\dfrac{d^2}{dt^2}r(t) + 4\dfrac{d}{dt}r(t) + 3r(t) = \dfrac{d}{dt}e(t) + e(t)$,若激励分别为:(1)$e(t) = e^{2t}$;(2)$e(t) = t^2$ 时,求微分方程的特解。

解 若用 MATLAB 求解,先求出方程右端的表达式,可在指令窗中输入

```
>> syms t,diff(exp(2 * t)) + exp(2 * t)
      ans =
                            3 * exp(2 * t)
```

代入微分方程,得出

$$\frac{d^2}{dt^2}r(t) + 4\frac{d}{dt}r(t) + 3r(t) = 3e^{2t}$$

再用指令 dsolve 求解该微分方程,在指令窗中输入

```
>> r = dsolve('D2r + 4 * Dr + 3 * r = 3 * exp(2 * t) ');
```

```
>> disp('r(t) = '),pretty(simple(r))
   r(t) =
                      exp(2 t)      C2        C3
                      --------  +  -------  + -----
                         5         exp(t)    exp(3 t)
```

整理得出

$$r(t) = \frac{1}{5}\mathrm{e}^{2t} + A_1\mathrm{e}^{-t} + A_2\mathrm{e}^{-3t}$$

（2）用 MATLAB 求解，先求出方程右端表达式，在指令窗中输入

```
>> syms t,diff(t^2) + t^2
   ans =

                      t^2 + 2*t
```

将该结果代入微分方程，再用指令 dsolve 解微分方程，在指令窗中输入

```
>> r = dsolve('D2r + 4 * Dr + 3 * r = t^2 + 2 * t ');
>> disp('r(t) = '),pretty(simple(r))
   r(t) =
              t²       2t        C5        C6          2
             ----  -  ---  +  ------  +  -------  +  -----
              3        9      exp(t)     exp(3t)      27
```

整理得出

$$r(t) = \frac{1}{3}t^2 - \frac{2}{9}t + A_1\mathrm{e}^{-1} + A_2\mathrm{e}^{-3t} + \frac{2}{27}$$

例 2-13 已知描述某系统的微分方程为

$$\frac{\mathrm{d}^2}{\mathrm{d}t^2}r(t) + 5\frac{\mathrm{d}}{\mathrm{d}t}r(t) + 6r(t) = e(t)$$

求当激励 $e(t) = 2\mathrm{e}^{-t}, t \geqslant 0$ 且初始条件为 $r(0_+) = 2, r'(0_+) = 2$ 时，方程的全解。

解 用 MATLAB 求解，在指令窗中输入

```
>> r = dsolve('D2r + 5 * Dr + 6 * r = 2 * exp( - t)','r(0) = 2,Dr(0) = 2')
   r =

                   1/exp(t) + 6/exp(2 * t) - 5/exp(3 * t)
```

整理得出

$$r(t) = \mathrm{e}^{-1} + 6\mathrm{e}^{-2t} - 5\mathrm{e}^{-3t}$$

例 2-14 如图 2-5 所示的 RC 电路中，电压源 $e(t)$ 的初始值为 E，电路达到稳定状态后，如果把电源的电压调为 $2E$，求电容电压 $v_C(t)$ 的和电流 $i_C(t)$。

解 据电路图可得出描述电路的微分方程为

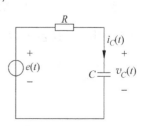

图 2-5 例 2-14 图

$$\frac{\mathrm{d}v_C(t)}{\mathrm{d}t} + \frac{1}{RC}v_C(t) = \frac{1}{RC}e(t)$$

用 MATLAB 求解该方程,在指令窗中输入(指令中用 v 和 et 分别代替 v_C 和 $e(t)$)

```
>> v = dsolve('Dv + v/(R * C) = et/(R * C)','v(0) = E')
>> disp('v(t) = '),pretty(simple(v))
        v(t) =
                              et - exp(1)
                  et - -------------------
                                / t \
                            exp| ----- |
                                \ C R /
```

整理得出

$$v_C(t) = e(t) - \left[e(t) - e\right]\mathrm{e}^{-\frac{t}{CR}}$$

可以看出,这与常规解法求解例 2-4 的结果是一样的。

例 2-15 已知微分方程 $r'(t) + 2r(t) = 2\delta'(t)$,若 $r(0_-) = 1$,求 $r(0_+)$。

解 用 MATLAB 求解,在指令窗中输入

```
>> r = dsolve('Dr + 2 * r = 2 * dirac(t)','r(0) = 1')
    r =
                    (2 * heaviside(t))/exp(2 * t)
```

整理得出

$$r(t) = 2\mathrm{H}(t)\mathrm{e}^{-2t}$$

式中 $\mathrm{H}(t)$ 是单位阶跃函数,即

$$\mathrm{H}(t) = \begin{cases} 1, & t \geqslant 0 \\ 0, & t < 0 \end{cases}$$

例 2-16 已知描述电路系统的二阶微分方程为

$$\frac{\mathrm{d}^2}{\mathrm{d}t^2}r(t) + 3\frac{\mathrm{d}}{\mathrm{d}t}r(t) + 2r(t) = \frac{\mathrm{d}}{\mathrm{d}t}e(t) + 3e(t)$$

当输入 $e(t) = u(t)$,起始状态 $r(0_-) = 1$,$r'(0_-) = 2$ 时,分别求输出 $r_{zi}(t)$,$r_{zs}(t)$ 和 $r(t)$。

解 (1) 用 MATLAB 求出 $r_{zi}(t)$,即求解 $\frac{\mathrm{d}^2}{\mathrm{d}t^2}r(t) + 3\frac{\mathrm{d}}{\mathrm{d}t}r(t) + 2r(t) = 0$,在指令窗中输入(指令中用 r 代替 $r_{zi}(t)$)

```
>> r = dsolve('D2r + 3 * Dr + 2 * r = 0','r(0) = 1,Dr(0) = 2')
    r =
                    4/exp(t) - 3/exp(2 * t)
```

(2) 求出 $r_{zs}(t)$,即求解 $\frac{\mathrm{d}^2}{\mathrm{d}t^2}r(t) + 3\frac{\mathrm{d}}{\mathrm{d}t}r(t) + 2r(t) = \delta(t) + 3u(t)$,在指令窗中输入(指令

中用 r 代替 $r_{zs}(t)$)

```
>> r = dsolve('D2r + 3 * Dr + 2 * r = dirac(t) + 3') ;
>> disp('r(t) = '),pretty(simple(r))
   r(t) =
         heaviside(t)     heaviside(t)     C8        C9        3
         ---------   -   -----------   +   -----  +  --------  +  ---
         exp(t)           exp(2 t)        exp(t)     exp(2 t)     2
```

整理得出

$$r_{zs}(t) = \mathrm{H}(t)\mathrm{e}^{-t} - \mathrm{H}(t)\mathrm{e}^{-2t} + A\mathrm{e}^{-t} + B\mathrm{e}^{-2t} + \frac{3}{2}$$

（3）由于 $r(t) = r_{zi}(t) + r_{zs}(t)$，所以

$$r(t) = r_{zi}(t) + r_{zs}(t) = 4\mathrm{e}^{-t} - 3\mathrm{e}^{-2t}\mathrm{H}(t)\mathrm{e}^{-t} - \mathrm{H}(t)\mathrm{e}^{-2t} + A\mathrm{e}^{-t} + B\mathrm{e}^{-2t} + \frac{3}{2}$$

例 2-17 已知某连续信号通过 LTI 系统的微分方程为

$$\frac{\mathrm{d}}{\mathrm{d}t}r(t) + 4r(t) = 2e(t), \quad t \geqslant 0$$

试求系统的冲激响应 $h(t)$。

解 用 MATLAB 求解，在指令窗中输入

```
>> syms t positive,h = dsolve('D2h + 4 * h = 2 * dirac(t)')
   h =
                         C2/exp(4 * t)
```

例 2-18 已知连续信号输入 LTI 系统的微分方程为

$$r'(t) + 2r(t) = 2e'(t) + 3e(t)$$

试求系统的阶跃响应 $g(t)$。

解 用 MATLAB 求解，在指令窗中输入

```
>> g = dsolve('Dg + 2 * g = 2 * dirac(t) + 3');g = simple(g)      % 对 g 式进行简化
   g = (2 * heaviside(t))/exp(2 * t) + C2/exp(2 * t) + 3/2
                      C6/(2 * exp(2 * t)) + 3/2
```

整理得出

$$g(t) = \frac{A}{2}\mathrm{e}^{-2t} + \frac{3}{2}$$

例 2-19 已知系统的微分方程的表示式

$$\frac{\mathrm{d}^2}{\mathrm{d}t^2}r(t) + 4\frac{\mathrm{d}}{\mathrm{d}t}r(t) + 3r(t) = \frac{\mathrm{d}}{\mathrm{d}t}e(t) + e(t)$$

分别在输入：(1) $e(t) = \mathrm{e}^{2t}$；(2) $e(t) = t^2$ 情况下求方程的特解。

解 （1）在 MATLAB 指令窗中输入

```
>> r = dsolve('D2r + 4 * Dr + 3 * r = diff(exp(2 * t)) + exp(2 * t)');
>> disp('r(t) = '),pretty(r)
    r(t) = 2 exp(2 t)   C2          C3
           -------------- + -------- + -----------
                  5            exp(t)       exp(3 t)
```

整理得出

$$r(t) = \frac{2}{5}e^{2t} + C_2 e^{-t} + C_3 e^{-3t}$$

（2）在 MATLAB 指令窗中输入

```
>> r = dsolve('D2r + 4 * Dr + 3 * r = t^2')
       r =
          t^2/3 - (8 * t)/9 + C5/exp(t) + C6/exp(3 * t) + 26/27
```

整理得出

$$r(t) = t^{\frac{2}{3}} - \frac{8}{9}t + Ae^{-t} + Be^{-3t} + \frac{26}{27}$$

2.4.2 求数值解的方法

MATLAB 中预设有多个求解常微分方程数值解的指令，这里只介绍 ode23 和 ode45 两个最常用的指令。指令中的"ode"，是常微分方程的英文缩写，它们都是依据龙格-库塔公式求解一阶常微分方程组 $y_j'(x) = g_j(x, y_j)(j = 1, 2, \cdots)$ 的。若用它们求高阶常微分方程的数值解，必须把高阶微分方程变换成一阶微分方程组，即状态方程。指令 ode23 和 ode45 的调用格式完全一样，其调用格式（以 ode23 为例）为

```
>> [x, y] = ode23('Fun', Tspan, y0, options)
```

指令中输入的参数 Fun 是描述一阶微分方程 $y_j' = g_j(x, y_j)$ 的临时或永久文件名，用永久文件名必须加@或把文件名置于单引号之间予以界定，若用临时文件，则不用界定。

指令中输入的参数 Tspan 用矩阵形式 $[x_0, x_f]$ 规定了常微分方程组自变量的取值范围，即 $x \in [x_0, x_f]$。指令中输入的参数 y0 是方程组的初值条件向量，使用格式为

```
y0 = [y(x0), y'(x0), y''(x0), …]。
```

求微分方程组特解时，微分方程组中方程的个数必须与初值条件数相等。

指令中的输出参数[x, y]是微分方程组解函数的数值列表，x 和 y 都是列阵；x_i 表示 x

向量的节点，$y_j = f(x_i)$ 表示第 j 个微分方程的解函数在 x_i 点的取值。

若不输入指令左边的参数 $[x, y]$，回车则输出解函数 $y = f(x)$ 的图线，即解函数 $y = f(x)$ 及其各阶导函数 $y_j = f^{(j)}(x)$ 的图线。

使用 MATLAB 指令求解微分方程数值解时，编辑描述微分方程的文件非常重要，下面对临时文件加以介绍。

临时文件具有简单、方便和实用的特点，这里只介绍匿名函数。它的定义格式为

>>标识符 = @(变量列表) 函数内容　↵

指令中输入的"变量列表"应列出"函数内容"里用到的变量，但不包括工作空间中已有的变量。回车后，指令中的"函数内容"被定义为名称是"标识符"的匿名函数。例如，要定义函数 $f(x, y) = 5x^2 + 3y^3$，函数名为 a_b1，则可在指令窗中输入

>>a_b1 = @(x, y)5 * x.^2 + 3 * y.^3;↵

标识符 a_b1 就代表函数 $f(x, y) = 5x^2 + 3y^3$。关机前可以随意给变量 x 和 y 赋值，甚至可赋予它们数值矩阵，回车便可得出函数 $f(x, y)$ 的值。

例 2-20　求解常微分方程 $\dfrac{\mathrm{d}^2 y}{\mathrm{d}t^2} + y = 1 - \dfrac{t^2}{\pi}$，当 $t \in [-2, 7]$ 时函数 $y(t)$ 满足

$$y(-2) = -5, \quad y'(-2) = 5$$

解　(1) 把二阶常微分方程变换成一阶常微分方程组。

令 $y_1 = y(t)$，$y_2 = \dfrac{\mathrm{d}y_1}{\mathrm{d}t}$，则可将二阶微分方程变换成一阶微分方程组

$$\begin{cases} \dfrac{\mathrm{d}y_1}{\mathrm{d}t} = y_2 \\[2mm] \dfrac{\mathrm{d}y_2}{\mathrm{d}t} = \dfrac{\mathrm{d}^2 y}{\mathrm{d}t^2} = -y_1 + 1 - \dfrac{t^2}{\pi} \end{cases}$$

(2) 编辑成匿名函数，求出其数值解。

① 求出图线表示的数值解，在指令窗中输入

```
>> li7_2 = @(t,Y)[Y(2); -Y(1) + 1 - t^2/pi];
>> ode23(li7_2,[-2, 7],[-5, 5]) , grid↵
```

得出图 2-6。

② 求出表格法表示的数值解，在指令窗中输入

```
>> [t Y] = ode23(li7_2,[-2, 7],[-5, 5])  ↵
```

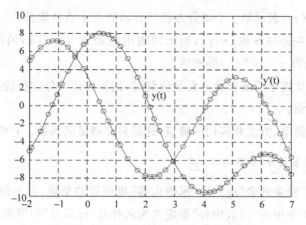

图 2-6   例 2-20 题微分方程数值解的图线

得出如下数据列表：

$$
\begin{aligned}
t = \\
-2.0000 \\
-1.9362 \\
-1.6719 \\
-1.4298 \\
\vdots \\
6.1731 \\
6.4799 \\
6.7539 \\
7.0000
\end{aligned}
$$

$$
Y = (y_1 = y(t) \quad y_2 = \frac{\mathrm{d}\,y_1}{\mathrm{d}\,t} = y'(t))
$$

$$
\begin{array}{rr}
-5.0000 & 5.0000 \\
-4.5852 & 5.3658 \\
-2.8192 & 6.4695 \\
-0.9614 & 7.0681 \\
\vdots & \vdots \\
-5.5401 & -1.7726 \\
-6.0074 & -3.0962 \\
-6.8931 & -4.7083 \\
-7.5759 & -5.6421
\end{array}
$$

注   上述结果中"Y＝"后面括号中的内容是作者加上去的说明。

2.5   卷积

卷积(Convolution)是现代电路与系统分析的重要数学工具,广泛用于信号处理、地震预报、雷达探测以及系统识别等领域。在信号与系统中,如果已知输入系统的激励 $e(t)$ 和系

统的冲激响应 $h(t)$,利用卷积便可以由它们求出系统的零状态响应。

2.5.1 卷积的定义

如图 2-7 所示,已知线性时不变系统 H,激励为 $\delta(t)$ 时,冲激响应为 $h(t)$,可以记 $h(t)=H[\delta(t)]$,$H[\cdot]$ 是一个线性运算因子,表示线性系统对输入信号的处理作用。

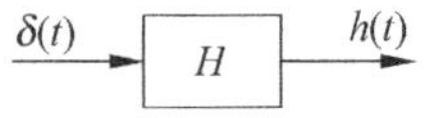

在系统初始状态为零时,若激励为 $e(t)$,输出响应 $r_{zs}(t)=H[e(t)]$,根据第 1 章中函数脉冲分解原理,激励函数 $e(t)$ 可以表示为出现在不同时刻、不同强度的冲激函数和的形式,即

图 2-7　LTI 系统冲激响应

$$e(t) = \int_{-\infty}^{+\infty} e(\tau)\delta(t-\tau)\mathrm{d}\tau$$

$$r_{zs}(t) = H[e(t)] = H\left[\int_{-\infty}^{+\infty} e(\tau)\delta(t-\tau)\mathrm{d}\tau\right]$$

$$= \int_{-\infty}^{+\infty} e(\tau)H[\delta(t-\tau)]\mathrm{d}\tau = \int_{-\infty}^{+\infty} e(\tau)h(t-\tau)\mathrm{d}\tau$$

即

$$r_{zs}(t) = \int_{-\infty}^{+\infty} e(\tau)h(t-\tau)\mathrm{d}\tau$$

把这个积分运算称为激励函数 $e(t)$ 与冲激响应 $h(t)$ 的卷积,得到的 $r_{zs}(t)$ 是系统零状态响应。

一般地,已知两个函数 $f_1(t)$ 和 $f_2(t)$,则把积分 $f(t) = \int_{-\infty}^{+\infty} f_1(\tau)f_2(t-\tau)\mathrm{d}\tau$ 称为 $f_1(t)$ 和 $f_2(t)$ 的卷积积分,记为

$$f(t) = f_1(t) * f_2(t) \quad \text{或} \quad f(t) = f_1(t) \otimes f_2(t)$$

2.5.2 卷积的图形法和公式法计算

计算两个信号的卷积可以通过定义公式直接去计算,也可以利用图形的方法计算。图形法计算卷积更直观、形象,更容易理解卷积的概念,下面予以介绍。

根据计算卷积的公式 $f(t) = \int_{-\infty}^{+\infty} f_1(\tau)f_2(t-\tau)\mathrm{d}\tau$,可以将图形法分解为五个步骤。

(1) 换元　将函数 $f_1(t)$ 和 $f_2(t)$ 中的自变量 t 改换为 τ。

(2) 翻转　将其中一个信号进行翻转,如将 $f_2(\tau)$ 翻转成 $f_2(-\tau)$。

(3) 平移　将翻转后的函数平移 t 单位,变成 $f_2(t-\tau)$,于是 t 成为一个参数,$t>0$ 时,图形右移,$t<0$ 时,图形左移。

(4) 相乘　将 $f_1(t)$ 与 $f_2(t-\tau)$ 相乘。

(5) 积分　对乘积 $f_1(t) \cdot f_2(t-\tau)$ 进行积分。

下面举例介绍图形法求卷积的具体方法及过程。

例 2-21 已知 $f_1(t) = \begin{cases} 1, & |t| < 1 \\ 0, & |t| > 1 \end{cases}$，$f_2(t) = \dfrac{t}{2}(0 < t < 3)$，求 $f(t) = f_1(t) * f_2(t)$。

解 分别画出 $f_1(t)$ 和 $f_2(t)$ 的波形，如图 2-8(a)、(b)所示。

(1) 将自变量由 t 改为 τ，如图 2-8(c)、(d)所示。

(2) 将 $f_2(\tau)$ 翻转成 $f_2(-\tau)$，如图 2-8(f)所示。

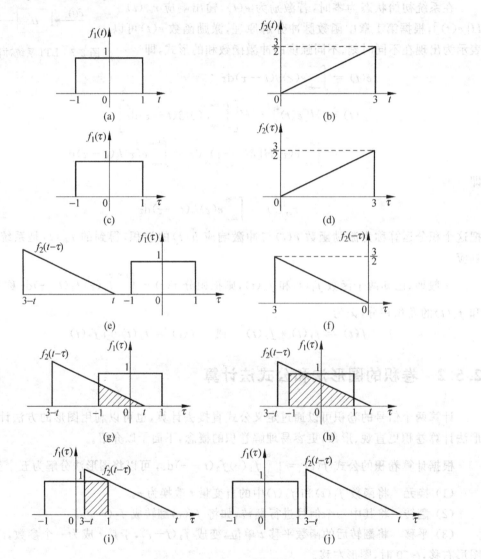

图 2-8 图形法表示解卷积过程

(3) 将 $f_2(-\tau)$ 平移 t, 根据 t 的取值范围讨论和计算如下:

$t < -1$, $f_1(t)$ 与 $f_2(t-\tau)$ 没有重叠的部分, 如图 2-8(e)所示,

$$f(t) = f_1(t) * f_2(t) = 0$$

$-1 \leqslant t \leqslant 1$, $f_1(t)$ 与 $f_2(t-\tau)$ 有重叠的部分, 如图 2-8(g)所示, 这时两波形有公共部分, 积分开始不为 0, 积分下限 -1, 上限 t, 其中 t 为移动时间,

$$f(t) = \int_{-1}^{t} f_1(\tau) \cdot f_2(t-\tau) \mathrm{d}\tau = \int_{-1}^{t} \frac{1}{2}(t-\tau)\mathrm{d}\tau$$

$$= \left(\frac{\tau}{2} - \frac{\tau^2}{4}\right)\Big|_{-1}^{t} = \frac{t^2}{4} + \frac{t}{2} + \frac{1}{4}$$

$1 \leqslant t \leqslant 2$, $f_1(t)$ 与 $f_2(t-\tau)$ 有重叠的部分长度最长, 如图 2-8(h)所示, 积分下限为 -1, 上限为 1,

$$f(t) = \int_{-1}^{1} \frac{1}{2}(t-\tau)\mathrm{d}\tau = t$$

$2 \leqslant t \leqslant 4$, $f_1(t)$ 与 $f_2(t-\tau)$ 有重叠的部分长度逐渐变短, 如图 2-8(i)所示, 积分下限为 $3-t$, 上限为 1,

$$f(t) = \int_{t-3}^{1} \frac{1}{2}(t-\tau)\mathrm{d}\tau = -\frac{t^2}{4} + \frac{t}{2} + 2$$

$t \geqslant 4$, $f_2(t-\tau)$ 移出 $f_1(t)$ 的区间, $f_1(t)$ 与 $f_2(t-\tau)$ 没有重叠, 如图 2-8(j)所示,

$$f(t) = f_1(t) * f_2(t) = 0$$

最后得到 $f(t)$ 的结果, 用分段函数表示。图 2-9 给出了卷积结果 $f(t)$ 的函数图形。

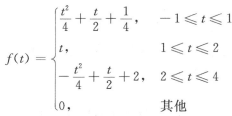

$$f(t) = \begin{cases} \dfrac{t^2}{4} + \dfrac{t}{2} + \dfrac{1}{4}, & -1 \leqslant t \leqslant 1 \\ t, & 1 \leqslant t \leqslant 2 \\ -\dfrac{t^2}{4} + \dfrac{t}{2} + 2, & 2 \leqslant t \leqslant 4 \\ 0, & \text{其他} \end{cases}$$

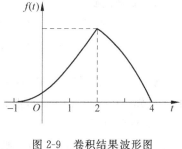

图 2-9 卷积结果波形图

以上给出了卷积计算的分解步骤及图解法示意, 对于积分区间比较容易确定的卷积积分, 可以直接利用公式计算, 下面举例说明。

例 2-22 已知 $f_1(t) = \mathrm{e}^{-3t}u(t)$, $f_2(t) = \mathrm{e}^{-5t}u(t)$, 求 $f(t) = f_1(t) * f_2(t)$。

解 根据卷积积分的定义, 可得

$$f(t) = f_1(t) * f_2(t) = \int_{-\infty}^{+\infty} f_1(\tau) f_2(t-\tau)\mathrm{d}\tau$$

$$= \int_{-\infty}^{+\infty} \mathrm{e}^{-3\tau} u(\tau) \mathrm{e}^{-5(t-\tau)} u(t-\tau)\mathrm{d}\tau$$

$$= \int_{0}^{t} \mathrm{e}^{-3\tau} \mathrm{e}^{-5(t-\tau)}\mathrm{d}\tau = \frac{1}{2}(\mathrm{e}^{-3t} - \mathrm{e}^{-5t})u(t)$$

2.5.3 卷积的性质

作为一种运算,卷积积分具有某些特殊的性质,利用这些性质计算卷积可以使问题得到简化,有些性质在信号系统分析中,起着重要的作用。

1. 代数性质

(1) 交换律

$$f_1(t) * f_2(t) = f_2(t) * f_1(t)$$

交换律说明卷积的结果与两信号的次序无关。

(2) 分配律

$$e(t) * [h_1(t) + h_2(t)] = e(t) * h_1(t) + e(t) * h_2(t)$$

分配律说明并联系统的冲激响应等于其子系统冲激响应之和。

(3) 结合律

$$[e(t) * h_1(t)] * h_2(t) = e(t) * [h_1(t) * h_2(t)]$$

结合律说明串联系统的冲激响应相当于其各子系统冲激响应的卷积。

2. 卷积的微分与积分

(1) 微分性质

已知 $f(x) = f_1(x) * f_2(x)$,则

$$\frac{\mathrm{d}f(x)}{\mathrm{d}t} = \frac{\mathrm{d}f_1(x)}{\mathrm{d}t} * f_2(x) = f_1(x) * \frac{\mathrm{d}f_2(x)}{\mathrm{d}t}$$

微分性质说明两个函数卷积后的导数等于其中任一函数导数与另一函数的卷积。例如,若已知 $f(t) = f(t) \cdot \delta(t)$ 则有 $f'(t) = f(t) \cdot \delta'(t)$。

(2) 积分性质

已知 $f(t) = f_1(t) * f_2(t)$,则 $f^{(-1)}(t) = f_1^{(-1)}(t) * f_2(t) = f_1(t) * f_2^{(-1)}(t)$。

积分性质说明两函数卷积后的积分等于其中任一函数之积分与另一函数之卷积。

(3) 等效性质

若 $f(t) = f_1(t) * f_2(t)$,则 $f^{(i)}(t) = f_1^{(j)}(t) * f_2^{(i-j)}(t)$,其中 i,j 取正数时为导数的阶数;i,j 取负数时为重积分的次数。例如,已知 $f(t) = f_1(t) * f_2(t)$,则 $f_1(t) * f_2(t) = f_1'(t) * f_2^{(-1)}(t)$。

3. 与冲激函数的卷积

(1) 函数 $f(t)$ 与冲激函数 $\delta(t)$ 的卷积仍是函数 $f(t)$ 本身,即

$$f(t) * \delta(t) = f(t)$$

（2）微分性质

$$f(t) * \delta'(t) = f'(t)$$

（3）延时性质

$$f(t) * \delta(t - t_0) = f(t - t_0)$$

（4）积分性质

$$f(t) * u(t) = \int_{-\infty}^{t} f(\lambda) \mathrm{d}\lambda$$

（5）推广应用

$$f(t) * \delta^{(n)}(t) = f^{(n)}(t)$$

$$f(t) * \delta^{(n)}(t - t_0) = f^{(n)}(t - t_0)$$

用 MATLAB 中的指令 conv 可以计算两个序列 t 和 h 的卷积，格式为

>> Y = conv(t, h)

2.5.4　利用卷积求零状态响应

用卷积可以求系统的零状态响应，在已知系统的输入以及 $e(t)$ 冲激响应 $h(t)$ 时，系统的零状态响应即为 $r_{zs}(t) = e(t) * h(t)$，下面举例说明。

例 2-23　如图所示电路，已知电源为 $e(t) = \mathrm{e}^{-\frac{t}{2}}[u(t) - u(t-2)]$，求 $i(t)$ 的零状态响应。

解　（1）列写出电路 KVL 方程

$$L \frac{\mathrm{d}i(t)}{\mathrm{d}t} + Ri(t) = e(t)$$

（2）冲激响应为

$$h(t) = \mathrm{e}^{-t} u(t)$$

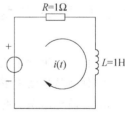

图 2-10　例 2-23 图

（3）$i(t) = \int_{-\infty}^{+\infty} e(\tau) \cdot h(t - \tau) \mathrm{d}\tau$

$\qquad = \int_{-\infty}^{+\infty} \mathrm{e}^{-\frac{1}{2}\tau}[u(\tau) - u(\tau - 2)] \cdot \mathrm{e}^{-(t-\tau)} u(t - \tau) \mathrm{d}\tau$

$\qquad = \mathrm{e}^{-t} \int_{-\infty}^{+\infty} \mathrm{e}^{\frac{\tau}{2}}[u(\tau)u(t - \tau)] \mathrm{d}\tau - \mathrm{e}^{-t} \int_{-\infty}^{+\infty} \mathrm{e}^{\frac{\tau}{2}}[u(\tau - 2)u(t - \tau)] \mathrm{d}\tau$

$\qquad = \mathrm{e}^{-t} \int_{-\infty}^{+\infty} \mathrm{e}^{\frac{\tau}{2}}[u(\tau)u(t - \tau)] \mathrm{d}\tau - \mathrm{e}^{-t} \int_{-\infty}^{+\infty} \mathrm{e}^{\frac{\tau}{2}}[u(\tau - 2)u(t - \tau)] \mathrm{d}\tau$

$\qquad = \left[\mathrm{e}^{-t} \int_{0}^{t} \mathrm{e}^{\frac{\tau}{2}} \mathrm{d}\tau \right] \cdot u(t) - \left[\mathrm{e}^{-t} \int_{2}^{t} \mathrm{e}^{\frac{\tau}{2}} \mathrm{d}\tau \right] \cdot u(t - 2)$

$\qquad = 2(\mathrm{e}^{-\frac{t}{2}} - \mathrm{e}^{-t})u(t) - 2(\mathrm{e}^{-\frac{t}{2}} - \mathrm{e}^{-(t-1)})u(t - 2)$

（4）信号波形如图 2-11 所示。

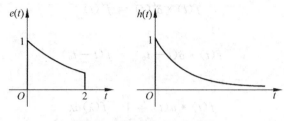

图 2-11　激励和响应的波形

本章小结

　　本章围绕线性时不变系统的微分方程的建立和求解展开讨论。首先给出了求解线性时不变系统微分方程的经典法，即求齐次解与特解的方法，指出了求全解的待定系数或者起始状态的跳变是求全解的关键，举例说明了用冲激不变法来确定起始状态的跳变的方法；接下来给出了零状态响应和零输入响应的概念，结合叠加定理，指出系统的全响应可以由零状态响应和零输入响应相加得到；后面还介绍了系统冲激响应和阶跃响应的概念，指出阶跃响应是对冲激响应的时间积分；此外还引入了用 MATLAB 求解微分方程的方法，举例进行了说明；最后引入卷积运算的概念和方法，讲述系统的零状态响应可以通过系统的冲激响应和系统激励之间的卷积运算得到。

课后思考讨论题

　　1．什么是黑盒系统，什么是白盒系统？举例说明。

　　2．你能从生活中举出满足可加性而不满足齐次性的系统的例子吗？

　　3．一阶电路系统有何特点？其微分方程的一般式如何？解如何？

　　4．将系统的响应按不同概念进行分类，并讨论各种分解方法的特点、作用。

　　5．零输入响应和零状态响应分别是由什么原因产生的？零状态响应等于强迫响应吗？强迫响应等于稳态响应吗？

　　6．零输入响应是(　　)。

　　A．全部自由响应　　　　　　　　　　B．部分自由响应

　　C．部分零状态响应　　　　　　　　　D．全响应与强迫响应之差

　　7．设系统零状态响应与激励的关系是 $y_{zs}(t)=|f(t)|$，则以下表述不对的是(　　)。

　　A．系统是线性的　　　　　　　　　　B．系统是时不变的

　　C．系统是因果的　　　　　　　　　　D．系统是稳定的

8. 一个线性时不变的连续时间系统，其在某激励信号作用下的自由响应为 $(e^{-3t}+e^{-t})u(t)$，强迫响应为 $(1-e^{-2t})u(t)$，则下面的说法正确的是（ ）。

A. 该系统一定是二阶系统

B. 该系统一定是稳定系统

C. 零输入响应中一定包含 $(e^{-3t}+e^{-t})u(t)$

D. 零状态响应中一定包含 $(1-e^{-2t})u(t)$

习题 2

2-1 已知 $r''(t)+5r'(t)+6r(t)=e^{-t}u(t)$，求使得 $r(t)=ce^{-t}u(t)$ 的初始条件 $r(0^-)$，$r'(0^-)$ 并确定常数 c。

2-2 如题图 2-2 所示，各电路零输入响应分别为

(1) $u_x(t)=6e^{-3t}-4e^{-4t}V$；

(2) $u_x(t)=2e^{-3t}\cos t+6e^{-3t}\sin(t)V$，

求 $u(0_-)$，$i(0_-)$。

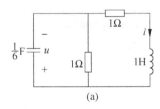 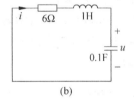

(a)　　　　　　　　　　(b)

题图 2-2

2-3 如题图 2-3 所示，$t<0$ 时 S 在位置 a 且电路已达稳态；$t=0$ 时将 S 从 a 拨到 b，求 $t>0$ 时的零输入响应 $u_{zi}(t)$、零状态响应 $u_{zs}(t)$ 和全响应 $u(t)$。

2-4 给定连续系统的系统方程、起始状态及激励信号分别如下，判断在起始点是否发生跳变，并计算初始状态 $y^{(k)}(0^+)$ 的值。

(1) $y'(t)+2y(t)=x(t)$，$x(t)=u(t)$，$y(0_-)=0$；

(2) $y'(t)+2y(t)=3x'(t)$，$x(t)=u(t)$，$y(0_-)=0$；

(3) $y''(t)+6y'(t)+8y(t)=x'(t)+2x(t)$，$x(t)=u(t)$，$y(0_-)=0$，$y'(0_-)=1$。

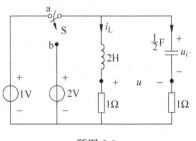

题图 2-3

2-5 描述某 LTI 系统的微分方程为 $y''(t)+3y'(t)+2y(t)=2f'(t)+6f(t)$，已知 $y(0_-)=2$，$y'(0_-)=$

$0, f(t) = u(t)$，求 $y(0_+)$ 和 $y'(0_+)$。

2-6   已知系统的微分方程为 $\dfrac{d^2}{dt^2}r(t) + 4\dfrac{d}{dt}r(t) + 3r(t) = \dfrac{d}{dt}e(t) + 4e(t)$，试分别求如下激励信号与起始状态时的完全响应。

(1) $e(t) = u(t), r(0_-) = 1, r'(0_-) = 2$；

(2) $e(t) = 2e^{-4t}u(t), r(0_-) = 1, r'(0_-) = 2$。

2-7   若一系统的激励函数为 $\sin t[u(t) - u(t-\pi)]$，系统的微分方程为

$$\frac{d^2}{dt^2}r(t) + 3\frac{d}{dt}r(t) + 2r(t) = 4\frac{d}{dt}e(t) \pm e(t)$$

试求系统的零状态响应。

2-8   已知某系统的微分方程为 $y''(t) + 3y' + 2y(t) = f'(t) + 3f(t)$，当激励 $f(t) = e^{-4t}u(t)$ 时，系统的全响应为 $y(t) = \left(\dfrac{14}{3}e^{-t} - \dfrac{7}{2}e^{-2t} - \dfrac{1}{6}e^{-4t}\right)u(t)$，试求零输入响应与零状态响应，自由响应与强迫响应，暂态响应与稳态响应。

2-9   某 LTI 系统，对激励 $e_1(t) = u(t)$ 的全响应为 $r_1(t) = 2e^{-t}u(t)$，对激励 $e_2(t) = \delta(t)$ 的全响应为 $r_2(t) = u(t)$。求：

(1) 该系统的零输入响应；

(2) 初始条件不变时，系统对激励 $e_3(t) = e^{-t}u(t)$ 的全响应 $r_3(t)$。

2-10   已知系统 $y''(t) + 5y'(t) + y(t) = e(t)$ 的初始条件为 $y(0_+) = 1, y'(0_+) = -1$。求系统的零输入响应。

2-11   某二阶线性时不变系统 $\dfrac{d^2}{dt^2}r(t) + a_0\dfrac{d}{dt}r(t) + a_1 r(t) = b_0\dfrac{d}{dt}e(t) + b_1 e(t)$，在激励 $e^{-2t}u(t)$ 作用下的全响应为 $(-e^{-t} + 4e^{-2t} - e^{-3t})u(t)$，而在激励 $\delta(t) - 2e^{-2t}u(t)$ 作用下的全响应为 $(3e^{-t} + e^{-2t} - 5e^{-3t})u(t)$（设起始状态固定）。求：

(1) 待定系数 a_0, a_1；(2) 系统的零输入响应和冲激响应；(3) 待定系数 b_0, b_1。

2-12   已知系统的微分方程为

$$y''(t) + 7y'(t) + 12y(t) = 2f'(t) + 3f(t), \quad t \geqslant 0,$$
$$f(t) = 2e^{-2t}u(t), \quad y(0_+) = 1, \quad y'(0_+) = 2$$

求系统的零输入响应 $y_{zi}(t)$，单位冲激响应 $h(t)$，零状态响应 $y_{zs}(t)$ 和全响应 $y(t)$。

2-13   已知系统微分方程 $\dfrac{d^2 r(t)}{dt^2} + 5\dfrac{dr(t)}{dt} + 6r(t) = \dfrac{d^2 e(t)}{dt^2} + 3\dfrac{de(t)}{dt} + 2e(t)$，且初始状态为零。

(1) 若激励信号为 $e(t) = e^{-t}[u(t) - u(t-1)]$，求系统响应 $r(t)$；

(2) 若激励信号为 $e(t) = e^{-t}[u(t) - u(t-1)] + A\delta(t-1)$，并要求系统响应在 $t > 1$ 时为零，试确定系数 A 的值。

2-14 求题图 2-14 所示各电路的冲击响应 $h(t)$ 与阶跃响应 $g(t)$。

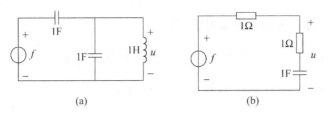

(a)　　　　　　　　　(b)

题图 2-14

2-15 已知系统微分方程为 $y'(t) + 3y(t) = e(t)$，求在激励 $e(t) = e^{-2t}u(t)$ 下的冲激响应、阶跃响应和零状态响应。

2-16 如题图 2-16 所示电路，试求系统的冲激响应 $u_C(t)$。

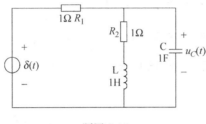

题图 2-16

2-17 某 LTI 系统满足微分-积分方程 $r'(t) + 5r(t) = \int_{-\infty}^{+\infty} e(\tau)f(t-\tau)\mathrm{d}\tau - e(t)$，其中 $f(t) = e^{-t}u(t) + 3\delta(t)$，求该系统的冲激响应。

2-18 某 LTI 系统的激励 $f(t)$ 和冲击响应 $h(t)$ 如题图 2-18 所示，求系统的零状态响应 $y_{zs}(t)$，并画出波形。

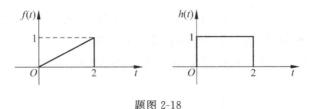

题图 2-18

2-19 已知系统的冲激响应 $h(t) = e^{-2t}u(t)$。

(1) 若激励信号为 $e(t) = e^{-t}[u(t) - u(t-2)] + \beta\delta(t-2)$，式中 β 为常数，试确定响应 $r(t)$；

(2) 若激励信号为 $e(t) = x(t)[u(t) - u(t-2)] + \beta\delta(t-2)$，式中 $x(t)$ 为任意 t 的函数，若要求系统在 $t>2$ 的响应为 0，试确定 β 值应为多少？

2-20 某 LTI 系统,输入 $e(t)=2e^{-3t}u(t)$,响应为 $r(t)=T[e(t)]$,又已知 $T\left[\dfrac{\mathrm{d}e(t)}{\mathrm{d}t}\right]=$ $-3r(t)+e^{-2t}u(t)$,求该系统的冲激响应 $h(t)$。

2-21 证明 $f(t)\delta'(t)=f(0)\delta'(t)-f'(0)\delta(t)$,并计算 $\dfrac{\mathrm{d}}{\mathrm{d}t}\left[\cos\left(t+\dfrac{\pi}{4}\right)\delta(t)\right]$。

2-22 已知 $f(t)=4\delta(t-2)$,计算 $\displaystyle\int_{0^{-}}^{+\infty}f(6-4t)\mathrm{d}t$。

2-23 画出 $f(t)=\delta(t^2-4)$ 的波形,并求 $f(t)=\displaystyle\int_{-\infty}^{+\infty}\delta(t^2-4)\mathrm{d}t$ 的值。

2-24 已知 LTI 系统的框图如题图 2-24 所示,三个子系统的冲激响应分别为 $h_1(t)=u(t)-u(t-1)$,$h_2(t)=u(t)$,$h_3(t)=\delta(t)$,求总系统的冲激响应 $h(t)$。

2-25 若系统的零状态响应为 $y(t)=f(t)*h(t)$。

(1) 试证明:$f(t)*h(t)=\dfrac{\mathrm{d}f(t)}{\mathrm{d}t}*\displaystyle\int_{-\infty}^{t}h(\tau)\mathrm{d}\tau$;

(2) 利用(1)的结果,证明阶跃响应 $s(t)=\displaystyle\int_{-\infty}^{t}h(\tau)\mathrm{d}\tau$。

2-26 如题图 2-26 所示系统,已知 $R_1=R_2=1\Omega,L=1\mathrm{H},C=1\mathrm{F}$。试求冲激响应 $u_C(t)$。

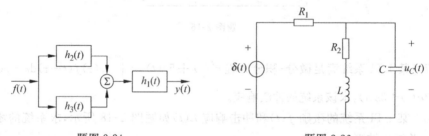

题图 2-24   题图 2-26

2-27 已知 $f_1(t)=e^{2t}$,$-\infty<t<+\infty$,$f_2(t)=e^{2t}u(t)$,求 $y=f_1(t)*f_2(t)$。

2-28 各信号波形如题图 2-28 所示,试计算下列卷积,并画出其波形。

(1) $f_1(t)*f_2(t)$; (2) $f_1(t)*f_3(t)$; (3) $f_2(t)*f_3(t)$。

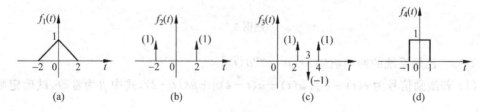

(a)   (b)   (c)   (d)

题图 2-28

2-29 求 $f_1(t)=3\mathrm{e}^{-2t}u(t)$ 和 $f_2(t)=2u(t)$ 的卷积。

2-30 利用卷积的微积分性质求下列函数的卷积积分:

(1) $e(t)=u(t)-u(t-1)$，$h(t)=u(t)-u(t-2)$；

(2) $e(t)=\sin2\pi t[u(t)-u(t-1)]$，$h(t)=u(t)$；

(3) $e(t)=\mathrm{e}^{-t}u(t)$，$h(t)=u(t-1)$。

2-31 已知 $f(t)$ 和 $h(t)$ 波形如题图 2-31 所示,请计算卷积 $f(t)*h(t)$,并画出波形,用图解法计算卷积积分。

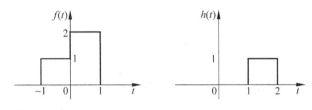

题图 2-31

2-32 已知 $f_1(t)=u(t)$，$f_2(t)=\mathrm{e}^{-at}u(t)$,求 $f_1(t)*f_2(t)$。

第 3 章

傅里叶分析

在第 2 章分析 LTI 系统时，输入信号 $e(t)$ 可以表示成一系列延时冲激信号的加权叠加（积分），即 $e(t) = \int_{-\infty}^{+\infty} e(\tau)\delta(t-\tau)\mathrm{d}\tau$。通过卷积积分运算，输出 $r(t)$ 表示为延时的系统冲激响应加权叠加，即 $r(t) = \int_{-\infty}^{t} e(\tau)h(t-\tau)\mathrm{d}\tau$。这种描述和分析系统的方法，以时间 t 为基本变量，故称时域分析法。本章将介绍以频率为基本变量的分析方法，即频域分析法。

3.1　周期信号的傅里叶级数分析

满足一定条件的周期性信号总可以表示成三角级数或指数形式级数，也称为傅里叶级数分解。

3.1.1　周期信号的三角级数表示

定义在区间 $(-\infty, +\infty)$ 上的周期信号，是每隔一定周期 T 就按照相同的规律重复变换的信号，周期信号一般可表示为

$$f(t) = f(t + kT), \quad k = 0, \pm 1, \pm 2, \cdots$$

周期信号 $f(t)$ 若满足狄利克雷条件：①在一个周期内只有有限个极大值和极小值；②只存在有限个第一类不连续点；③在一个周期内 $f(t)$ 绝对可积，则它们就能用傅里叶级数表示成

$$f(t) = a_0 + a_1\cos\omega_1 t + a_2\cos 2\omega_1 t + \cdots + b_1\sin\omega_1 t + b_2\sin 2\omega_1 t + \cdots$$

$$= a_0 + \sum_{n=1}^{\infty}(a_n\cos n\omega_1 t + b_n\sin n\omega_1 t), \quad n = 1, 2, \cdots \tag{3-1}$$

式中 $\omega_1 = \dfrac{2\pi}{T}$ 称为函数 $f(t)$ 的基波角频率，$n\omega_1$ 称为 n 次谐波角频率，a_0 为 $f(t)$ 的直流分量

幅度,a_n 和 b_n 分别为各余弦或正弦分量的幅度。表达式(3-1)就是周期信号 $f(t)$ 的三角函数形式的傅里叶级数,其系数由下式给出:

$$\begin{cases} a_0 = \dfrac{1}{T}\displaystyle\int_0^T f(t)\,\mathrm{d}t \\[2mm] a_n = \dfrac{2}{T}\displaystyle\int_0^T f(t)\cos n\omega_1 t\,\mathrm{d}t, \quad n=1,2,\cdots \\[2mm] b_n = \dfrac{2}{T}\displaystyle\int_0^T f(t)\sin n\omega_1 t\,\mathrm{d}t \end{cases} \tag{3-2}$$

系数表示式的推导过程简介如下:

对 $f(t) = a_0 + \displaystyle\sum_{n=1}^{\infty}(a_n\cos n\omega_1 t + b_n\sin n\omega_1 t)$ 表达式两端同时乘以 $\cos m\omega_1 t$,在区间 $[0,T]$ 上求积分,则有

$$\int_0^T f(t)\cos m\omega_1 t\,\mathrm{d}t = \int_0^T\left[a_0 + \sum_{n=1}^{\infty}(a_n\cos n\omega_1 t + b_n\sin n\omega_1 t)\right]\cos m\omega_1 t\,\mathrm{d}t$$

$$= \int_0^T a_0\cos m\omega_1 t\,\mathrm{d}t + \sum_{n=1}^{\infty}\int_0^T a_n\cos n\omega_1 t\cos m\omega_1 t\,\mathrm{d}t + \sum_{n=1}^{\infty}\int_0^T a_n\sin n\omega_1 t\cos m\omega_1 t\,\mathrm{d}t$$

根据三角函数的正交性质,以及它在 $[0,T]$ 上的积分结果,有

$$\int_0^T a_0\cos m\omega_1 t\,\mathrm{d}t = 0 \quad (m\neq 0)$$

$$\sum_{n=0}^{\infty}\int_0^T b_n\sin n\omega_1 t\cos m\omega_1 t\,\mathrm{d}t = \frac{1}{2}\sum_{n=0}^{\infty}\int_0^T b_n[\sin(n+m)\omega_1 t + \sin(n-m)\omega_1 t]\,\mathrm{d}t = 0$$

$$\sum_{n=1}^{\infty}\int_0^T a_n\cos n\omega_1 t\cos m\omega_1 t\,\mathrm{d}t = \frac{1}{2}\sum_{n=1}^{\infty}a_n\int_0^T[\cos(n+m)\omega_1 t + \cos(n-m)\omega_1 t]\,\mathrm{d}t = \frac{1}{2}a_m$$

于是得出

$$a_m = \frac{2}{T}\int_0^T f(t)\cos m\omega_1 t\,\mathrm{d}t$$

这与式(3-2)中的表达式一致。用类似的方法可以推导出系数 a_0 和 b_n 的表达式。

将式(3-1)中的同频率正弦项和余弦项合并,可以得到傅里叶级数的另一种形式:

$$f(t) = c_0 + \sum_{n=1}^{\infty}c_n\cos(n\omega_1 t + \varphi_n) \tag{3-3}$$

其中

$$\begin{cases} c_0 = a_0 \\[1mm] c_n = \sqrt{a_n^2 + b_n^2} \\[1mm] a_n = c_n\cos\varphi_n, b_n = -c_n\sin\varphi_n \\[1mm] \tan\varphi_n = -\dfrac{b_n}{a_n} \end{cases} \tag{3-4}$$

式(3-1)表明:任何周期信号,只要满足狄利克雷条件就可以分解成直流分量和无穷多正弦、余弦分量,它们分量的频率必定是基频 $\omega_1\left(=\dfrac{2\pi}{T}\right)$ 的整数倍。通常将 ω_1 称为基波,$2\omega_1,3\omega_1$ 等分量分别称为二次谐波,三次谐波等,各分量的幅度 a_n,b_n,c_n 及相位 φ_n 都是各谐波 $n\omega_1$ 的函数。

若将 c_n 与 $n\omega_1$ 的关系绘成图 3-1,则称图 3-1 为**频谱图**。由它便可清楚地看出各频率分量的相对大小,这种图称为信号的**幅度谱**,图中每一条线代表某一频率分量的幅度,称为**谱线**,连接各谱线顶点的曲线称为包络线。类似地,还可以画出各分量的相位 φ_n 对频率 $n\omega_1$ 的线图,这种图称为**相位谱**。周期信号的频谱点只出现在 $0,\omega_1,2\omega_1$,等离散点上,故称为**离散谱**。

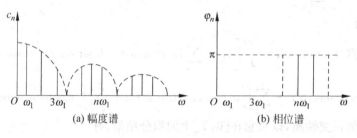

图 3-1　周期信号的频谱示例

例 3-1　给定如图 3-2 所示的周期矩形波 $f(t)$,试将其表示成傅里叶级数。

解　该周期矩形波为奇函数,所以有

$$a_0 = \frac{1}{T}\int_0^T f(t)\mathrm{d}t = 0$$

$$a_n = \frac{2}{T}\int_{-\frac{T}{2}}^{\frac{T}{2}} f(t)\cos n\omega_1 t\mathrm{d}t = 0$$

$$b_n = \frac{2}{T}\int_{-\frac{T}{2}}^{\frac{T}{2}} f(t)\sin n\omega_1 t\mathrm{d}t = \frac{4}{T}\int_0^{\frac{T}{2}} A\sin n\omega_1 t\mathrm{d}t$$

$$= \frac{4A}{T}\left[\frac{-\cos n\omega_1 t}{n\omega_1}\right]_0^{\frac{T}{2}} = \begin{cases} \dfrac{4A}{n\pi}, & n=1,3,\cdots \\ 0, & n=2,4,\cdots \end{cases}$$

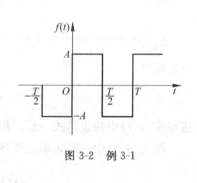

图 3-2　例 3-1

于是 $f(t)$ 的傅里叶级数表示为

$$f(t) = \frac{4A}{\pi}\left(\sin\omega_1 t + \frac{1}{3}\sin 3\omega_1 t + \frac{1}{5}\sin 5\omega_1 t + \cdots\right)$$

可以看出,周期方波可以由同频的正弦基波、三次谐波、五次谐波等无数多个波形叠加而成,用有限多个波形叠加产生方波时,阶数越高产生的误差越小。

3.1.2 周期信号的指数函数表示

周期信号的傅里叶级数展开式也可表示成指数形式。例如,已知

$$f(t) = a_0 + \sum_{n=1}^{\infty} \left[a_n\cos(n\omega_1 n) + b_n\sin(n\omega_1 n) \right] \tag{3-5}$$

根据欧拉公式

$$\begin{cases} \cos(n\omega_1 t) = \dfrac{1}{2}(e^{jn\omega_1 t} + e^{-jn\omega_1 t}) \\ \sin(n\omega_1 t) = \dfrac{1}{2j}(e^{jn\omega_1 t} - e^{-jn\omega_1 t}) \end{cases}$$

把上式代入式(3-5),得到

$$\begin{cases} f(t) = \displaystyle\sum_{n=-\infty}^{\infty} F(n\omega_1) e^{jn\omega_1 t} \\ F(n\omega_1) = \dfrac{1}{T_1}\displaystyle\int_{t_0}^{t_0+T} f(t)e^{-jn\omega_1 t}dt \end{cases} \tag{3-6}$$

一般地将 $F(n\omega_1)$ 简写为 F_n,表示指数函数形式傅里叶级数的系数。F_n 与其他系数之间有如下关系:

$$\begin{cases} F_0 = c_0 = a_0 \\ F_n = |F_n| e^{j\varphi_n} = \dfrac{1}{2}(a_n - jb) \\ F_{-n} = |F_{-n}| e^{-j\varphi_n} = \dfrac{1}{2}(a_n + jb_n) \\ F_n = |F_{-n}| = \dfrac{1}{2}c_n = \dfrac{1}{2}\sqrt{a_n^2 + b_n^2} \\ c_n = |F_n| + |F_{-n}| \\ a_n = F_n + F_{-n} \\ b_n = j(F_n - F_{-n}) \end{cases}$$

根据 F_n 的表达式,可以画出指数函数形式表示的信号的频谱。F_n 一般为复数,根据 $F_n = |F_n| e^{j\varphi_n}$,可以画出 $|F_n| \sim \omega$ 的幅度-频率关系谱,以及 $\varphi_n \sim \omega$ 相位频率谱。由于正频率和负频率的幅度满足 $|F_n| = |F_{-n}| = \dfrac{1}{2}c_n$,所以 $|F_n| \sim \omega$ 的幅度谱是偶函数,幅度谱关于纵轴对称;由于正频率和负频率的相位 φ_n 互为相反数,所以相位谱 $\varphi_n \sim \omega$ 是奇函数,相位谱关于原点对称。

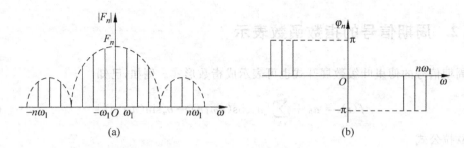

图 3-3　周期信号的复频谱

3.1.3　典型周期函数的频谱

利用傅里叶级数展开法分析典型周期信号的频谱,周期信号的幅度谱和相位谱都是离散谱线。

1. 周期矩形信号

设周期矩形信号 $f(t)$ 的脉冲宽度为 τ,脉冲幅度为 E,重复周期为 T_1,如图 3-4 所示,可将 $f(t)$ 展开成三角函数以及复指数函数形式的傅里叶级数。

（1）三角函数的傅里叶级数表示

设 $f(t)$ 是偶函数,正弦项系数 $b_n = 0$,由式(3-2)得

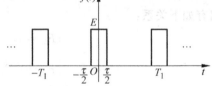

图 3-4　周期矩形信号

$$a_0 = \frac{1}{T_1}\int_{-\frac{T_1}{2}}^{\frac{T_1}{2}} f(t)\,\mathrm{d}t = \frac{1}{T_1}\int_{-\frac{T_1}{2}}^{\frac{T_1}{2}} E\,\mathrm{d}t = \frac{E\tau}{T_1}$$

$$a_n = \frac{2}{T_1}\int_{-\frac{T_1}{2}}^{\frac{T_1}{2}} f(t)\cos(n\omega_1 t)\,\mathrm{d}t = \frac{2E}{n\pi}\sin\left(\frac{n\pi\tau}{T_1}\right) = \frac{2E\tau}{T_1}\mathrm{Sa}\left(\frac{n\pi\tau}{T_1}\right) = \frac{E\tau\omega_1}{\pi}\mathrm{Sa}\left(\frac{n\pi\tau}{2}\right)$$

所以得出

$$f(t) = \frac{E\tau}{T_1} + \frac{2E\tau}{T_1}\sum_{n=1}^{\infty}\mathrm{Sa}\left(\frac{n\pi\tau}{T_1}\right)\cos(n\omega_1 t)$$

（2）复指函数的傅里叶级数表示

$$F_n = \frac{1}{T_1}\int_{-\frac{\tau}{2}}^{\frac{\tau}{2}} E\mathrm{e}^{jn\omega_1 t}\,\mathrm{d}t = \frac{jE}{n\omega_1 T}\left[\mathrm{e}^{-jn\omega_1 t}\right]_{-\frac{\tau}{2}}^{\frac{\tau}{2}} = \frac{E\tau}{Tn\omega_1 \frac{\tau}{2}}\sin n\omega_1 \frac{\tau}{2} = \frac{E\tau}{T_1}\mathrm{Sa}\left(\frac{n\omega_1 \tau}{2}\right)$$

$$f(t) = \sum_{n=-\infty}^{\infty} F_n \mathrm{e}^{jn\omega_1 t} = \frac{E\tau}{T_1}\sum_{n=-\infty}^{\infty}\mathrm{Sa}\left(\frac{n\omega_1 \tau}{2}\right)\mathrm{e}^{-jn\omega_1 t}$$

$F_n = \frac{E\tau}{T_1}\mathrm{Sa}\left(\frac{n\omega_1 \tau}{2}\right)$ 的表达式是抽样函数的形式,在 1.2.2 节中已有介绍,设 $T_1 = 5\tau$,画

出幅频特性和相频特性频谱如下：

若用 MATLAB 画图，在指令窗中输入下述指令，即可得出图 3-5(c)。

```
>> ezplot('sin(t)/t',[-12,12,-0.3,1.2]),grid
```

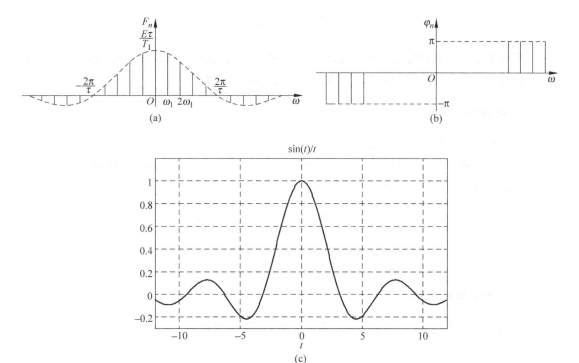

图 3-5　周期矩形函数频谱

从 F_n 表达式以及频谱图可以得出以下结论：

① 周期矩形信号的频谱是离散的，F_n 在 ω 出现的离散谱线的幅度是以抽样函数 $\mathrm{Sa}(x)$ 为包络变化的双边离散谱，两个谱线的间距为 $\omega_1\left(=\dfrac{2\pi}{T_1}\right)$，信号周期 T_1 越大，ω_1 越小，谱线越靠近，频谱的幅度越小。

② 幅度谱的最大值出现在 $\omega=0$ 时刻，

$$F_0=\frac{E\tau}{T_1}\mathrm{Sa}\left(\frac{n\omega_1\tau}{2}\right)\bigg|_{n\omega_1=0}=\frac{E\tau}{T_1}\lim_{x\to 0}\frac{\sin x}{x}=\frac{E\tau}{T_1}$$

③ 频谱包络函数过零点坐标，令 $\sin\left(\dfrac{n\omega_1\tau}{2}\right)=0$，得

$$\omega=n\omega_1=\pm\frac{2k\pi}{\tau},\quad k=1,2,\cdots$$

频谱包络线第一个零点的坐标为 $\omega=\pm\dfrac{2\pi}{\tau}$。

④ 从频谱图上看出,信号的主要能量集中在 $\left(0,\dfrac{2\pi}{\tau}\right)$ 上的低频分量部分,高频分量部分可以忽略不计。因此通常把这段频率范围称为矩形信号的有效带宽,简称带宽,分别用角频率 ω 和频率 f 作下标表示,记作 B_ω 或 B_f,即

$$B_\omega = \frac{2\pi}{\tau} \quad \text{或} \quad B_f = \frac{1}{\tau}$$

当矩形信号的脉冲宽度 τ 变窄时,B_f 变大,带宽增大,频谱高频成分增加;反之,当矩形信号脉冲宽度 τ 变宽时,B_f 变小,带宽减小,频谱高频成分减少。

2. 周期锯齿信号

周期锯齿信号如图 3-6 所示。

由于周期锯齿信号为奇函数,因而得到 $a_n=0$,由式(3-5)得到傅里叶级数的系数 b_n。于是周期锯齿信号的傅里叶级数为

$$f(t) = \frac{E}{\pi}\left(\sin\omega_1 t - \frac{1}{2}\sin2\omega_1 t + \frac{1}{3}\sin3\omega_1 t - \frac{1}{4}\sin4\omega_1 t + \cdots\right)$$

$$= \frac{E}{\pi}\sum_{n=1}^{\infty}(-1)^{n+1}\frac{1}{n}\sin(n\omega_1 t)$$

3. 周期三角脉冲信号

周期三角脉冲信号如图 3-7 所示,由于它是偶函数,因而 $b_n=0$,由式(3-2)求出傅里叶级数的系数 a_0,a_n,从而得出信号的傅里叶级数

$$f(t) = \frac{E}{2} + \frac{4E}{\pi^2}\left[\cos(\omega_1 t) + \frac{1}{3^2}\cos(3\omega_1 t) + \frac{1}{5^2}\cos(5\omega_1 t) + \cdots\right]$$

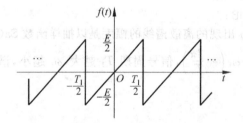

图 3-6　周期锯齿信号

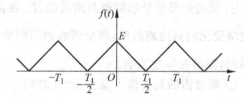

图 3-7　周期三角脉冲信号

3.2　非周期信号的频谱分析

下面介绍非周期信号的傅里叶分析方法,并导出傅里叶积分变换。

3.2.1 傅里叶变换

下面用积分变换的方法定义傅里叶变换,即用下述的积分变换式

$$F(\omega) = \int_a^b f(t)K(t,\omega)\mathrm{d}t$$

使描述和分析系统的基本变量从时间 t 变成频率 ω。这个积分变换式给出了两类函数 $f(t)$ 和 $F(\omega)$ 间的一种变换关系。

若取积分变换式中的核 $K(t,\omega) = \mathrm{e}^{-\mathrm{j}\omega t}$,取积分变换的域为 $[a,b] = [-\infty, +\infty]$,就得出函数 $f(t)$ 的傅里叶积分变换式

$$F(\omega) = \int_{-\infty}^{+\infty} f(t)\mathrm{e}^{-\mathrm{j}\omega t}\mathrm{d}t$$

式中的函数 $f(t)$ 和 $F(\omega)$ 都是描述同一系统的函数,只是描述的角度不同。就像任意一个平面几何图形,既可以用直角坐标系描述,也可以用极坐标系描述一样。

常用的傅里叶变换、拉普拉斯变换和 Z 变换等,都是积分变换,只是积分变换的"核"和"域"不同而已。积分变换是求解线性常微分方程和偏微分方程的简便数学工具,在"信号与系统"中是建立系统的频域数学模型(频率特性)、复数域数学模型(传递函数)和 Z 域数学模型(脉冲传递函数)的基本数学工具。本章只介绍傅里叶变换。

1. 傅里叶积分变换

傅里叶变换是法国数学家傅里叶在 1801 年首先提出来的,经狄利克雷在 1829 年补充以必要条件并予发展,现已成为许多学科中解决无界域中方程相关问题的重要数学工具,也是信号与系统中一种主要的变换手法。

傅里叶变换是傅里叶积分变换的简称。可以表示成 $F(\omega) = \mathscr{F}[f(t)]$,花体英文大写字符 $\mathscr{F}$ 是个算符,表示对后面方括号内的函数 $f(t)$ 进行傅里叶变换运算,即

$$F(\omega) = \mathscr{F}[f(t)] = \int_{-\infty}^{+\infty} f(t)\mathrm{e}^{-\mathrm{j}\omega t}\mathrm{d}t \tag{3-7}$$

若函数 $F(\omega)$ 绝对可积,则称

$$f(t) = \frac{1}{2\pi}\int_{-\infty}^{+\infty} F(\omega)\mathrm{e}^{\mathrm{j}\omega t}\mathrm{d}\omega \tag{3-8}$$

为 $F(\omega)$ 的傅里叶逆变换,记作 $f(t) = \mathscr{F}^{-1}[F(\omega)]$,算符 $\mathscr{F}^{-1}$ 表示对后面方括号内的函数 $F(\omega)$ 作傅里叶逆变换运算,显然 $\mathscr{F}[f(t)] = F(\omega)$,$\mathscr{F}^{-1}[F(\omega)] = f(t)$。可见,函数 $f(t)$ 和 $F(\omega)$ 间存在着积分变换关系,这种关系也可以简单记作

$$f(t) \leftrightarrow F(\omega)$$

例 3-2 求指数衰减函数 $f(x) = \begin{cases} 0, & t < 0 \\ \mathrm{e}^{-\beta t}, & t > 0 \end{cases}$ 的傅里叶变换。

解 据傅里叶变换的定义,有

$$F(\omega) = \mathscr{F}[f(x)] = \int_{-\infty}^{+\infty} f(t) e^{-j\omega t} dt = \int_0^{+\infty} e^{-\beta t} e^{-j\omega t} dt = \int_0^{+\infty} e^{-(\beta+j\omega)t} dt$$

$$= -\frac{1}{\beta+j\omega} e^{-(\beta+j\omega)t} \Big|_0^{+\infty} = \frac{1}{\beta+j\omega} = \frac{\beta-j\omega}{\beta^2+\omega^2}$$

例 3-3 已知分段函数 $f(t) = e^{-|t|} = \begin{cases} e^t, & t < 0 \\ e^{-t}, & t \geq 0 \end{cases}$,求 $f(t)$ 的傅里叶变换。

解 据傅里叶变换的定义,有

$$F(\omega) = \mathscr{F}[f(t)] = \int_{-\infty}^{+\infty} f(t) e^{-j\omega t} dt = \int_{-\infty}^0 e^t e^{-j\omega t} dt + \int_0^{+\infty} e^{-t} e^{-j\omega t} dt$$

$$= \frac{1}{1-j\omega} + \frac{1}{1+j\omega} = \frac{2}{1+\omega^2}$$

2. 傅里叶正弦变换和傅里叶余弦变换

在积分变换式中,若取变换核 $K(t,\omega) = \sin\omega t$,变换域取为 $[0, +\infty)$,则得出函数 $f(t)$ 的傅里叶正弦变换及其逆变换,分别为

$$F_s(\omega) = \frac{2}{\pi} \int_0^{+\infty} f_s(t) \sin\omega t \, dt, \quad f_s(t) = \int_0^{+\infty} F_s(\omega) \sin\omega t \, d\omega$$

函数 $F_s(\omega)$ 和 $f_s(x)$ 的下标 s 均表示它们为奇函数。

在积分变换式中,若选取变换核 $K(t,\omega) = \cos\omega t$,变换域取为 $[0, +\infty)$,则得出函数 $f(t)$ 的傅里叶余弦变换及其逆变换,分别为

$$F_c(\omega) = \frac{2}{\pi} \int_0^{+\infty} f_c(t) \cos\omega t \, dt, \quad f_c(t) = \int_0^{+\infty} F_c(\omega) \cos\omega t \, d\omega$$

函数 $F_c(\omega)$ 和 $f_c(x)$ 的下标 c 表示它们为偶函数。

沿用傅里叶变换的记号,对于奇、偶函数可分别写出下述关系:

$$\mathscr{F}[f_s(t)] = F_s(\omega), \quad \mathscr{F}^{-1}[F_s(\omega)] = f_s(t)$$

$$\mathscr{F}[f_c(t)] = F_c(\omega), \quad \mathscr{F}^{-1}[F_c(\omega)] = f_c(t)$$

例 3-4 求出正弦函数 $f(t) = \sin\omega_0 t$ 的傅里叶变换函数。

解 $\mathscr{F}[f(t)] = \mathscr{F}[\sin\omega_0 t] = \int_{-\infty}^{+\infty} e^{-j\omega t} \sin\omega_0 t \, dt = \int_{-\infty}^{+\infty} \frac{e^{-j\omega_0 t} - e^{-j\omega_0 t}}{2j} e^{-j\omega t} dt$

$$= \frac{1}{2j} \int_{-\infty}^{+\infty} [e^{-j(\omega-\omega_0)t} - e^{-j(\omega+\omega_0)t}] dt = \frac{1}{2j} [2\pi\delta(\omega+\omega_0) - 2\pi\delta(\omega-\omega_0)]$$

$$= j\pi[\delta(\omega+\omega_0) - \delta(\omega+\omega_0)]$$

类似可得

$$\mathscr{F}[\cos\omega_0 t] = \pi[\delta(\omega+\omega_0) + \delta(\omega+\omega_0)]$$

傅里叶变换的意义是将连续信号从时域表达式 $f(t)$ 变换成频域表达式 $F(\omega)$,也称为频谱分析;而傅里叶逆变换正好与此相反。因此,傅里叶变换及其逆变换是一个信号的时

域和频域表达式间的一一对应关系。$f(t)$是关于时间的函数,反映了函数在不同时刻 t 的幅度;$F(\omega)$是关于频率的函数,反映了信号被分解成不同频率 ω 的指数信号时,某个频率的信号在总信号中所占分量的大小;$f(t)$和 $F(\omega)$是同一信号的两种不同表达方式。傅里叶变换 $F(\omega)$又称为 $f(t)$的**频谱函数**,它的模 $|F(\omega)|$称为 $f(t)$的**振幅频谱**(简称频谱)。对一个时间函数 $f(t)$作傅里叶变换,就是求出 $f(t)$的频谱 $F(\omega)$,而 $\arg F(\omega)$称为 $f(t)$的**相位频谱**,不难证明,频谱是偶函数,即 $|F(\omega)|=|F(-\omega)|$。

3. 其他典型信号的傅里叶变换

冲激函数的频谱

由定义式(3-7)以及冲激函数的性质,可得到

$$F(\omega) = \int_{-\infty}^{+\infty} \delta(t) \mathrm{e}^{-\mathrm{j}\omega t} \, \mathrm{d}t = 1$$

亦可写成 $\delta(t) \leftrightarrow 1$。

图 3-8 给出了冲激函数及其频谱,可见在整个频率范围内频谱为均匀谱,幅度为 1。

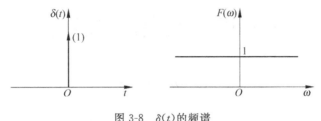

图 3-8　$\delta(t)$的频谱

直流信号的频谱

设直流信号 $f(t)=1$,$-\infty<t<+\infty$。由式(3-8)傅里叶逆变换公式,$\delta(t)$为偶函数,于是可得

$$\delta(t) = \delta(-t) = \frac{1}{2\pi} \int_{-\infty}^{+\infty} 1 \cdot \mathrm{e}^{-\mathrm{j}\omega t} \, \mathrm{d}\omega$$

将上式中的 ω 和 t 互换,有

$$\delta(\omega) = \frac{1}{2\pi} \int_{-\infty}^{+\infty} 1 \cdot \mathrm{e}^{-\mathrm{j}\omega t} \, \mathrm{d}t, \quad \text{即 } 2\pi\delta(\omega) = \int_{-\infty}^{+\infty} 1 \cdot \mathrm{e}^{-\mathrm{j}\omega t} \, \mathrm{d}t$$

上式表明直流信号 1 的傅里叶变换为 $2\pi\delta(\omega)$,即 $1 \leftrightarrow 2\pi\delta(\omega)$。它们的图线如图 3-9 所示,直流仅含有 $\omega=0$ 的成分,由于满足时域与频域能量守恒,所以频域能量也为无穷大。

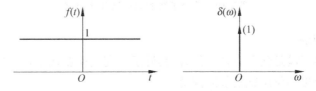

图 3-9　直流信号的频谱

符号函数的频谱

符号函数 $\mathrm{sgn}(t)$ 的定义为

$$\mathrm{sgn}(t) = \begin{cases} -1, & t < 0 \\ 0, & t = 0 \\ 1, & t > 0 \end{cases}$$

符号函数不满足狄利克雷条件,但存在傅里叶变换。借助于衰减的双边指数信号取极限的方法,可以求解符号函数的频谱。因为

$$\mathrm{sgn}(t) = \lim_{\alpha \to 0} \mathrm{sgn}(t)\mathrm{e}^{-\alpha|t|}$$

所以有

$$F[\mathrm{sgn}(t)\mathrm{e}^{-\alpha|t|}] = \int_{-\infty}^{+\infty} \mathrm{sgn}(t)\mathrm{e}^{-\alpha|t|}\,\mathrm{e}^{-\mathrm{j}\omega t}\,\mathrm{d}t = \int_{-\infty}^{0} -\mathrm{e}^{-\mathrm{j}\omega t}\mathrm{e}^{\alpha t}\,\mathrm{d}t + \int_{0}^{+\infty} \mathrm{e}^{-\mathrm{j}\omega t}\mathrm{e}^{\alpha t}\,\mathrm{d}t$$

$$= -\frac{\mathrm{e}^{(\alpha-\mathrm{j}\omega)t}}{\alpha-\mathrm{j}\omega}\Big|_{-\infty}^{0} - \frac{\mathrm{e}^{(\alpha+\mathrm{j}\omega)t}}{\alpha+\mathrm{j}\omega}\Big|_{0}^{+\infty} = \frac{-1}{\alpha-\mathrm{j}\omega} + \frac{1}{\alpha+\mathrm{j}\omega}$$

得到

$$F[\mathrm{sgn}(t)] = \lim_{\alpha \to 0}\left(\frac{-1}{\alpha-\mathrm{j}\omega} + \frac{1}{\alpha+\mathrm{j}\omega}\right) = \frac{2}{\mathrm{j}\omega}$$

幅度谱为

$$|F(\omega)| = \frac{2}{|\omega|}$$

相位谱为

$$\varphi(\omega) = \begin{cases} -\dfrac{\pi}{2}, & 0 < \omega \\ \dfrac{\pi}{2}, & 0 > \omega \end{cases}$$

符号函数的幅度谱和相位谱如图 3-10 所示。

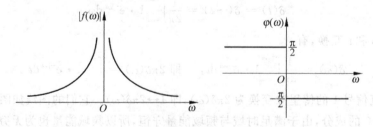

图 3-10　符号函数的幅度谱和相位谱

阶跃信号的频谱

单位阶跃信号不满足狄利克雷条件,但其傅里叶变换存在,借助于它与符号函数和直流信号的关系可以求出单位阶跃信号的频谱。

根据单位阶跃信号 $u(t) = \dfrac{1}{2} + \dfrac{1}{2}\operatorname{sgn}(t)$，可以得到

$$F[u(t)] = F\left[\frac{1}{2} + \frac{1}{2}\operatorname{sgn}(t)\right] = \pi\delta(\omega) + \frac{1}{j\omega}$$

单位阶跃信号的幅度谱和相位谱如图 3-11 所示。

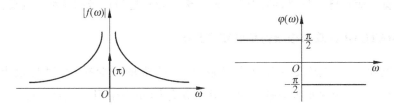

图 3-11　单位阶跃信号的幅度谱和相位谱

矩形脉冲信号的频谱

矩形脉冲信号的表达式为

$$f(t) = \begin{cases} E, & |t| \leqslant \dfrac{\tau}{2} \\[2mm] 0, & |t| > \dfrac{\tau}{2} \end{cases}$$

信号的傅里叶变换为

$$F(\omega) = \int_{-\frac{\tau}{2}}^{\frac{\tau}{2}} E \cdot e^{-j\omega t}\, dt = \left. \frac{E}{j\omega} e^{-j\omega t} \right|_{-\frac{\tau}{2}}^{\frac{\tau}{2}} = \frac{2E}{\omega}\sin\left(\frac{\omega\tau}{2}\right) = E\tau\,\mathrm{Sa}\left(\frac{\omega\tau}{2}\right)$$

幅度谱

$$|F(\omega)| = E\tau\left|\mathrm{Sa}\left(\frac{\omega\tau}{2}\right)\right|$$

相位谱

$$\varphi(\omega) = \begin{cases} 0, & \dfrac{4k\pi}{\tau} < |\omega| < \dfrac{2(2n+1)\pi}{\tau} \\[3mm] \pi, & \dfrac{2(2n+1)\pi}{\tau} < |\omega| < \dfrac{4(2n+1)\pi}{\tau} \end{cases}$$

矩形脉冲信号和幅度谱如图 3-12 所示。

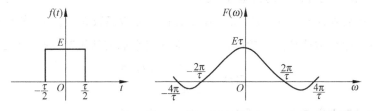

图 3-12　矩形脉冲信号和幅度谱

分析矩形脉冲的频谱图可以得到如下结论:

(1) 矩形脉冲信号的频谱是连续谱,其形状与周期矩形脉冲频谱的包络线相似。

(2) 信号在时域中宽度为有限值 τ,在频域中频谱为无限大。

(3) 信号的频谱分量主要集中在原点到第一个经过的零点之间,工程中将此宽度作为信号有效带宽。矩形脉冲信号的带宽为 $2\pi/\tau$ 或者 $1/\tau$,这与信号的宽度 τ 成反比。

4. 用 MATLAB 计算和描绘傅里叶变换频谱

根据傅里叶变换的定义计算某个函数 $f(t)$ 的傅里叶变换,有时是很繁琐的,若用 MATLAB 计算则会带来很大方便。对应指令格式为(指令中用 w 代替 ω):

```
>> F = fourier(f,t,w)      % 输出 F = F(w) = 𝓕[f(t)]
>> f = ifourier(F,w,t)     % 输出 f = f(t) = 𝓕⁻¹[F(w)]
```

指令中输入的参数 f 或 w 为待变换函数 $f(t)$ 或 $F(\omega)$ 的符号表达式,或由它们构成的矩阵;回车后输出的 F 或 f 为变换后的 $F(\omega)$ 或 $f(t)$ 的符号表达式或由其构成的矩阵。

例 3-5 已知高斯函数 $f(t) = \dfrac{1}{b\sqrt{2\pi}} e^{\frac{-t^2}{2b^2}}$,$(b>0)$,求出 $f(t)$ 的频谱,即 $\mathscr{F}[f(t)]$。

解 根据傅里叶变换性质 $\mathscr{F}[f(t)] = \dfrac{1}{b\sqrt{2\pi}} \mathscr{F}\left[e^{\frac{-t^2}{2b^2}}\right]$。用 MATLAB 求算 $\mathscr{F}\left[e^{\frac{-t^2}{2b^2}}\right]$ 时,

在指令窗中输入

```
>> symstw, syms b positive
>> f = exp(- t^2/2/b^2);
>> F = fourier(f)/b/sqrt(2 * sym(pi));

    F =
```
$$\exp(-1/2 * w^2 * b^2)$$

整理得出

$$F(\omega) = \mathscr{F}[f(t)] = \mathscr{F}\left[\frac{1}{b\sqrt{2\pi}} e^{\frac{-t^2}{2b^2}}\right] = e^{-\frac{b^2\omega^2}{2}}$$

例 3-6 求出下列各函数的傅里叶变换:

(1) 双边指数函数 $e^{-a|t|}$;(2)阶跃信号 $u(t)$;(3)冲激函数 $\delta(t)$;(4)直流函数 1。

解 用这 4 个函数构成一个矩阵,一次便能求出它们的傅里叶变换。令函数矩阵

$$f(t) = \begin{bmatrix} e^{-a|t|} & u(t) \\ \delta(t) & 1 \end{bmatrix}$$

用 MATLAB 求出 $F(w) = \mathscr{F}[f(t)]$。在指令窗中输入

```
>> syms t w,syms a positive                      % 将变量和函数定义成符号量
>> f = [exp( - a * abs(t)), heaviside(t);dirac(t) , 1];   % 输入待变换函数
>> F = fourier(f)
    F =
                [ (2 * a)/(a^2 + w^2), pi * dirac(w) - i/w]
                [           1,          2 * pi * dirac(w)]
```

整理得出

$$\mathscr{F}\left[e^{-a|t|}\right] = \frac{2a}{a^2+\omega^2}, \quad \mathscr{F}\left[u(t)\right] = \pi\delta(\omega) + \frac{1}{j\omega}, \quad \mathscr{F}\left[\delta(t)\right] = 1, \quad \mathscr{F}\left[1\right] = 2\pi\delta(\omega)$$

或简记为

$$e^{-a|t|} \leftrightarrow \frac{2a}{a^2+\omega^2}, \quad u(t) \leftrightarrow \pi\delta(\omega) + \frac{1}{j\omega}, \quad \delta(t) \leftrightarrow 1, 1 \leftrightarrow 2\pi\delta(\omega)$$

例 3-7　画出 a 分别取 $5,4,3$ 和 2 时 $\mathscr{F}\left[e^{-a|t|}\right]$ 的图线。

解　用 MATLAB 求解和画图,在指令窗中输入

```
>> syms t w,syms a positive                      % 把 t,w 和 a 定义符号量
>> F = fourier(exp( - a * abs(t)),t,w)           % 求出 𝓕[e⁻ᵃ|ᵗ|]
    F = (2 * a)/(a^2 + w^2)
```

为了画出 $F(\omega)$ 的图线,在指令窗中输入(指令中用 w 代替 ω)

```
>> ezplot 10/(25 + w^2), grid                    %a 分别取 5,4,3 和 2
>> hold,ezplot 8/(16 + w^2)
>> ezplot 6/(9 + w^2)
>> ezplot 4/(4 + w^2)
>> legend('a = 2','a = 3','a = 4','a = 5')
```

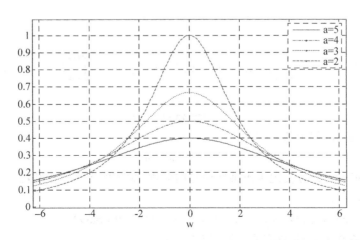

图 3-13　$F(\omega)$-ω 图线

3.2.2 傅里叶变换的性质

傅里叶变换有许多重要的运算性质,这些性质反映了信号时域与频域之间的内在联系,有助于深入理解傅里叶变换的数学和物理概念,在理论分析和工程实践中都有着广泛应用。

另外,利用傅里叶变换的性质和已知基本信号的傅里叶变换,可以间接求出较复杂或者不满足狄利克雷条件的信号的傅里叶变换,这些信号的傅里叶变换用公式法直接求解是不可能的。

1. 线性定理

设 a_1,a_2 为任意常数,对任意函数 $f_1(t)$ 及 $f_2(t)$,若 $f_1(t)\leftrightarrow F_1(\omega)$,$f_2(t)\leftrightarrow F_2(\omega)$,则有

$$a_1 f_1(t) + a_2 f_2(t) \leftrightarrow a_1 F_1(\omega) + a_2 F_2(\omega)$$

该性质可以推广到多个信号的线性组合上,即

$$\sum_{i=1}^{n} a_i x_i(t) \leftrightarrow \sum_{i=1}^{n} a_i X_i(\omega)$$

2. 对称定理

若已知 $f(t)\leftrightarrow F(\omega)$,则有

$$F(t)\leftrightarrow 2\pi f(-\omega)$$

证明　因为 $f(t) = \dfrac{1}{2\pi}\displaystyle\int_{-\infty}^{+\infty} F(\omega)e^{j\omega t}\,d\omega$,互换变量 ω 和 t,可得

$$2\pi f(\omega) = \int_{-\infty}^{+\infty} F(t)e^{j\omega t}\,dt$$

则

$$2\pi f(\omega) = \int_{-\infty}^{+\infty} F(jt)e^{j\omega t}\,dt \quad \text{或} \quad 2\pi f(-\omega) = \int_{-\infty}^{+\infty} F(jt)e^{-j\omega t}\,dt$$

所以

$$F(t)\leftrightarrow 2\pi f(-\omega)$$

特别是当 $f(t)$ 是 t 的偶函数时,有

$$F(t)\leftrightarrow 2\pi f(\omega)$$

利用对称定理可以方便地求出某些信号的频谱,对某些无法直接利用定义求解的信号,则可用该定理求得。

例 3-8　已知时域信号 $f(t) = \text{Sa}(t)$,求 $\mathscr{F}[f(t)] = \mathscr{F}[\text{Sa}(t)]$。

解　抽样函数 $\text{Sa}(t)$ 是偶函数,故可以表示为

$$f(t) = \text{Sa}\left(\frac{2t}{2}\right)$$

根据脉冲宽度为 τ、高度为 1 的矩形脉冲信号 $g_\tau(t)$ 的傅里叶变换,有

$$g_\tau(t) \leftrightarrow \tau \mathrm{Sa}\left(\frac{\omega\tau}{2}\right)$$

由对称性质有

$$2\pi g_\tau(\omega) \leftrightarrow \tau \mathrm{Sa}\left(\frac{t\tau}{2}\right)$$

令 $\tau = 2$,可得

$$2\pi g_\tau(\omega) \leftrightarrow 2\mathrm{Sa}(t)$$

即

$$\mathrm{Sa}(t) \leftrightarrow \pi g_\tau(\omega)$$

如图 3-14 所示,时域信号 $\mathrm{Sa}(t)$ 的傅里叶变换是幅度为 π、宽度为 $\tau = 2$ 的矩形脉冲信号。

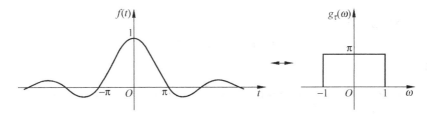

图 3-14 抽样信号及其傅里叶变换

例 3-9 已知 $f(t) = \dfrac{1}{t}$,求 $f(t)$ 的频谱 $F(\omega)$。

解 已知 $\mathrm{sgn}(t) \leftrightarrow \dfrac{2}{\mathrm{j}\omega}$,根据对偶性有 $\dfrac{2}{\mathrm{j}t} \leftrightarrow 2\pi\mathrm{sgn}(-\omega)$,所以

$$\frac{1}{t} \leftrightarrow -\pi\mathrm{j}\,\mathrm{sgn}(\omega), \quad \text{即 } F(\omega) = -\pi\mathrm{j}\,\mathrm{sgn}(\omega)$$

用 MATLAB 求算,在指令窗中输入

```
>> syms t w
>> F = fourier(1/t,t,w)
    F =
```
$$pi * (2 * heaviside(-w) - 1) * i$$

整理得出

$$F(\omega) = \mathrm{j}\pi(2H(-\omega) - 1)$$

3. 时域平移定理

设 t_0 为任意常数,则

$$f(t \pm t_0) \leftrightarrow \mathrm{e}^{\pm \mathrm{j}\omega t_0} F(\omega)$$

例3-10 某信号由三个矩形脉冲组成,如图3-15所示,脉冲相邻间隔为 T,脉冲宽度为 τ,求其频谱函数 $F(\omega)$。

解 据题设知 $f(t)=g_\tau(t)+g_\tau(t-T)+g_\tau(t+T)$,则据时移性质,有

$$F(\omega) = \tau \mathrm{Sa}\left(\frac{\omega\tau}{2}\right)(1 + \mathrm{e}^{-\mathrm{j}\omega T} + \mathrm{e}^{\mathrm{j}\omega T})$$

$$= \tau \mathrm{Sa}\left(\frac{\omega\tau}{2}\right)(1 + 2\cos\omega T)$$

$$= \tau \mathrm{Sa}\left(\frac{\omega\tau}{2}\right)(1 + 2\cos\omega T)$$

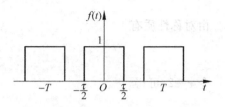

图 3-15 由三个矩形脉冲组成的信号

4. 频域位移定理

若 $f(t)\leftrightarrow F(\omega)$,则

$$f(t)\mathrm{e}^{\pm\mathrm{j}\omega_0 t}\leftrightarrow F(\omega\mp\omega_0)$$

证明

$$\mathscr{F}\left[f(t)\right] = \int_{-\infty}^{+\infty} f(t)\mathrm{e}^{\mathrm{j}\omega_0 t}\mathrm{e}^{-\mathrm{j}\omega t}\mathrm{d}t = \int_{-\infty}^{+\infty} f(t)\mathrm{e}^{-\mathrm{j}(\omega-\omega_0)t}\mathrm{d}t = F(\omega-\omega_0)$$

上式表明将信号 $f(t)$ 与 $\mathrm{e}^{\mathrm{j}\omega_0 t}$ 相乘,相当于在频域将频谱 $F(\omega)$ 沿频率轴向左搬移了 ω_0,这一过程称为**频谱搬移**。在通信信号发射过程中,经常要把低频信号频谱搬移至高频 ω_0 附近,此过程称为**调制**;在接收端通常要把已调信号频谱从高频 ω_0 处搬移到零频处,这一过程称为**解调**。

例3-11 已知 $f(t)\leftrightarrow F(\omega)$,求 $f(t)\cos\omega_0 t$,$f(t)\sin\omega_0 t$ 的频谱。

解 根据欧拉公式,有

$$f(t)\cos\omega_0 t = f(t)\cdot\frac{(\mathrm{e}^{\mathrm{j}\omega_0 t}+\mathrm{e}^{-\mathrm{j}\omega_0 t})}{2} = \frac{1}{2}f(t)\mathrm{e}^{\mathrm{j}\omega_0 t} + \frac{1}{2}f(t)\mathrm{e}^{-\mathrm{j}\omega_0 t}$$

由频移性质得

$$\left[f(t)\cos\omega_0 t\right]\leftrightarrow\frac{1}{2}\left[F(\omega+\omega_0)+F(\omega-\omega_0)\right]$$

同理可得

$$\left[f(t)\sin\omega_0 t\right]\leftrightarrow\frac{\mathrm{j}}{2}\left[F(\omega+\omega_0)-F(\omega-\omega_0)\right]$$

例3-12 利用频移定理,求 $\cos\omega_0 t$ 和 $\sin\omega_0 t$ 的频谱。

解 已知 $\cos\omega_0 t=1\cdot\cos\omega_0 t$,$1\leftrightarrow 2\pi\delta(\omega)$,根据频移性质有

$$\left[\cos\omega_0 t\right]\leftrightarrow\pi\left[\delta(\omega+\omega_0)+\delta(\omega-\omega_0)\right]$$

同理可得

$$\left[\sin\omega_0 t\right]\leftrightarrow\mathrm{j}\pi\left[\delta(\omega+\omega_0)-\delta(\omega-\omega_0)\right]$$

例 3-13 求出 $\mathscr{F}[f(t)]$，已知 $f(t)=[\sin(\omega_0),\cos(\omega_0)]$。

解 用 MATLAB 求解，在指令窗中输入

```
>> syms t w0 w
>> F = fourier([cos(w0 * t);sin(w0 * t)],t,w)
   F =
                   pi * (dirac(w - w0) + dirac(w + w0))
                 - pi * (dirac(w - w0) - dirac(w + w0)) * i
```

整理得出

$$\mathscr{F}[f(t)]=\mathscr{F}[\cos(\omega_0);\sin(\omega_0)]$$

$$=\begin{bmatrix} \pi\delta(\omega-\omega_0)-\mathrm{j}\delta(\omega+\omega_0) \\ -\mathrm{j}\pi\delta(\omega-\omega_0)-\delta(\omega+\omega_0) \end{bmatrix}$$

例 3-14 已知 $f(t)=(1-\mathrm{e}^{-2t})u(t)$，求 $F(\omega)=\mathscr{F}[f(t)]$。

解 根据线性性质，已知

$$u(t)\leftrightarrow\pi\delta(\omega)+\frac{1}{\mathrm{j}\omega},\quad \mathrm{e}^{-2t}u(t)\leftrightarrow\frac{1}{\mathrm{j}\omega+2}$$

所以得到

$$F(\omega)=\pi\delta(\omega)+\frac{1}{\mathrm{j}\omega}-\frac{1}{\mathrm{j}\omega+2}$$

5. 信号展缩定理

若 $[f(t)]\leftrightarrow F(\omega)$，则

$$[f(at)]\leftrightarrow\frac{1}{|a|}F\left(\frac{\omega}{a}\right)$$

证明 由 $[f(at)]\leftrightarrow\int_{-\infty}^{+\infty}f(at)\mathrm{e}^{-\mathrm{j}\omega t}\mathrm{d}t$，若令 $u=at$，则 $\mathrm{d}u=a\mathrm{d}t$，代入上式可得

$$[f(at)]\leftrightarrow\frac{1}{|a|}\int_{-\infty}^{+\infty}f(u)\mathrm{e}^{-\mathrm{j}\omega\frac{u}{a}}\mathrm{d}u=\frac{1}{|a|}F\left(\frac{\omega}{a}\right)$$

信号展缩性质表明，$|a|>1$ 时，时域波形压缩，频谱函数扩展，带宽增加；$|a|<1$ 时，时域波形扩展，频谱函数压缩，带宽变窄。图 3-16 表示了不同宽度的矩形信号对应的频谱函数。

6. 时域微分定理

若 $f(t)\leftrightarrow F(\omega)$，则

$$\frac{\mathrm{d}f(t)}{\mathrm{d}t}\leftrightarrow\mathrm{j}\omega F(\omega)$$

证明 设 $f(t)=\frac{1}{2\pi}\int_{-\infty}^{+\infty}F(\omega)\mathrm{e}^{\mathrm{j}\omega t}\mathrm{d}\omega$，将上式两边对 t 求导，得

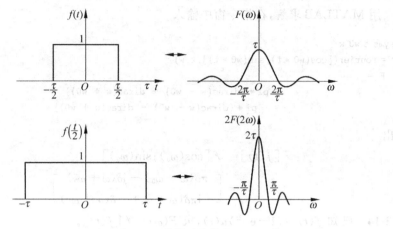

图 3-16　信号展缩特性

$$\frac{\mathrm{d}f(t)}{\mathrm{d}t} = \frac{1}{2\pi}\int_{-\infty}^{+\infty} \mathrm{j}\omega F(\omega) \mathrm{e}^{\mathrm{j}\omega t} \,\mathrm{d}\omega$$

所以得到

$$\frac{\mathrm{d}f(t)}{\mathrm{d}t} \leftrightarrow \mathrm{j}\omega F(\omega)$$

如果将方程两边对 t 求 n 阶导数,则可得到

$$\frac{\mathrm{d}^n f(t)}{\mathrm{d}t^n} \leftrightarrow (\mathrm{j}\omega)^n F(\omega)$$

例 3-15　求冲激函数 $\delta(t)$ 及其各阶导数的傅里叶变换。

解　根据傅里叶变换时域微分性质,由 $\delta(t) \leftrightarrow 1$,得

$$\delta'(t) \leftrightarrow \mathrm{j}\omega$$

$$\delta^{(2)}(t) \leftrightarrow (\mathrm{j}\omega)^2$$

$$\vdots$$

$$\delta^{(n)}(t) \leftrightarrow (\mathrm{j}\omega)^n$$

例 3-16　如图 3-17 所示三角脉冲,求其频谱函数。

解　先将三角脉冲信号求导,得到方波信号,再对方波信号求导,得到冲激函数信号,冲激函数的频谱容易求出,再利用其微分性质就可以得到其频谱函数,如图 3-18 所示。

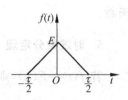

图 3-17　三角脉冲信号

$$\mathscr{F}[f''(t)] = \int_{-\infty}^{+\infty} \left[\frac{2E}{\tau}\delta\left(t+\frac{\tau}{2}\right) - \frac{4E}{\tau}\delta(t) + \frac{2E}{\tau}\delta\left(t-\frac{\tau}{2}\right) \right] \mathrm{e}^{-\mathrm{j}\omega t} \,\mathrm{d}t$$

$$= \frac{2E}{\tau}\mathrm{e}^{\mathrm{j}\omega\frac{\tau}{2}} - \frac{4E}{\tau} + \frac{2E}{\tau}\mathrm{e}^{-\mathrm{j}\omega\frac{\tau}{2}} = (\mathrm{j}\omega)^2 F(\omega) = -\omega^2 F(\omega)$$

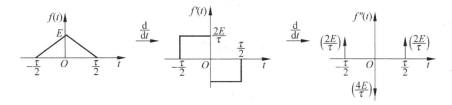

图 3-18　将三角脉冲求导变为冲激函数

$$F(\omega) = \frac{1}{-\omega^2}\left(\frac{2E}{\tau}e^{j\omega\frac{\tau}{2}} - \frac{4E}{\tau} + \frac{2E}{\tau}e^{-j\omega\frac{\tau}{2}}\right) = \frac{1}{-\omega^2}\frac{2E}{\tau}\left[e^{j\omega\frac{\tau}{2}} - 2 + e^{-j\omega\frac{\tau}{2}}\right]$$

$$= \frac{-2E}{\tau\omega^2}\left[e^{j\omega\frac{\tau}{4}} - e^{-j\omega\frac{\tau}{4}}\right]^2 = \frac{-2E}{\tau\omega^2}\left(2j\sin\frac{\omega\tau}{4}\right)^2$$

$$= \frac{8E}{\tau\omega^2}\left(\sin\frac{\omega\tau}{4}\right)^2\frac{\left(\frac{\omega\tau}{4}\right)^2}{\left(\frac{\omega\tau}{4}\right)^2} = \frac{\tau E}{2}\mathrm{Sa}\left(\frac{\omega\tau}{4}\right)^2$$

7. 频域微分性质

若 $f(t)\leftrightarrow F(\omega)$，则

$$tf(t)\leftrightarrow j\frac{\mathrm{d}F(\omega)}{\mathrm{d}\omega}$$

证明　将表达式 $F(\omega) = \int_{-\infty}^{+\infty}f(t)e^{-j\omega t}\mathrm{d}t$ 两边对 ω 求导，则得

$$\frac{\mathrm{d}F(\omega)}{\mathrm{d}\omega} = \int_{-\infty}^{+\infty}f(t)\frac{\mathrm{d}e^{-j\omega t}}{\mathrm{d}\omega}\mathrm{d}t = \int_{-\infty}^{+\infty} -jtf(t)e^{-j\omega t}\mathrm{d}t$$

即

$$tf(t)\leftrightarrow j\frac{\mathrm{d}F(\omega)}{\mathrm{d}\omega}$$

推广到 n 阶导数，则有

$$(-jt)^n f(t)\leftrightarrow \frac{\mathrm{d}^n F(\omega)}{\mathrm{d}\omega^n}$$

例 3-17　分别求信号 $f(t)=tu(t)$，$f(t)=t^n$，$f(t)=te^{-at}u(t)$ 的傅里叶变换。

解　由典型函数的频谱以及傅里叶频域微分性质，可以得到上述函数的频谱。

由 $u(t)\leftrightarrow\pi\delta(\omega)+\dfrac{1}{j\omega}$，可得

$$tu(t)\leftrightarrow j\frac{\mathrm{d}\left(\pi\delta(\omega)+\dfrac{1}{j\omega}\right)}{\mathrm{d}\omega} = j\pi\delta'(\omega) - \frac{1}{\omega^2}$$

由于

$$1 \leftrightarrow 2\pi\delta(\omega)$$

便可得到

$$t^n \cdot 1 \leftrightarrow 2\pi j^n \delta^{(n)}(\omega)$$

再根据

$$e^{-\alpha t} u(t) \leftrightarrow \frac{1}{j\omega + \alpha}$$

得到

$$t e^{-\alpha t} u(t) = j \frac{d}{d\omega}\left(\frac{1}{j\omega + \alpha}\right) = \frac{1}{(\alpha + j\omega)^2}$$

8. 时域积分性质

若 $f(t) \leftrightarrow F(\omega)$,则

$$\int_{-\infty}^{t} f(\tau)d\tau \leftrightarrow \pi F(0)\delta(\omega) + \frac{F(\omega)}{j\omega}$$

证明   因为 $f(t)$ 的积分可以表示为

$$f_s(t) = f(t) * u(t) = \int_{-\infty}^{+\infty} f(\tau)u(t-\tau)d\tau = \int_{-\infty}^{t} f(\tau)d\tau$$

根据下面要介绍的时域卷积定理,便有

$$f_s(t) \leftrightarrow F_s(\omega) = F(\omega) \cdot U(\omega) = F(\omega)\left[\pi\delta(\omega) + \frac{1}{j\omega}\right] = \pi F(0)\delta(\omega) + \frac{F(\omega)}{j\omega}$$

例 3-18   利用时域积分性质,求 $u(t)$ 的傅里叶变换。

解   已知 $\delta(t) \leftrightarrow F(\omega) = 1$,得

$$u(t) = \int_{-\infty}^{t} \delta(\tau)d\tau \leftrightarrow \pi F(\omega)\delta(\omega) + \frac{F(\omega)}{j\omega} = \pi\delta(\omega) + \frac{1}{j\omega}$$

9. 时域卷积定理

设 $f_1(t) \leftrightarrow F_1(\omega)$ 和 $f_2(t) \leftrightarrow F_2(\omega)$,则时域卷积定义为

$$f_1(t) * f_2(t) \leftrightarrow F_1(\omega) \cdot F_2(\omega)$$

证明   根据定义有

$$\left[f_1(t) * f_2(t)\right] = \int_{-\infty}^{+\infty}\left[\int_{-\infty}^{+\infty} f_1(\tau)f_2(t-\tau)d\tau\right]e^{-j\omega t}dt$$

$$= \int_{-\infty}^{+\infty} f_1(\tau)\left[\int_{-\infty}^{+\infty} f_2(t-\tau)e^{-j\omega t}dt\right]d\tau$$

$$= \int_{-\infty}^{+\infty} f_1(\tau)F_2(\omega)e^{-j\omega\tau}d\tau = F_1(\omega) \cdot F_2(\omega)$$

时域卷积定理揭示出了时间域与频率域间的运算关系,在通信系统和信号处理研究领域具有广泛的应用。两个时域函数作卷积运算,对应于其频谱函数做乘法运算。

例 3-19 已知高度为 1、宽度为 τ 的矩形脉冲为 $f(t)$,求 $f(t) * f(t)$ 的频谱。

解 根据时域卷积定理,由 $f(t) \leftrightarrow \tau \mathrm{Sa}\left(\dfrac{\omega\tau}{2}\right)$,得

$$\mathscr{F}\left[f(t) * f(t)\right] = \tau \mathrm{Sa}\left(\frac{\omega\tau}{2}\right) \cdot \tau \mathrm{Sa}\left(\frac{\omega\tau}{2}\right) = \tau^2 \mathrm{Sa}^2\left(\frac{\omega\tau}{2}\right)$$

卷积定理在信号与系统的分析中经常用到,在求解系统的零状态响应过程中

$$r(t) = e(t) * h(t)$$

由时域卷积定理,设 $R(\omega) \leftrightarrow r(t)$,$E(\omega) \leftrightarrow e(t)$,$H(\omega) \leftrightarrow h(t)$,可得

$$R(\omega) = E(\omega) \cdot H(\omega)$$

$$r(t) = \mathscr{F}^{-1}\left[R(\omega)\right]$$

时域卷积对应频域相乘,在求解系统响应过程中,将卷积运算变为傅里叶变换和乘法运算,这给系统分析带来了方便。类似地,还可以得到频域卷积定理,设

$$f_1(t) \leftrightarrow F_1(\omega), \quad f_2(t) \leftrightarrow F_2(\omega)$$

则可得到频域卷积定理

$$f_1(t) \cdot f_2(t) \leftrightarrow \frac{1}{2\pi} F_1(\omega) * F_2(\omega)$$

傅里叶变换的性质列于表 3-1,便于查阅。

表 3-1 傅里叶变换的性质

名　　称	时域 $f(t)$	频域 $F(\omega)$
线性性质	$a_1 f_1(t) + a_2 f_2(t)$	$a_1 F_1(\omega) + a_2 F_2(\omega)$
时移性质	$f(t \pm t_0)$	$F(\omega)\mathrm{e}^{\pm \mathrm{j}\omega t_0}$
频移性质	$f(t)\mathrm{e}^{\pm \mathrm{j}\omega_0 t}$	$F(\omega \mp \omega_0)$
尺度变换	$f(at)$	$\dfrac{1}{|a|} F\left(\dfrac{\omega}{a}\right)$
时域微分	$\dfrac{\mathrm{d}f(t)}{\mathrm{d}t}$	$\mathrm{j}\omega F(\omega)$
时域积分	$\displaystyle\int_{-\infty}^{t} f(\tau)\mathrm{d}\tau$	$\pi F(0)\delta(\omega) + \dfrac{F(\omega)}{\mathrm{j}\omega}$
频域微分	$t f(t)$	$\mathrm{j}\dfrac{\mathrm{d}F(\omega)}{\mathrm{d}\omega}$
时域卷积	$f_1(t) * f_2(t)$	$F_1(\omega) \cdot F_2(\omega)$
频域卷积	$f_1(t) \cdot f_2(t)$	$\dfrac{1}{2\pi} F_1(\omega) * F_2(\omega)$

3.2.3 周期信号的傅里叶变换

前面几节讨论了周期信号的傅里叶级数,以及非周期信号傅里叶变换的问题。周期信

号可以展开成傅里叶级数,当信号的周期变为无穷大时,周期信号成为非周期信号,傅里叶级数变成傅里叶变换,离散谱频谱变为连续的频谱密度函数。现将傅里叶变换应用于周期信号,将分析方法统一起来,使得傅里叶变换这一工具应用更加广泛。由于3.3节中已经针对正弦、余弦函数求出了其傅里叶变换,而其他周期信号可以展开成三角函数形式的傅里叶级数,根据傅里叶变换的线性性质就可以确定周期信号的傅里叶变换。

直流信号的傅里叶变换为

$$1 \leftrightarrow 2\pi\delta(\omega)$$

利用频移性质得到

$$e^{j\omega_0 t} \leftrightarrow 2\pi\delta(\omega - \omega_0)$$

利用欧拉公式和频移性质得

$$\cos\omega_0 t = \frac{e^{j\omega_0 t} + e^{-j\omega_0 t}}{2} \leftrightarrow \pi[\delta(\omega + \omega_0) + \delta(\omega - \omega_0)]$$

$$\sin\omega_0 t = \frac{e^{j\omega_0 t} - e^{-j\omega_0 t}}{2} \leftrightarrow j\pi[\delta(\omega + \omega_0) - \delta(\omega - \omega_0)]$$

图3-19为它们的信号和频谱图。

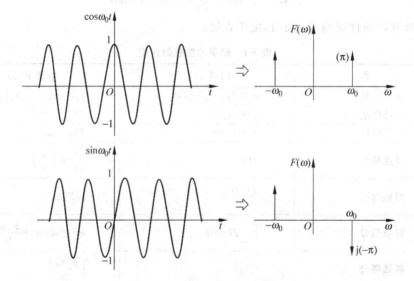

图 3-19　正弦、余弦信号和频谱图

通常,周期信号 $f(t)$ 可以展开成傅里叶级数

$$f(t) = \sum_{n=-\infty}^{\infty} F_n e^{jn\omega_1 t}$$

则其傅里叶变换

$$F(\omega) = F\left[\sum_{n=-\infty}^{\infty} F_n e^{jn\omega_1 t}\right] = \sum_{n=-\infty}^{\infty} F_n F[e^{jn\omega_1 t}] = 2\pi \sum_{n=-\infty}^{\infty} F_n \delta(\omega - n\omega_1)$$

可以看出,周期信号的频谱函数也是由一些冲激函数谱线组成的,强度为 $2\pi F_n$,其中 F_n 是对应频率的傅里叶级数的系数。由傅里叶级数定义式(3-6)有

$$F_n = F(n\omega_1) = \frac{1}{T}\int_{-\frac{T}{2}}^{\frac{T}{2}} f(t)\mathrm{e}^{-\mathrm{j}n\omega_1 t}\mathrm{d}t$$

而周期函数主值区间的一个周期 T 的信号的傅里叶变换 $F_0(\omega)$ 可以表示成

$$F_0(\omega) = \int_{-\infty}^{+\infty} f(t)\Big[u\Big(t - \frac{T}{2}\Big) - u\Big(t + \frac{T}{2}\Big) \Big]\mathrm{e}^{-\mathrm{j}\omega t}\mathrm{d}t = \int_{-\frac{T}{2}}^{\frac{T}{2}} f(t)\mathrm{e}^{-\mathrm{j}\omega t}\mathrm{d}t$$

比较上面两式可得

$$F_n = \frac{1}{T}F_0(\omega)\mid_{\omega=n\omega_1} \tag{3-9}$$

所以周期信号 $f(t)$ 的傅里叶变换为

$$F(\omega) = 2\pi \sum_{n=-\infty}^{\infty} F_n\delta(\omega - n\omega_1)$$

$$= \frac{2\pi}{T} \sum_{n=-\infty}^{\infty} F_0(\omega)\mid_{\omega=n\omega_1}\delta(\omega - n\omega_1)$$

$$= \omega_1 \sum_{n=-\infty}^{\infty} F_0(\omega)\mid_{\omega=n\omega_1}\delta(\omega - n\omega_1) \tag{3-10}$$

例 3-20 求周期冲激信号序列

$$\delta_T(t) = \sum_{n=-\infty}^{\infty} \delta(t - nT_1)$$

的傅里叶变换。

解 周期冲激信号序列 $\delta_T(t)$ 一个周期主值区间的函数为

$$f_0(t) = \delta(t)$$

而周期函数主值区间的一个周期 T 的信号的傅里叶变换 $F_0(\omega)$ 为

$$F_0(\omega) = F[f_0(t)] = 1$$

所以由式(3-10)得

$$F(\omega) = \omega_1 \sum_{n=-\infty}^{\infty} F_0(\omega)\mid_{\omega=n\omega_1}\delta(\omega - n\omega_1) = \omega_1 \sum_{n=-\infty}^{\infty} \delta(\omega - n\omega_1)$$

信号和频谱函数的波形如图 3-20 所示。

图 3-20 信号 $\delta_T(t)$ 和频谱函数的波形

例 3-21 设周期矩形脉冲序列 $f(t)$ 如图 3-21 所示,求其频谱函数 $F(\omega)$。

由周期矩形脉冲的频谱表达式(3-10)得

$$F(\omega) = \omega_1 \sum_{n=-\infty}^{\infty} F_0(\omega) \mid_{\omega=n\omega_1} \delta(\omega - n\omega_1)$$

其中 $F_0(\omega)$ 的为主值区间一个周期脉冲的傅里叶变换,即

$$F_0(\omega) = \tau \mathrm{Sa}\left(\frac{\omega\tau}{2}\right)$$

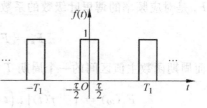

图 3-21 周期矩形脉冲序列

代入 $F(\omega)$ 的表达式中有

$$F(\omega) = \omega_1 \tau \sum_{n=-\infty}^{\infty} \mathrm{Sa}\left(\frac{n\omega_1\tau}{2}\right)\delta(\omega - n\omega_1)$$

频谱图如图 3-22 所示。

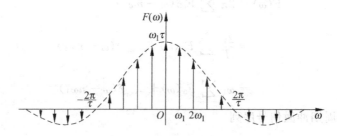

图 3-22 周期矩形脉冲的频谱

3.2.4 时域取样和取样定理

为了实现数字化处理和数字化传输,工程上常常首先对连续信号进行取样,使之离散化,这一过程称为**取样**。紧接着可以对取样信号进行量化和编码处理,把连续信号变成数字信号序列,便于计算机处理和大规模通信传输。在信号取样过程中,主要研究两个问题:一是抽样信号 $f_s(t)$ 的傅里叶变换是什么?二是取样信号的选取,也就是取样的实现过程,如何保证取样信号包含了原来连续信号的所有信息,通过取样逆过程能够无失真地恢复原来的连续信号。

1. 信号取样

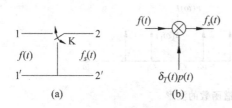

图 3-23 取样过程示意和模型

取样过程就是通过一个由一定频率周期脉冲信号控制的电子开关,将原来输入的连续信号变成间隔为电子开关开合周期、幅度为连续信号幅度的取样信号,这个过程称为信号取样,其过程示意和模型如图 3-23 所示。

信号由 1—1′输入,电子开关 K 由周期性脉冲信号 $\delta_T(t)$ 和 $p(t)$ 控制,在信号作用下周期性地通断,信号 $f(t)$ 便被周期性地断续接到了 2—2′端,得到了取样信号 $f_s(t)$。从取样过程来看,取样信号等于输入信号与取样脉冲信号的相乘。当取样脉冲为分别周期矩形脉冲信号 $p(t)$ 和冲激序列 $\delta_T(t)$ 时,如图 3-24 所示,取样信号 $f_s(t)$ 可以表示为

$$f_s(t) = f(t) \cdot p(t), \quad f_s(t) = f(t) \cdot \delta_T(t)$$

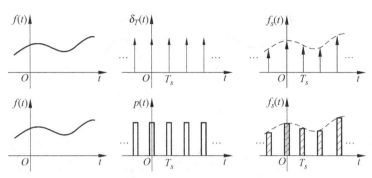

图 3-24 取样信号等于输入信号与脉冲信号的乘积

在对信号进行取样时,取样脉冲的周期 T_s 大小非常关键。如果脉冲周期 T_s 过大,被取样信号 $f(t)$ 在某时刻变化速度快,致使抽样脉冲该时刻没有信号,$f_s(t)$ 在该时刻就丢失了 $f(t)$ 的信息,将会造成失真;如果取样脉冲周期太小,得到的取样点数会很多,包含的关于 $f(t)$ 的信息也较多,会使后续过程数据表示和处理工作量会大大增加,这样失去了抽样的意义。所以应该制定某种规则,在它的指导下 T_s 的会取得一个合适的值,以便保证取样后的信号既包含原信号的所有信息,又合理选取 T_s 的值,使得抽样的信号点数较少,便于后续数据的表示和处理。这个规则就是下面介绍的抽(取)样定理。

2. 抽样定理

本节首先计算取样信号 $f_s(t)$ 的傅里叶变换,通过分析 $f_s(t)$ 的频谱 $F_s(\omega)$ 与 $f(t)$ 频谱 $F(\omega)$ 之间的关系,推导出能无失真恢复原信号的抽样条件——抽样定理。为了计算简便,可以通过计算冲激脉冲序列进行信号抽样后的信号频谱 $F_s(\omega)$ 来进行分析。

由于

$$f_s(t) = f(t) \cdot \delta_T(t)$$

根据频域卷积定理可得

$$F_s(\omega) = \frac{1}{2\pi} F(\omega) * \delta_T(\omega)$$

再据周期信号的傅里叶变换,得

$$\delta_T(\omega) = \omega_s \sum_{n=-\infty}^{\infty} \delta(\omega - n\omega_s)$$

所以有

$$F_s(\omega) = \frac{1}{2\pi} F(\omega) * \omega_s \sum_{n=-\infty}^{\infty} \delta(\omega - n\omega_s) = \frac{1}{T_s} \sum_{n=-\infty}^{\infty} F(\omega - n\omega_s) \tag{3-11}$$

由式(3-11)得到抽样信号 $f_s(t)$ 的频谱 $F_s(\omega)$ 为周期函数，$F_s(\omega)$ 是由 $F(\omega)$ 以 ω_s 为周期进行周期延拓得到的，幅度是 $F(\omega)$ 的 $1/T_s$，图 3-25 给出了信号与抽样信号的频谱图。

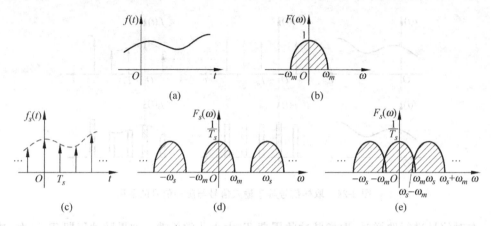

图 3-25　信号与抽样信号的频谱图

在图 3-25 中，ω_s 表示信号的取样角频率，ω_m 表示信号最高频谱成分的角频率。如图 3-25(d)所示，当取样角频率 ω_s 较大时，$F_s(\omega)$ 每个周期的频谱是有间隔的，可以将它们区别开来，在 $[-\omega_m, \omega_m]$ 中的频谱和原信号的频谱只差一个系数 $1/T_s$，这就意味着 $f_s(t)$ 包含着 $f(t)$ 的全部信息，可以从 $f_s(t)$ 无失真恢复原信号；如图 3-25(e)所示，当取样角频率 ω_s 较小时，$F_s(\omega)$ 相邻两个周期的频谱发生混叠，表明取样后信号 $f_s(t)$ 丢失了原信号 $f(t)$ 的部分信息，不能从抽样信号 $f_s(t)$ 中恢复出原信号。

由 3-25(e)可知，$F_s(\omega)$ 相邻两个周期的频谱不发生混叠的条件是第 n 个周期频谱的下边频最小频率大于等于第 $n-1$ 个周期频谱上边频的最大频率，即

$$n\omega_s - \omega_m \geqslant (n-1)\omega_s + \omega_m, \quad 即 \ \omega_s \geqslant 2\omega_m$$

最后可得到取样后无失真恢复原信号的条件是

$$f_s \geqslant 2f_m$$

由上述 $T_s \leqslant \dfrac{1}{2f_m}$ 时对信号 $f(t)$ 的分析过程，可以得到下述时域取样定理基本内容：设限带实信号 $f(t)$ 的最高角频率为 ω_m，若以取样间隔行等距取样所得的取样信号 $f_s(t)$ 包含原信号 $f(t)$ 的所有信息，则可以利用 $f_s(t)$ 完全恢复出原信号。

从概念上可对于抽样定理作如下理解：一个限带信号的波形不可能在很短时间内产生独立的、实质上的变化，它的最高变化速度受到最高频率 ω_m 的限制。因此，为了保留这一频率成分的全部信息，一个周期内至少取样两次，即必须满足 $f_s \geqslant 2f_m$ 这个条件。通常把最

小的取样频率称为**奈奎斯特频率**。

如图 3-25(d)所示,在满足取样取样定理的前提下,将 $F(\omega)$ 从 $F_s(\omega)$ 中无失真的恢复出来,可以用一个矩形函数 $H(\omega)$ 与 $F_s(\omega)$ 相乘,即

$$F(\omega) = F_s(\omega) \cdot H(\omega)$$

其中

$$H(\omega) = \begin{cases} T_s, & |\omega| < \omega_c \\ 0, & |\omega| > \omega_c \end{cases}, \quad \omega_c \geqslant \omega_m$$

这个矩形函数也称为**理想低通滤波器**,其冲激响应为

$$h(t) = F^{-1}[H(\omega)] = T_s \cdot \frac{\omega_c}{\pi} \mathrm{Sa}(\omega_c t)$$

所以有

$$f(t) = f_s(t) * h(t) = \sum_{n=-\infty}^{\infty} f(nT_s)\delta(t - nT_s) * T_s \cdot \frac{\omega_c}{\pi} \mathrm{Sa}(\omega_c t)$$

$$= \frac{T_s \omega_c}{\pi} \sum_{n=-\infty}^{\infty} f(nT_s) \mathrm{Sa}[\omega_c(t - nT_s)]$$

令 $A = \dfrac{T_s \omega_c}{\pi}$,得

$$f(t) = A \sum_{n=-\infty}^{\infty} f(nT_s) \mathrm{Sa}[\omega_c(t - nT_s)]$$

上式称为恢复原信号 $f(t)$ 的**内插公式**,它表明原信号是由无数多个延时后的取样函数的叠加,图 3-26 给出了用内插公式恢复原信号的示意图。

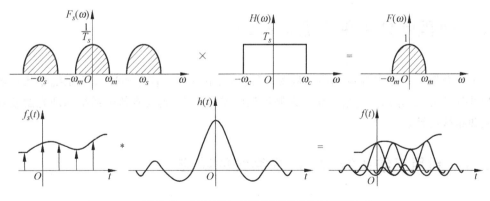

图 3-26   用内插公式恢复原信号的示意图

在实际取样过程中,取样脉冲不是理想冲激函数,是有脉冲宽度的矩形窄脉冲,如图 3-24 所示,这时

$$f_s(t) = f(t) \cdot p(t)$$

根据频域卷积定理,有

$$F_s(\omega) = \frac{1}{2\pi} F(\omega) * P(\omega)$$

由式(3-10),周期矩形脉冲频谱

$$P(\omega) = \omega_s \tau \sum_{n=-\infty}^{\infty} \mathrm{Sa}\left(\frac{n\omega_s \tau}{2}\right) \delta(\omega - n\omega_s)$$

所以

$$F_s(\omega) = \frac{\tau}{T_s} \sum_{n=-\infty}^{\infty} \mathrm{Sa}\left(\frac{n\omega_s \tau}{2}\right) F(\omega - n\omega_s)$$

由上式看出,周期矩形窄脉冲取样时,取样信号频谱 $F_s(\omega)$ 也是由原信号频谱 $F(\omega)$ 沿频率 ω 轴以 ω_s 为间隔进行无穷延拓得到的,每个频谱最大幅度值不相等,其包络线为一个取样函数,如图 3-27 所示。

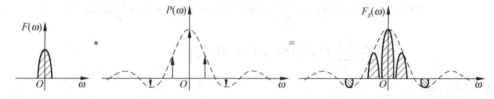

图 3-27 周期矩形窄脉冲采样频谱

观察图 3-27 的频谱 $F_s(\omega)$,为了从取样信号中恢复原信号 $f(t)$,只要让 $f_s(t)$ 通过一个截止频率为 $\omega_s - \omega_m \geqslant \omega_c \geqslant \omega_m$ 的理想低通就可以了。

3.3　傅里叶分析用于通信系统

本节介绍 LTI 系统频率响应的概念,周期信号和非周期信号通过 LTI 系统零状态响应的频域分析方法,介绍了通信系统中调制解调的基本原理,无失真传输系统和理想滤波器的时域和频域特性。

3.3.1　利用系统函数 $H(\omega)$ 求系统的响应

为了研究系统的频域特性,首先研究 LTI 系统冲激响应 $h(t)$ 傅里叶变换形式 $H(\omega)$。在时域分析中,$h(t)$ 反映了系统自身的时域特性,与外界激励无关,其傅里叶变换为

$$H(\omega) = \mathscr{F}[h(t)]$$

$H(\omega)$ 与 $h(t)$ 一一对应,与外界的激励无关,它反映了系统的频域特性,称为**系统函数**。设 $R(\omega)$,$H(\omega)$ 和 $E(\omega)$ 分别表示 $r(t)$,$h(t)$ 和 $e(t)$ 的傅里叶变换,由 $r(t) = e(t) * h(t)$ 可得

$$R(\omega) = E(\omega) \cdot H(\omega) \tag{3-12}$$

一般情况下 $R(\omega)$，$E(\omega)$ 和 $H(\omega)$ 为复函数，设

$$H(\omega) = |H(\omega)| e^{j\varphi_h(\omega)}$$

$$E(\omega) = |E(\omega)| e^{j\varphi_e(\omega)}$$

$$R(\omega) = |R(\omega)| e^{j\varphi_r(\omega)}$$

得到

$$\begin{cases} |R(\omega)| = |E(\omega)| \cdot |H(\omega)| \\ \varphi_r(\omega) = \varphi_e(\omega) + \varphi_h(\omega) \end{cases} \tag{3-13}$$

利用式(3-12)也可以求解线性系统对激励信号的零状态响应。由式(3-13)看出，系统函数 $H(\omega)$ 根据幅频特性 $|H(\omega)|$ 对输入信号频谱 $E(\omega)$ 的各频率分量的幅度进行加权，某些频率分量幅度增强，另一些频率分量幅度则削弱或不变；通过相频特性 $\varphi_h(\omega)$ 使输入信号相位谱 $\varphi_e(\omega)$ 产生相移。$H(\omega)$ 是一个加权函数，把频谱为 $E(\omega)$ 的信号转变成 $R(\omega) = E(\omega) \cdot H(\omega)$ 的响应信号。下面通过例题来介绍利用系统函数 $H(\omega)$ 求系统响应的过程。

例 3-22　设激励信号 $v_1(t) = \sin\omega_0 t$，若系统函数 $H(\omega) = |H(\omega)| e^{j\varphi(\omega)}$，求系统稳态响应 $v_2(t)$。

解　由傅里叶变换得

$$V_1(\omega) = j\pi[\delta(\omega + \omega_0) - \delta(\omega - \omega_0)]$$

根据式(3-12)可得

$$V_2(\omega) = H(\omega) \cdot V_1(\omega) = |H(\omega)| e^{j\varphi(\omega)} \cdot j\pi[\delta(\omega + \omega_0) - \delta(\omega - \omega_0)]$$

系统幅频特性 $H(\omega)$ 为偶函数，相频特性 $\varphi(\omega)$ 为奇函数，有

$$V_2(\omega) = |H(\omega_0)| j\pi[\delta(\omega + \omega_0) e^{-j\varphi(\omega_0)} - \delta(\omega - \omega_0) e^{j\varphi(\omega_0)}]$$

利用频移特性得到

$$v_2(t) = \frac{1}{2} |H(\omega_0)| j[e^{-j\omega_0 t} \cdot e^{-j\varphi(\omega_0)} - e^{j\omega_0 t} \cdot e^{j\varphi(\omega_0)}]$$

$$= |H(\omega_0)| \sin[\omega_0 t + \varphi(\omega_0)]$$

例 3-23　若 $H(\omega) = \dfrac{1}{1 - j\omega}$，当输入分别为 $\sin t$，$\sin(2t)$，$\sin(3t)$ 时，求系统稳态输出。

解　由 $|H(j\omega)| = \dfrac{1}{\sqrt{1+\omega^2}}$，$\varphi(\omega) = -\arctan\omega$，分别得到三个信号的稳态输出为

$$\sin t \rightarrow \frac{\sqrt{2}}{2} \sin(t - 45°)$$

$$\sin(2t) \rightarrow \frac{\sqrt{5}}{5} \sin(2t - 63°)$$

$$\sin(3t) \rightarrow \frac{\sqrt{10}}{10} \sin(3t - 72°)$$

在给出系统电路图时中,可以先求系统的冲激响应 $h(t)$,利用傅里叶变换求出系统函数 $H(\omega)$,利用卷积性质,在频域求出系统的输出 $R(\omega)$,接着求逆变换得到系统的时域响应 $r(t)$,如果将响应中的暂态成分去掉,就得到稳态输出。

例 3-24　如图 3-28(a)所示 RC 电路,在输入端 1—1′加入矩形脉冲 $v_1(t)$,如图 3-28(b)所示,利用傅里叶分析方法求 2—2′端的电压 $v_2(t)$。

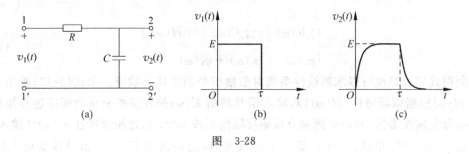

图　3-28

解　根据卷积定理有

$$V_2(\omega) = H(\omega) \cdot V_1(\omega)$$

其中

$$H(\omega) \leftrightarrow h(t), \quad V_1(\omega) \leftrightarrow v_1(t)$$

$$V_1(\omega) = E\tau \mathrm{Sa}\left(\frac{\omega\tau}{2}\right) \mathrm{e}^{-\mathrm{j}\frac{\omega\tau}{2}} = \frac{E}{\mathrm{j}\omega}(1 - \mathrm{e}^{-\mathrm{j}\omega\tau})$$

由电路方程可以求得系统的冲激响应

$$h(t) = \frac{1}{RC}\mathrm{e}^{-\frac{t}{RC}} \cdot u(t)$$

设 $\alpha = \dfrac{1}{RC}$,可得

$$H(\omega) = \frac{\alpha}{\mathrm{j}\omega + \alpha}$$

$$V_2(\omega) = H(\omega)V_1(\omega) = \frac{\alpha}{\alpha + \mathrm{j}\omega} \cdot E\tau \mathrm{Sa}\left(\frac{\omega\tau}{2}\right)\mathrm{e}^{-\mathrm{j}\frac{\omega\tau}{2}}$$

$$V_2(\omega) = \frac{\alpha}{\alpha + \mathrm{j}\omega} \cdot \frac{E}{\mathrm{j}\omega}(1 - \mathrm{e}^{-\mathrm{j}\omega\tau}) = E\left(\frac{1}{\mathrm{j}\omega} - \frac{1}{\alpha + \mathrm{j}\omega}\right)(1 - \mathrm{e}^{-\mathrm{j}\omega\tau})$$

$$= \frac{E}{\mathrm{j}\omega}(1 - \mathrm{e}^{-\mathrm{j}\omega\tau}) - \frac{E}{\alpha + \mathrm{j}\omega}(1 - \mathrm{e}^{-\mathrm{j}\omega\tau})$$

于是得到

$$v_2(t) = E[u(t) - u(t - \tau)] - E[\mathrm{e}^{-\alpha t}u(t) - \mathrm{e}^{-\alpha(t-\tau)}u(t - \tau)]$$

$$= E(1 - \mathrm{e}^{-\alpha t})u(t) - E[1 - \mathrm{e}^{-\alpha(t-\tau)}]u(t - \tau)$$

输出信号 $v_2(t)$ 的波形如图 3-28(c)所示。

3.3.2　调制与解调

1. 调制的原因

通信的目的是将表示消息的信号传递给用户,为实现信号的传输,往往需要无线电通信系统,它是通过空间辐射的方式传递信号的。由电磁波理论可以知道,天线尺寸为被辐射信号的 $\frac{1}{10}$ 或更大时,信号才能被有效地辐射出去。对于语音信号来说,信号频率在 $10\,\text{kHz}$ 以下,根据波长频率关系公式 $\lambda \cdot f = c$ 计算,相应的天线尺寸要在几十千米以上,这在实际中是不可能实现的。必须通过调制过程将信号频谱搬移到更高频率范围,才能实现电磁波形式的辐射,这是调制过程最早的用途;调制的作用并不限于通信系统,调制还以其他形式应用,如信号处理、无线电遥测、遥控、雷达、控制系统以及通用仪器(频谱分析仪、频率合成器等)中。在通信系统中调制作用主要表现在以下几个方面:

(1) 把信号的频谱搬移到通信信道工作频带之内

例如,移动通信系统中,语音信号的频率范围为 $300\sim3000\,\text{Hz}$,而移动通信的信道频带为 $800\sim900\,\text{MHz}$。为了实现电话通信,在发射端必须将语音信号的频谱搬移到信道频段内,在接收端将频谱搬回原来的语音频带,前一种操作称为调制,后一种称为解调。

(2) 实现多路传输信号

多路传输是一种信号的处理操作,通过将信号调制到信道的不同的子频段内,就像高速公路的多车道通行一样,每路信号单独通过信道内子频段传输,与其他频段信号隔离开来,以便互不干扰,在接收端也分频段对应地解调接收。多路传输有效提高了通信信道的利用率,节省了投资和频率资源。

(3) 有效减少噪声及抗干扰

在通信系统中,接收信号通常受接收机前端噪声或传输过程检测到的干扰而变差。而通过某些调制形式,例如,调频和脉冲编码调制,会有效地抑制噪声抗干扰。

(4) 有效减少天线尺寸

在前面提到信号的频率越高,天线的尺寸越小,通过将信号调制到一个合适的高频频率中心上可以做到天线的物理尺寸与整个发射机和接收机的电路尺寸相匹配。

2. 调制的原理

调制是把基带信号变换成传输信号的过程,在频域是将信号频谱搬移到任何需要的较高频率范围的过程,下面应用傅里叶变换说明信号频谱搬移的原理。

设调制信号为 $g(t)$ 的频谱为 $G(\omega)$,频带范围为 $-\omega_m\sim\omega_m$,载波信号为 $\cos\omega_0 t$,将 $g(t)$ 与 $\cos\omega_0 t$ 相乘即可得到已调信号 $f(t)$,根据卷积定理得到已调信号的频谱 $F(\omega)$。以上过

程如图 3-29 所示。

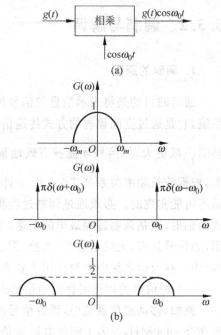

$$F[\cos\omega_0 t] = \pi[\delta(\omega + \omega_0) + \delta(\omega - \omega_0)]$$

$$f(t) = g(t)\cos\omega_0 t$$

$$F(\omega) = F[f(t)]$$

$$= \frac{1}{2\pi}G(\omega) * \pi[\delta(\omega + \omega_0) + \delta(\omega - \omega_0)]$$

$$= \frac{1}{2}[G(\omega + \omega_0) + G(\omega - \omega_0)] \qquad (3\text{-}14)$$

由调制过程频谱看出,信号的频谱被搬移到载频 ω_0 附近。分析已调信号 $f(t) = g(t)\cos\omega_0 t$,可以看出振幅随调制信号而变,这种调制称为**调幅** (AM)。其他调制的方式还有调频(FM)、调相 (PM)、脉冲调制(PCM)等。

3. 调幅波的频谱分析举例

设载波为 $c(t) = A_0\cos\omega_0 t$,调制信号为 $g(t) = A_m\cos\Omega t$,则含有载波的已调信号 $f(t)$ 表示如下

$$f(t) = [A_0 + A_m\cos\Omega t]\cos\omega_0 t$$

图 3-29 调制原理图及频谱

设调幅系数为

$$m = \frac{A_m}{A_0} \qquad (3\text{-}15)$$

$$f(t) = A_0[1 + m\cos\Omega t]\cos\omega_0 t$$

$$= \underbrace{A_0\cos\omega_0 t}_{\text{载频分量}} + \underbrace{\frac{m}{2}A_0\cos(\omega_0 + \Omega)t}_{\text{上边频分量}} + \underbrace{\frac{m}{2}A_0\cos(\omega_0 - \Omega)t}_{\text{下边频分量}} \qquad (3\text{-}16)$$

载波、调制信号以及已调信号的时域波形如图 3-30 所示,已调信号的频谱如图 3-31 所示。

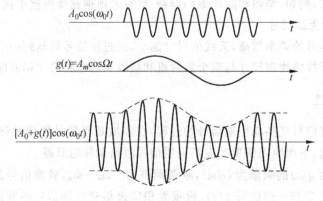

图 3-30 载波、调制信号、已调信号的波形

4. 调幅波的解调

由已调信号恢复原始信号的过程称为解调,调幅波的解调一般有两种方式,一种为包络解调,另一种为同步解调。

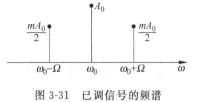

图 3-31　已调信号的频谱

包络解调方式　已调信号中含有载波分量,当调制系数 $m < 1$ 时,解调不需本地载波,直接用简单的包络检波器(由二极管、电阻、电容组成)即可提取包络恢复原信号。这种解调形式发射机价格昂贵、功率高,接收机简单、成本低,一般用于民用。

同步解调方式　发射端将载波分量抑制掉不发射出去,发射功率可以较小,接收端使用本地载波,它与发射端的载波同频同相,利用本地载波与接收到的已调信号相乘,再经过低通滤波器滤除高频信号,即可以恢复原来的载波信号,同步解调的原理如图 3-32 所示。

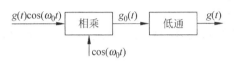

图 3-32　同步解调的原理

图 3-32 得到同步相乘以后的信号 $g_0(t)$ 及频谱 $G_0(\omega)$,即

$$g_0(t) = [g(t)\cos\omega_0 t]\cos\omega_0 t = \frac{1}{2}g(t)(1+\cos2\omega_0 t) = \frac{1}{2}g(t) + \frac{1}{2}g(t)\cos2\omega_0 t$$

$$G_0(\omega) = F[g_0(t)] = \frac{1}{2}G(\omega) + \frac{1}{4}[G(\omega+2\omega_c) + G(\omega-2\omega_c)]$$

再利用式(3-17)所示的理想低通滤波器,滤除在频率 $2\omega_0$ 附近的分量,即可提取出原信号 $g(t)$。理想低通滤波器频率特性以及同步相乘以后的信号的频率特性如图 3-33 所示。

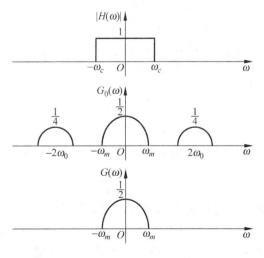

图 3-33　同步解调频谱

$$|H(\omega)| = \begin{cases} 1, & |\omega| < \omega_c \\ 0, & |\omega| > \omega_c \end{cases} \tag{3-17}$$

3.3.3 信号无失真传输

线性系统对于信号处理作用主要有整形、放大、滤波、延迟、移相等。使信号尽可能无失真地传输是系统设计的重要问题。下面讨论信号通过系统无失真传输时,应该具有怎样的时域和频域特性。

从时域来看,无失真传输是指响应 $r(t)$ 与激励 $e(t)$ 相比只有幅度大小和出现的时间先后不同,而波形形状没有变化。即响应 $r(t)$ 与激励信号 $e(t)$ 应满足

$$r(t) = Ke(t - t_0) \tag{3-18}$$

式(3-18)中,K 是一个与时间 t 无关的常数,t_0 是系统对信号的延时。系统无失真传输的时域特性如图 3-34 所示。

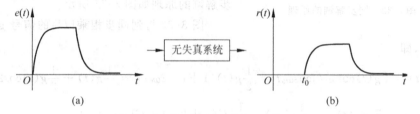

图 3-34　无失真传输系统时域描述

从频域来看,若对式(3-18)两边取傅里叶变换,根据时移定理,可得

$$R(\omega) = KE(\omega)e^{-j\omega t_0} \tag{3-19}$$

由上式可知,信号实现无失真传输,系统的频率响应函数应为

$$H(\omega) = \frac{R(\omega)}{E(\omega)} = |H(\omega)| e^{j\varphi(\omega)} = Ke^{-j\omega t_0} \tag{3-20}$$

系统的幅度谱和相位谱分别为

$$\begin{cases} |H(\omega)| = K \\ \varphi(\omega) = -\omega t_0 \end{cases} \tag{3-21}$$

它们的特性如图 3-34(a)、(b)所示。由相位特性可得直线的斜率为

$$t_0 = -\frac{d\varphi(\omega)}{d\omega}$$

式(3-21)表明,系统对信号的无失真传输应满足两个条件,一是系统的幅频特性在整个频率范围内为常数;二是系统的相频特性为过原点的一条直线,相频特性在整个频率域内应与 ω 成正比,其斜率为 $-t_0$。只有相位与频率成正比,方能保证各谐波有相同的延迟时间,在延迟后各次谐波叠加方能不失真。

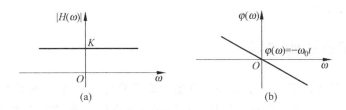

图 3-35　无失真传输条件

定义系统的群延时为

$$\tau = -\frac{\mathrm{d}\varphi(\omega)}{\mathrm{d}\omega} = t_0 \tag{3-22}$$

在满足信号传输不产生相位失真的情况下,系统的群时延特性应为常数。

例 3-25　系统输入信号与对应的输出如图 3-36 所示,判断该系统是不是无失真传输系统?

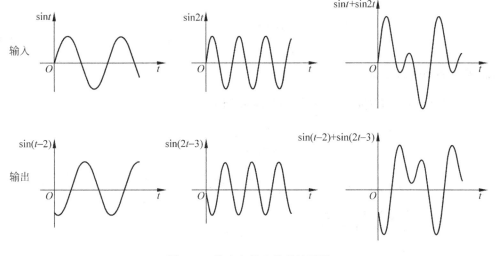

图 3-36　输入与输出信号波形图

与前两个输入信号对应的群延时分别为 $\dfrac{\mathrm{d}\varphi_1(\omega)}{\mathrm{d}\omega} = -2 \neq \dfrac{\mathrm{d}\varphi_2(\omega)}{\mathrm{d}\omega} = -\dfrac{3}{2}$,所以此系统不满足 $\dfrac{\mathrm{d}\varphi(\omega)}{\mathrm{d}\omega} = -t_0$ 为常量的特性,故不是无失真传输系统,由第三个输入信号与输出信号波形也可以看出它们之间存在明显的失真。

实际的线性系统,其幅频特性与相频特性不可能完全满足不失真传输条件。系统会使输出信号的幅度谱改变,带来幅度失真;系统也会使相位谱发生变化,造成相位失真。工程上,只要在信号占有的带宽范围内,系统的幅频特性和相频特性基本满足无失真传输条件时,就认为达到要求了。

3.3.4 理想低通滤波器

若系统能让某些频率信号通过,而使其他频率信号受到抑制,这样的系统称为**滤波器**。如果系统的幅频特性在某一频段内保持常数而在该频段外为零,相频特性为通过原点的一条直线,则称这样的系统为**理想滤波器**。

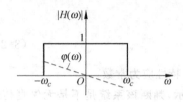

图 3-37　理想低通滤波器频率特性

根据滤波器的幅频特性,滤波器可以分为带通、高通、低通、带阻等类型,以下重点研究理想低通滤波器的时域和频域特性。理想低通滤波器的频率特性如图 3-37 所示,对应的表达式为

$$H(\omega) = \begin{cases} 1 \cdot e^{-j\omega t_0}, & |\omega| < \omega_c \\ 0, & |\omega| > \omega_c \end{cases}$$

即

$$\begin{cases} |H(\omega)| = 1 \\ \varphi(\omega) = -\omega t_0 \end{cases} (|\omega < \omega_c|) \tag{3-23}$$

$H(\omega)$ 对应的冲激响应为

$$\begin{aligned} h(t) &= F^{-1}[H(j\omega)] = \frac{1}{2\pi}\int_{-\infty}^{+\infty} H(j\omega) e^{j\omega t} d\omega \\ &= \frac{1}{2\pi}\int_{-\omega_c}^{\omega_c} 1 \cdot e^{-j\omega t_0} e^{j\omega t} d\omega = \frac{1}{2\pi}\int_{-\omega_c}^{\omega_c} 1 \cdot e^{j\omega(t-t_0)} d\omega \\ &= \frac{1}{2\pi} \cdot \frac{1}{j(t-t_0)} e^{j\omega(t-t_0)} \Big|_{-\omega_c}^{\omega_c} = \frac{1}{\pi} \cdot \frac{1}{(t-t_0)} \cdot \frac{1}{2j}[e^{j\omega_c(t-t_0)} - e^{-j\omega_c(t-t_0)}] \\ &= \frac{\omega_c}{\pi} \cdot \frac{\sin\omega_c(t-t_0)}{\omega_c(t-t_0)} \end{aligned}$$

即

$$h(t) = \frac{\omega_c}{\pi} \cdot \text{Sa}[\omega_c(t-t_0)] \tag{3-24}$$

$h(t)$ 对应的时域波形如图 3-38 所示。

根据 $h(t)$ 的波形,可知该系统有如下几个特点:

(1) 系统对输入信号有延迟作用,$\delta(t)$ 在 $t=0$ 作用于低通系统,在 $t=t_0$ 系统响应达到最大值 $h(t_0) = \frac{\omega_c}{\pi}$,这表明系统对信号有延迟作用,延迟量为 t_0。

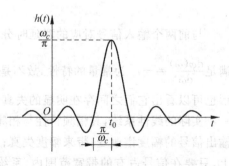

图 3-38　理想低通冲激响应波形

（2）比较输入输出，可见严重比较失真，$\delta(t) \leftrightarrow 1$ 时，信号频带无限宽，而理想低通的通频带有限的，当 $\delta(t)$ 经过理想低通时，ω_c 以上的频率成分都衰减为 0，所以失真；当 $\omega_c \to +\infty$ 时，系统成为全通网络，可以无失真传输。

（3）理想低通滤波器是一个物理上不可实现的非因果系统，因为从 $h(t)$ 波形来看，$t<0$ 时已有值。实际滤波器是设计一个系统函数 $H(\omega)$，在频率特性上接近理想低通滤波器又可以实现。

有时候要用到理想低通滤波器的阶跃响应，下面给出阶跃响应求解过程。

已知

$$e(t) = u(t) \leftrightarrow \pi\delta(\omega) + \frac{1}{j\omega}, \quad h(t) \leftrightarrow H(j\omega) = \begin{cases} 1 \cdot e^{-j\omega t_0}, & |\omega| < \omega_c \\ 0, & |\omega| > \omega_c \end{cases}$$

由

$$r(t) = u(t) * h(t)$$

根据卷积定理得

$$R(\omega) = \left[\pi\delta(\omega) + \frac{1}{j\omega} \right] \cdot e^{-j\omega t_0}$$

$$r(t) = F^{-1}[R(\omega)] = \frac{1}{2\pi} \int_{-\omega_c}^{\omega_c} \left[\pi\delta(\omega) + \frac{1}{j\omega} \right] e^{-j\omega t_0} e^{j\omega t} d\omega$$

$$= \frac{1}{2\pi} \int_{-\omega_c}^{\omega_c} \pi\delta(\omega) \cdot e^{j\omega(t-t_0)} d\omega + \frac{1}{2\pi} \int_{-\omega_c}^{\omega_c} \frac{e^{j\omega(t-t_0)}}{j\omega} d\omega$$

$$= \frac{1}{2} + \frac{2}{2\pi} \int_{0}^{\omega_c} \frac{\sin\omega(t-t_0)}{\omega} d\omega = \frac{1}{2} + \frac{1}{\pi} \int_{0}^{\omega_c(t-t_0)} \frac{\sin x}{x} dx$$

$u(t), r(t)$ 的波形如图 3-39 所示。

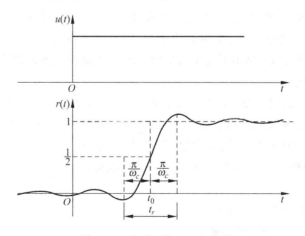

图 3-39　阶跃函数及响应波形

由 $r(t)$ 的波形得到下述几个特点：

(1) $r(t)$ 取得最大值的时刻为 $t_0 + \dfrac{\pi}{\omega_c}$，取得最小值时刻为 $t_0 - \dfrac{\pi}{\omega_c}$。

(2) 定义上升时间为 t_r，表示输出由最小值到最大值所经历的时间，$t_r = 2 \cdot \dfrac{\pi}{\omega_c} = \dfrac{1}{B}$，$B = \dfrac{\omega_c}{2\pi} = f_c$，$B$ 是将角频率折合为频率的滤波器带宽。

(3) 阶跃响应的上升时间 t_r 与低通滤波器的截止频率 B(带宽)成反比。

本章小结

本章内容主要讨论信号与系统的频域分析方法；周期信号如果满足狄利克雷条件，可以分解成傅里叶级数，给出了两种傅里叶级数系数的求解方法；引入了傅里叶变换的概念，计算了典型信号的傅里叶变换，介绍了傅里叶变换的性质和应用；在应用中给出了周期信号和抽样信号傅里叶变换的内容，分析了傅里叶变换和频谱函数在通信系统中的应用。

课后思考讨论题

1. 周期信号为什么可以分解为三角级数？还可以分解为其他正交函数级数吗？

2. 周期信号的频谱和信号的重复周期以及脉冲的宽度有何关系？

3. 什么是信号的有效带宽？信号的有效带宽对信号处理设备以及接收者有什么影响？

4. 求出方波前 7 次谐波的系数并作出谐波合成波形；估算前 11 次谐波的合成波形与前 7 次谐波合成波形比较；画出不含基波的前 3、5、7 次谐波合成的波形与包含基波的前 7 次谐波合成波形比较。

5. 信号 $f(t)$ 为偶函数、奇函数或非奇偶函数时，$F(\omega)$ 都有什么规律？

6. 打雷时收音机不管正在接收哪个频率的电台都会发出"咔嚓"声，为什么？

7. 周期信号的频谱有几种表达形式？各有什么特点？

8. 对信号 $f(t)$ 进行以下运算后，其频谱有什么改变？

(1) 延时；

(2) 与正弦信号 $\sin 100t$ 相加；

(3) 与正弦信号 $\sin 100t$ 相加乘；

(4) 微分；

(5) 积分。

习题 3

3-1 周期信号 $f(t)$ 如题图 3-1 所示。

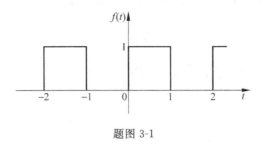

题图 3-1

(1) 给出 $f(t)$ 的三角形式的傅里叶级数；

(2) 利用(1)的结果和 $f\left(\dfrac{1}{2}\right)=1$，求无穷级数 $s_1=1-\dfrac{1}{3}+\dfrac{1}{5}-\dfrac{1}{7}\cdots$ 的和；

(3) 求出 $f(t)$ 的平均功率；

(4) 利用(3)的结果，求无穷级数 $s_2=1+\left(\dfrac{1}{3}\right)^2+\left(\dfrac{1}{5}\right)^2+\left(\dfrac{1}{7}\right)^2\cdots$ 的和。

3-2 给定题图 3-2 所示周期矩形波信号，试求其复指数形式的傅里叶级数。

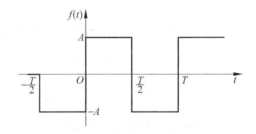

题图 3-2

3-3 求题图 3-3 周期矩形脉冲信号的傅里叶级数(指数形式)，并大概画出其频谱图。

3-4 已知 $f(t)$ 的波形如题图 3-4 所示，试求 $f(t)$ 的傅里叶变换

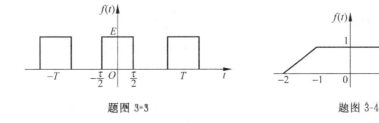

题图 3-3   题图 3-4

3-5 已知 $F(\omega)$ 如题图 3-5 所示,求 $f(t)$

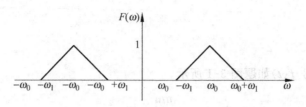

题图 3-5

3-6 求题图 3-6 所示信号的傅里叶变换。

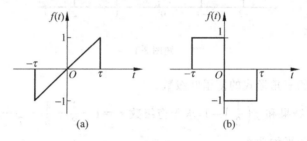

题图 3-6

3-7 若信号 $x(t)$ 的傅里叶变换 $X(\omega)=\begin{cases}1, & |\omega|<2 \\ 0, & |\omega|>2\end{cases}$,求 $x(t)$。

3-8 已知周期信号 $x(t)=\displaystyle\sum_{n=-\infty}^{\infty}\delta(t-5n)$,求傅里叶变换 $X(\omega)$。

3-9 已知 $x(t)\leftrightarrow X(\omega)$,求下列信号的傅里叶变换:

(1) $tx(2t)$;   (2)$(1-t)x(1-t)$;   (3)$t\dfrac{\mathrm{d}x(t)}{\mathrm{d}x}$。

3-10 求信号 $\dfrac{\mathrm{d}}{\mathrm{d}t}[u(-2-t)+u(t-2)]$ 的傅里叶变换。

3-11 已知信号 $x(t)$ 的傅里叶变换为 $X(\omega)=\dfrac{1}{(\mathrm{j}\omega+2)(\mathrm{j}\omega+3)}$,求其逆变换 $x(t)$。

3-12 已知 $F[f(t)]=F(\omega)$,利用傅里叶变换的性质确定下列信号的傅里叶变换:

(1) $tf(2t)$;   (2) $(t-2)f(t)$;

(3) $(t-2)f(-2t)$;   (4) $t\dfrac{\mathrm{d}f(t)}{\mathrm{d}t}$;

(5) $f(1-t)$;   (6) $(1-t)f(1-t)$;

(7) $f(2t-5)$。

3-13 试利用卷积定理求下列信号的频谱函数:

(1) $f(t)=A\cos(\omega_0 t)*u(t)$;　　　　　　(2) $f(t)=A\sin(\omega_0 t)*u(t)$。

3-14 若对带宽为 40kHz 的音乐信号 $f(t)$ 进行采样,其奈奎斯特间隔 T_s 为多少? 若对信号压缩一倍,其带宽为多少? 这时奈奎斯特采样频率 f_s 为多少?

3-15 已知信号 $f(t)=\dfrac{\sin 4\pi t}{\pi t}$,$-\infty<t<+\infty$,当对该信号取样时,试求能恢复原信号的最大抽样周期 $T_{\max}$。

3-16 若对 $f(t)$ 进行理想取样,其奈奎斯特取样频率为 f_s,则对 $f\left(\dfrac{1}{3}t-2\right)$ 进行取样,求其奈奎斯特取样频率。

3-17 题图 3-17 是一个输入信号为 $f(t)$,输出信号为 $y(t)$ 的调制解调系统。已知输入信号 $f(t)$ 的傅里叶变换为 $F(\omega)$,试概略画出 A,B,C 各点信号的频谱 $y(t)$ 及频谱 $Y(\omega)$。

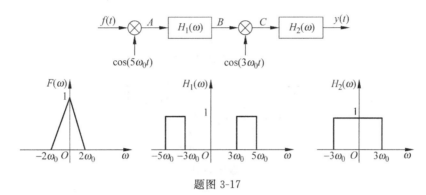

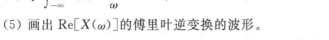

题图 3-17

3-18 已知 $x(t)$ 的频谱函数 $X(\omega)=\begin{cases}1, & |\omega|\leqslant 2 \\ 0, & |\omega|>2\end{cases}$,设 $f(t)=x(t)\cos 2t$,求对信号 $f(t)$ 进行均匀采样的奈奎斯特率。

3-19 已知 $X(\omega)=F[x(t)]$,$x(t)$ 的波形如题图 3-19 所示。

(1) 求 $X(\omega)$ 的相位 $\varphi(\omega)$;

(2) 求 $X(0)$;

(3) 求 $\displaystyle\int_{-\infty}^{+\infty}X(\omega)\mathrm{d}\omega$;

(4) 求 $\displaystyle\int_{-\infty}^{+\infty}x(\omega)\dfrac{2\sin\omega}{\omega}\mathrm{e}^{\mathrm{j}2\omega}\mathrm{d}\omega$;

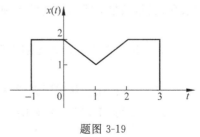

题图 3-19

(5) 画出 $\mathrm{Re}[X(\omega)]$ 的傅里叶逆变换的波形。

3-20 系统的单位冲激响应 $h(t)=2\mathrm{Sa}(2\pi t)=\dfrac{\sin 2\pi t}{\pi t}$,题图 3-20 所示的周期信号

$x_1(t)$,$x_2(t)$分别作用于系统,求由此产生的输出信号 $y_1(t)$,$y_2(t)$。

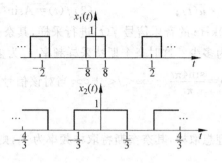

题图 3-20

3-21　如题图 3-21 所示系统,已知 $f(t)=\dfrac{\sin 2t}{\pi t}$,$H(\omega)=\mathrm{jsgn}(\omega)$,求输出 $y(t)$。

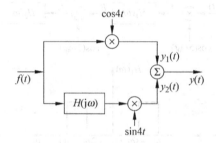

题图 3-21

3-22　已知系统的微分方程和激励如下,求系统的稳态响应。

(1) $y'(t)+1.5y(t)=f'(t)$,$f(t)=\cos 2t$;

(2) $y'(t)+2y(t)=-f'(t)+2f(t)$,$f(t)=\cos 2t+3$。

3-23　试用 MATLAB 绘制周期 $T_1=1$ 幅度 $E=1$ 的对称方波的前 10 项傅里叶级数的系数(三角函数形式),并用前 5 项恢复原信号。

3-24　试用 MATLAB 绘制矩形脉冲 $f(t)=\begin{cases}1, & |t|<\dfrac{1}{2} \\ 0, & 其他\end{cases}$ 的波形($t\in[-1,1]$)和频谱 $F(\omega)$,$\omega\in[-8\pi,8\pi]$,并利用频谱恢复时域信号 $f_a(t)$,比较和原信号的差别。

3-25　试用 MATLAB 画出图示周期三角波信号的频谱。

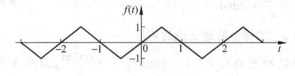

题图 3-25

3-26 试用MATLAB分别计算当$RC=1$与$RC=0.1$时,周期方波通过RC系统的响应。

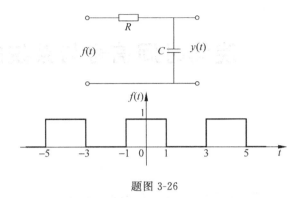

题图 3-26

3-27 已知 $f(t)=\begin{cases}E\left(1-\dfrac{2|t|}{\tau}\right), & |t|<\dfrac{\tau}{2} \\[2mm] 0, & |t|>\dfrac{\tau}{2}\end{cases}$,试用MATLAB通过卷积定理求三角脉冲频谱。

第 **4** 章

连续时间信号与系统的S域分析

连续时间 LTI 系统的傅里叶变换，揭示了信号与系统内在的频率特性，可以应用在谐波成分分析、系统频率响应、信号取样以及信号滤波等方面。但是傅里叶变换在应用时要求函数满足狄利克雷条件，而实际中许多信号，例如，单边增长指数函数 $e^{\alpha t}u(t)(\alpha>0)$、阶跃信号 $u(t)$ 以及单边幂函数 $t^{n}u(t)$ 等均不满足这一条件，它们的傅里叶变换不存在或者在变换后的表达式中存在冲激函数，这便使傅里叶变换的应用受到了限制。

于是，人们又提出了拉普拉斯变换（简称拉氏变换），把频域扩展到复频域。它也可以理解为广义的傅里叶变换，它使解决非绝对可积信号的频域变换成为可能。同时拉氏变换还能够为连续时间 LTI 系统及信号变换提供比傅里叶变换更广泛的特性描述，简化了信号的变换式，扩大了信号的变换范围，为分析系统响应提供了统一规范的方法。在引入拉氏变换之前，连续时间 LTI 系统通常是用微分方程描述的，分析系统需要在时域中求解微分方程。而引入拉氏变换后，将求解微分方程变换成在频域中求解代数方程，大大降低了求解难度。与傅里叶变换一样，拉氏变换可以将时域函数的卷积变成频域函数间的乘积，将系统冲激响应的拉氏变换定义为系统的传递函数，系统传递函数可以体现 LTI 系统输入-输出频响特性，为求解系统频域特性提供了新的思路。

本章首先给出拉氏变换的定义，对拉氏变换的物理概念进行解释；接下来讨论拉氏正变换、逆变换以及它们的性质，在此基础上讨论线性系统的复频域分析方法；最后介绍利用系统函数分析系统时域、频域特性的方法。

4.1 拉普拉斯变换及其逆变换

4.1.1 拉氏变换的定义

在一般的"积分变换式"中，若选取积分变换的核 $K(t,s)=e^{-st}$（复数 $s=\sigma+j\omega$），积分变

换的域为 $[0,+\infty)$，便得出函数 $f(t)$ 的拉普拉斯变换，简称拉氏变换，记作 $\mathscr{L}[f(t)]$，即

$$\mathscr{L}[f(t)] = \int_a^b f(t)K(t,s)\mathrm{d}t = \int_0^{+\infty} f(t)\mathrm{e}^{-st}\mathrm{d}t = L(s)$$

拉氏变换将时域函数 $f(t)$ 变成复频域函数 $L(s)$。时域变量 t 是实数，而复频域变量 s 是复数，若做相反的变换，可得出拉普拉斯逆变换，简称拉氏逆变换，记作 $\mathscr{L}^{-1}[L(s)]$，即

$$\mathscr{L}^{-1}[L(s)] = \frac{1}{2\pi\mathrm{j}}\int_{\sigma-\mathrm{j}\infty}^{\sigma+\mathrm{j}\infty} L(s)\mathrm{e}^{st}\mathrm{d}s = f(t)$$

拉氏变换及其逆变换可简记作

$$L(s) \leftrightarrow f(t)$$

傅里叶变换将时域函数 $f(t)$ 变换成频域函数 $F(\omega)$，变换中时间变量 t 和频率变量 ω 都是实数 $(t,\omega \in \mathbf{R})$，建立起了时域($t$ 域)和频域(ω 域)间的联系；拉氏变换则是将时域函数 $f(t)$ 变成复频域函数 $L(s)$。拉氏变换里变量 t 是实数，而变量 s 是复数，拉氏变换建立起了时域(t 域)和复频域(s 域)间的变换关系。变换式中的函数 $f(t)$ 和 $L(\omega)$ 是描述同一系统的不同函数，只是描述的角度不同。

例 4-1　求信号 $f(t)=\mathrm{e}^{-\alpha t}u(t)$ 的拉氏变换及其收敛域。

解　根据拉氏变换定义，有

$$F(s) = \int_0^{+\infty} \mathrm{e}^{-\alpha t}\mathrm{e}^{-st}\mathrm{d}t = -\frac{\mathrm{e}^{-(s+\alpha)t}}{s+\alpha}\bigg|_0^{+\infty} = \frac{1}{s+\alpha}$$

为了使得 $F(s) = \int_0^{+\infty} \mathrm{e}^{-\alpha t}\mathrm{e}^{-st}\mathrm{d}t$ 积分存在，必须满足

$$\lim_{t\to+\infty} \mathrm{e}^{-\sigma t}\mathrm{e}^{-\alpha t} = \lim_{t\to+\infty} \mathrm{e}^{-(\sigma-\alpha)t} = 0$$

由此得到拉氏变换收敛域，

$$\sigma > -\alpha$$

函数 $f(t)\mathrm{e}^{-\sigma t}$ 在 $\sigma > -\alpha$ 的全部范围内是收敛的，其积分存在，可进行拉氏变换，α 将 s 平面分为两个区域，$\sigma = \alpha$ 是收敛轴，$\sigma > -\alpha$ 的部分为收敛域，如图 4-1 所示。

一般能够进行拉氏变换的信号 $f(t)$，其收敛域一定存在。收敛域的情况也比较简单，所以在后续求单边拉氏变换过程中，不再注明收敛范围。

利用拉氏变换方法分析电路问题以及求解微分方程时，最后需要求原函数的逆变换，可由定义求得 $f(t) = \frac{1}{2\pi\mathrm{j}}\int_{\sigma-\mathrm{j}\infty}^{\sigma+\mathrm{j}\infty} F_1(s)\mathrm{e}^{st}\mathrm{d}s$，实际上，往往可借助代数运算将 $F(s)$ 的表达式分解，分解后各项的逆变换可以从表 4-1 查出，使求解过程大大简化，无需进行积分运算，这种分解方法称为部分分式展开法。

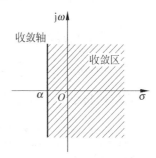

图 4-1　拉氏变换收敛域

4.1.2 拉氏变换的 MATLAB 实现

根据拉氏变换的定义计算某个函数 $f(t)$ 的拉氏变换,有时是很繁琐的,若用 MATLAB 计算则会带来很大方便。MATLAB 中设有专用的计算指令,格式为(指令中用 w 代替 ω)

```
>> L = laplace(f,t,s)        % 输出 L = L(ω) = ℒ[f(t)]
>> f = ifourier(L,w,t)       % 输出 f = f(t) = ℒ⁻¹[L(ω)]
```

指令中输入的参数 f 或 L 为待变换函数 $f(t)$ 或 $L(\omega)$ 的符号表达式,或由它们构成的矩阵;回车后输出的 F 或 f 为变换后的 $L(\omega)$ 或 $f(t)$ 的符号表达式或由它们构成的矩阵。

例 4-2 已知 $\boldsymbol{B}(s) = \mathscr{L}[\boldsymbol{A}(t)] = \begin{bmatrix} \ln\dfrac{s+1}{s-1} & \dfrac{2}{4s^2+1} & \dfrac{1}{(s+1)(s+2)(s+3)} \\ \dfrac{s}{s^2-a^2} & \operatorname{arccot}\dfrac{a}{s} & \dfrac{1}{s(s^2+a^2)^2} \end{bmatrix}$,求 $\boldsymbol{B}(s)$ 的

拉氏逆变换 $\boldsymbol{A}(t)$。

解 由题设知,$\boldsymbol{A}(t) = \mathscr{L}^{-1}[\boldsymbol{B}(s)]$,可在指令窗中输入

```
>> syms t positive, syms a % 将 t 定义成大于零的符号量;将 a 定义成符号量
>> A = [log((s+1)/(s-1)),2/(4*s^2+1),1/(s+1)/(s+2)/(s+3);s/(s^2-a^2),..
   atan(a/s),1/s/(s^2+a^2)^2];            % ".."为续行号
>> B = ilaplace(A,s,t);
>> disp('B = '),simple(B);
>> B = simple(B)
[      (2*sinh(t))/t,    sin(t/2),   1/(2*exp(t)) - 1/exp(2*t) + 1/(2*exp(3*t))]
[ exp(a*t)/2 + 1/(2*exp(a*t)), sin(a*t)/t, 1/a^4 - cos(a*t)/a^4 - (t*sin(a*t))/(2
*a^3)]
```

整理得出

$$\mathscr{L}^{-1}\left[\ln\frac{s+1}{s-1}\right] = \frac{2}{t}\sinh e^{-t}, \quad \mathscr{L}^{-1}\left[\frac{2}{4s^2+1}\right] = \sin\frac{t}{2}$$

$$\mathscr{L}^{-1}\left[\frac{1}{(s+1)(s+2)(s+3)}\right] = \left(\frac{1}{2}e^{-3t} + \frac{1}{2}e^{-t} - e^{-2t}\right), \quad \mathscr{L}^{-1}\left[\ln\frac{s}{s^2-a^2}\right] = \cosh at$$

$$\mathscr{L}^{-1}\left[\operatorname{arccot}\frac{\alpha}{x}\right] = \frac{\sin at}{t}, \quad \mathscr{L}^{-1}\left[\frac{1}{s(s^2+a^2)^2}\right] = \frac{1-\cos at}{a^4} - \frac{t\sin at}{2a^3}$$

可以用指令对上述结果予以验证,如在指令窗中输入

```
>> syms s a, syms t positive
>> C = laplace([2*sinh(t)/t;sin(t/2);1/a^4 - cos(a*t)/a^4 - (t*sin(a*t))/(2*a^3)],t,s);
>> C = simple(C)
            C =
                          log((s + 1)/(s - 1))
                             2/(4*s^2 + 1)
                           1/(s*(a^2 + s^2)^2)
```

整理得出

$$\mathscr{L}\left[\frac{2\sinh t}{t}\right]=\ln\frac{s+1}{s-1},\quad \mathscr{L}\left[\sin\frac{t}{2}\right]=\frac{2}{(4s^2+1)}$$

$$\mathscr{L}\left[\frac{1}{a^4}-\frac{\cos at}{a^4}-\frac{t\sin at}{2a^3}\right]=\frac{1}{s(a^2+s^2)^2} \tag{4-1}$$

4.1.3 典型函数的拉氏变换

1. 阶跃函数 $u(t)$

$$\mathscr{L}\left[u(t)\right]=\int_0^{+\infty}e^{-st}\mathrm{d}t=\left.\frac{e^{-st}}{s}\right|_0^{+\infty}=\frac{1}{s} \tag{4-2}$$

对比傅里叶变换

$$\mathscr{L}\left[u(t)\right]=\frac{1}{\mathrm{j}\omega}+\pi\delta(\omega) \tag{4-3}$$

2. 单边指数函数 $e^{-\alpha t}u(t)$

$$\mathscr{L}\left[e^{-\alpha t}u(t)\right]=\int_0^{+\infty}e^{-\alpha t}e^{-st}\mathrm{d}t=\left.\frac{e^{-(s+\alpha)t}}{s+\alpha}\right|_0^{+\infty}=\frac{1}{s+\alpha} \tag{4-4}$$

对比傅里叶变换

$$\mathscr{L}\left[e^{-\alpha t}\right]=\frac{1}{\mathrm{j}\omega+\alpha} \tag{4-5}$$

3. 单边幂函数 $t^n u(t)$（n 为正整数）

$$\mathscr{L}\left[t^n u(t)\right]=\int_0^{+\infty}t^n e^{-st}\mathrm{d}t=-\left.\frac{t^n}{s}e^{-st}\right|_0^{+\infty}+\frac{n}{s}\int_0^{+\infty}t^{n-1}e^{-st}\mathrm{d}t$$

$$=\frac{n}{s}\mathscr{L}\left[t^{n-1}\right] \tag{4-6}$$

当 $n=1$ 时，

$$\mathscr{L}\left[tu(t)\right]=\frac{1}{s^2}$$

当 $x=2$ 时，

$$\mathscr{L}\left[t^2 u(t)\right]=\frac{2}{s^3}$$

$$\vdots$$

当 $n=n$ 时，

$$\mathscr{L}\left[t^n u(t)\right]=\frac{n!}{s^{n+1}}$$

4. 冲激函数 $\delta(t)$

$$\mathscr{L}[\delta(t)] = \int_0^{+\infty} \delta(t)e^{-st}\,dt = 1 \tag{4-7}$$

$$\mathscr{L}[\delta(t-t_0)] = \int_0^{+\infty} \delta(t-t_0)e^{-st}\,dt = e^{-st_0}$$

5. 单边正弦信号 $\sin\omega t \cdot u(t)$

由于正弦信号可以表示为

$$\sin\omega t = \frac{1}{2j}(e^{j\omega t} - e^{-j\omega t})$$

故其单边拉氏变换为

$$F(s) = \mathscr{L}\left[\frac{1}{2j}(e^{j\omega t} - e^{-j\omega t})u(t)\right]$$

类似于单边指数信号,根据式(4-5)的结果得到

$$\mathscr{L}[\sin\omega t \cdot u(t)] = \frac{1}{2j}\left[\frac{1}{s-j\omega} - \frac{1}{s+j\omega}\right] = \frac{\omega}{s^2+\omega^2} \tag{4-8}$$

同理可以得到单边余弦信号的拉氏变换为

$$\mathscr{L}[\cos\omega t \cdot u(t)] = \frac{1}{2j}\left[\frac{1}{s-j\omega} + \frac{1}{s+j\omega}\right] = \frac{\omega}{s^2+\omega^2} \tag{4-9}$$

将以上结果及其他常用函数拉氏变换列于表4-1中。

表4-1 常用函数的拉氏变换

原函数 $f(t)(t>0)$	像函数 $F(s)=\mathscr{L}[f(t)]$	原函数 $f(t)(t>0)$	像函数 $F(s)=\mathscr{L}[f(t)]$
$\delta(t)$	1	$\sin\omega t$	$\dfrac{\omega}{s^2+\omega^2}$
$\delta'(t)$	s	e^{-at}	$\dfrac{1}{s+\alpha}$
$u(t)$	$\dfrac{1}{s}$	$\cos\omega t$	$\dfrac{s}{s^2+\omega^2}$
t	$\dfrac{1}{s^2}$	$e^{-at}\sin\omega t$	$\dfrac{\omega}{(s+\alpha)^2+\omega^2}$
t^2	$\dfrac{2}{s^3}$	$e^{-at}\cos\omega t$	$\dfrac{s+\alpha}{(s+\alpha)^2+\omega^2}$
t^n(n是正数)	$\dfrac{n!}{s^{n+1}}$	$\dfrac{1}{a-b}(e^{at}-e^{bt})$	$\dfrac{1}{(s-a)(s-b)}$
te^{-at}	$\dfrac{1}{(s+a)^2}$	$\sinh(\alpha t)$	$\dfrac{a}{s^2-a^2}$

4.2 拉氏变换的基本性质

拉氏变换可以由定义求出,在解决应用问题中更多的是利用性质求出。在理解拉氏变换性质时,可以利用与傅里叶变换性质进行对比的方法加深对拉氏变换性质的理解。

1. 线性性质

设 $\mathscr{L}[f_1(t)]=F_1(s), \mathscr{L}[f_2(t)]=F_2(s), K_1, K_2$ 为常数,则

$$\mathscr{L}[K_1 f_1(t)+K_2 f_2(t)]=K_1 F_1(s)+K_2 F_2(s) \tag{4-10}$$

例 4-3 求 $f(t)=(1-\mathrm{e}^{-at}) \cdot u(t)$ 的拉氏变换 $F(s)$。

解 由 $\mathscr{L}[u(t)]=\dfrac{1}{s}, \mathscr{L}[\mathrm{e}^{-at}]=\dfrac{1}{s+\alpha}$,可得

$$F(s)=\mathscr{L}[f(t)]=\frac{1}{s}-\frac{1}{s+\alpha}=\frac{\alpha}{s(s+\alpha)}$$

2. 延时性质(时域平移)

若 $\mathscr{L}[f(t)]=F(s)$,则

$$\mathscr{L}[f(t-t_0)u(t-t_0)]=\mathrm{e}^{-st_0}F(s) \tag{4-11}$$

此性质表明:若波形延迟 t_0,则它的拉氏变换应乘以 e^{-st_0}。

例 4-4 求图 4-2 中函数 $f(t)$ 的拉氏变换

解

$$f(t)=[u(t)-u(t-t_0)] \cdot E, \mathscr{L}[f(t)]=F(s),$$

$$\mathscr{L}[f(t)]=\mathscr{L}[u(t)-u(t-t_0)] \cdot E$$

$$=\left(\frac{1}{s}-\frac{\mathrm{e}^{-st_0}}{s}\right) \cdot E=\frac{E}{s}(1-\mathrm{e}^{-st_0})$$

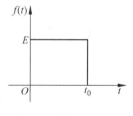

图 4-2 例 4-4 题图

3. S 域平移

若 $\mathscr{L}[f(t)]=F(s)$,则

$$\mathscr{L}[f(t)\mathrm{e}^{-at}]=F(s+\alpha) \tag{4-12}$$

例 4-5 求 $\mathrm{e}^{-at}\sin\omega t \cdot u(t)$ 的拉氏变换。

解

$$\mathscr{L}[\sin\omega t \cdot u(t)]=\frac{\omega}{s^2+\omega^2}, \quad \mathscr{L}[\mathrm{e}^{-at}\sin\omega t \cdot u(t)]=\frac{\omega}{(s+\alpha)^2+\omega^2}$$

同理

$$\mathscr{L}[\mathrm{e}^{-at}\cos\omega t]=\frac{s+\alpha}{(s+\alpha)^2+\omega^2}$$

4. 尺度变换

若 $\mathscr{L}[f(t)] = F(s)$，则

$$\mathscr{L}[f(\alpha t)] = \frac{1}{\alpha}F\left(\frac{s}{\alpha}\right), \quad \alpha > 0$$

证明

$$\mathscr{L}[f(\alpha t)] = \int_0^{+\infty} f(\alpha t) e^{-st} dt$$

令 $\tau = \alpha t$ 则上式变成

$$\mathscr{L}[f(\alpha t)] = \int_0^{+\infty} f(\tau) e^{-\frac{s}{\alpha}\tau} d\frac{\tau}{\alpha} = \frac{1}{\alpha}F\left(\frac{s}{\alpha}\right) \tag{4-13}$$

例 4-6 已知 $\mathscr{L}[f(t)] = F(s)$，若 $a>0, b>0$，求 $\mathscr{L}[f(at-b)u(at-b)]$。

解 由时域平移性质得

$$\mathscr{L}[f(t-b)u(t-b)] = F(s)e^{-bs}$$

再借助尺度变换可求出

$$\mathscr{L}[f(at-b)u(at-b)] = \frac{1}{a}F\left(\frac{s}{a}\right)e^{-s\frac{b}{a}} \tag{4-14}$$

5. 原函数微分

若 $\mathscr{L}[f(t)] = F(s)$，则

$$\mathscr{L}\left[\frac{df(t)}{dt}\right] = sF(s) - f(0_-) \tag{4-15}$$

证明 由拉氏变换定义，有

$$\mathscr{L}[f'(t)] = \int_{0_-}^{+\infty} f'(t) e^{-st} dt = \int_{0_-}^{+\infty} e^{-st} df(t)$$

$$= f(t) e^{-st} \Big|_{0_-}^{+\infty} - \int_{0_-}^{+\infty} f(t)(-s) e^{-st} dt = sF(s) - f(0_-)$$

同理可得

$$\mathscr{L}\left[\frac{d^2 f(t)}{dt^2}\right] = s\mathscr{L}[f'(t)] - f'(0_-) = s[sF(s) - f(0_-)] - f'(0_-) \tag{4-16}$$

$$\mathscr{L}\left[\frac{d^n f(t)}{dt^n}\right] = s^n F(s) - \sum_{r=0}^{n-1} s^{n-r-1} f^{(r)}(0_-) \tag{4-17}$$

如果 $f(t)$ 起始状态均为零，即

$$f(0_-) = f'(0_-) = \cdots = f^{(n-1)}(0_-) = 0$$

则有

$$\mathscr{L}[f'(t)] = sF(s)$$

$$\mathscr{L}[f^{(n)}(t)] = s^n F(s)$$

利用拉氏变换的微分性质可以将时域微分方程转化 S 域的代数方程,并将系统的时域 0_- 起始状态 $f(0_-),f'(0_-),\cdots,f^{(n-1)}(0_-)$ 等很方便代入方程中去,不需要求系统的 0_+ 状态。通过对 S 域的代数方程求解后,再求拉氏逆变换就可以求出系统的全响应。时域微分性质在求解微分方程、系统分析中具有重要作用。

例如,对于电路中储能元件电感上的电压 $v_L(t)$,有如下关系:

$$v_L(t)=L\frac{\mathrm{d}i_L(t)}{\mathrm{d}t}$$

根据微分性质有

$$V_L(s)=\mathscr{L}\big[v_L(t)\big]=sLI_L(s)-Li_L(0_-)$$

若系统处于零状态 $i_L(0_-)=0$,则

$$V_L(s)=sLI_L(s)$$

而在正弦稳态分析中,$V_L(\mathrm{j}\omega)=\mathrm{j}\omega LI_L(\mathrm{j}\omega)$,所以可以看出,拉氏变换中的"$s$"对应相量法中的"$\mathrm{j}\omega$"。

例 4-7 如图 4-3 所示 RC 电路,$R=1\Omega,C=1\mathrm{F}$,设 $u(t)=\delta(t),u_c(0_-)=2\mathrm{V}$,试求响应 $u_c(t)$。

解 若电路的微分方程为

$$RCu_c'(t)+u_c(t)=u(t)$$

将 $u(t)=\delta(t)$ 代入得

$$u_c'(t)+\frac{1}{RC}u_c(t)=\frac{1}{RC}\delta(t)$$

将元件参数代入,对方程两边取拉氏变换,令 $u_c(t)\leftrightarrow U_c(s)$,得到

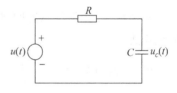

图 4-3 RC 电路

$$sU_c(s)-u_c(0_-)+U_c(s)=1$$

将 $u_c(0_-)=2$ 代入得

$$U_c(s)(s+1)=3$$

即

$$U_c(s)=\frac{3}{s+1}$$

求拉氏逆变换有

$$u_c(t)=3\mathrm{e}^{-t}u(t)$$

6. 原函数积分

若 $\mathscr{L}\big[f(t)\big]=F(s)$,则

$$\mathscr{L}\left[\int_{-\infty}^t f(\tau)\mathrm{d}\tau\right]=\frac{F(s)}{s}+\frac{f^{(-1)}(0_-)}{s} \tag{4-18}$$

其中

$$f^{(-1)}(0_-) = \int_{-\infty}^{0_-} f(\tau) \mathrm{d}\tau$$

证明 由拉氏变换定义,有

$$\mathscr{L}\left[\int_{-\infty}^{t} f(\tau) \mathrm{d}\tau\right] = \mathscr{L}\left[\int_{-\infty}^{0_-} f(\tau) \mathrm{d}\tau + \int_{0}^{t} f(\tau) \mathrm{d}\tau\right] = \mathscr{L}\left[\int_{-\infty}^{0_-} f(\tau) \mathrm{d}\tau\right] + \mathscr{L}\left[\int_{0}^{t} f(\tau) \mathrm{d}\tau\right]$$

其中

$$\mathscr{L}\left[\int_{-\infty}^{0_-} f(\tau) \mathrm{d}\tau\right] = \frac{f^{(-1)}(0)}{s}$$

$$\mathscr{L}\left[\int_{0}^{t} f(\tau) \mathrm{d}\tau\right] = \int_{0_-}^{+\infty} \left[\int_{0}^{t} f(\tau) \mathrm{d}\tau\right] \mathrm{e}^{-st} \mathrm{d}t$$

$$= \left[-\frac{\mathrm{e}^{-st}}{s} \int_{0}^{t} f(\tau) \mathrm{d}\tau\right]_{0_-}^{+\infty} + \frac{1}{s} \int_{0_-}^{+\infty} f(t) \mathrm{e}^{-st} \mathrm{d}t = \frac{1}{s} F(s)$$

于是得证。

如果 $f^{(-1)}(0_-) = 0$,则有

$$\mathscr{L}\left[\int_{-\infty}^{t} f(\tau) \mathrm{d}\tau\right] = \frac{F(s)}{s}$$

例 4-8 已知流经电容的电流 $i_c(t)$ 的拉氏变换为 $\mathscr{L}[i_c(t)] = I_c(s)$,求电容电压 $V_c(t)$ 的变换式。

解 因为 $V_c(t) = \dfrac{1}{C} \displaystyle\int_{-\infty}^{t} i_c(\tau) \mathrm{d}\tau$,根据积分性质可得

$$V_c(s) = \frac{1}{C}\left[\frac{I_c(s)}{s} + \frac{i_c^{(-1)}(0)}{s}\right] = \frac{I_c(s)}{sC} + \frac{v_c(0)}{s}$$

式中 $i_c^{(-1)}(0_-) = \dfrac{1}{C} \displaystyle\int_{-\infty}^{0_-} i_C(\tau) \mathrm{d}\tau$,为电容两端的起始电荷,若 $i_c^{(-1)}(0_-) = 0$,则有

$$V_c(s) = \frac{I_c(s)}{sC}$$

在正弦稳态分析中,$V_c(\mathrm{j}\omega) = \dfrac{I_c(\mathrm{j}\omega)}{\mathrm{j}\omega C}$,"$s$"与"$\mathrm{j}\omega$"相对应。

7. 卷积性质

(1) 时域卷积定理

若 $\mathscr{L}[f_1(t)] = F_1(s)$,$\mathscr{L}[f_2(t)] = F_2(s)$,则

$$\mathscr{L}[f_1(t) * f_2(t)] = F_1(s) \cdot F_2(s) \tag{4-19}$$

(2) S 域卷积定理

$$\mathscr{L}[f_1(t) \cdot f_2(t)] = \frac{1}{2\pi\mathrm{j}}[F_1(s) * F_2(s)] \tag{4-20}$$

表 4-2 单边拉氏变换的性质

名　称	时域 $f(t)(t \geq 0)$	S域 $F(s)(\sigma > \sigma_0)$
线性性质	$a_1 f_1(t) + a_2 f_2(t)$	$a_1 F_1(s) + a_2 F_2(s)$
频移特性	$e^{s_0 t} f(t)$	$F(s - s_0)$
延时特性	$f(t - t_0) u(t - t_0)$	$e^{-s t_0} F(s)$
尺度变换	$f(at), a > 0$	$\dfrac{1}{a} F\left(\dfrac{s}{a}\right)$
尺度变换延时	$f(at - b) u(at - b), a > 0 \; b > 0$	$\dfrac{1}{a} F\left(\dfrac{s}{a}\right) e^{-(b/a)s}$
微分性质	$\dfrac{\mathrm{d} f(t)}{\mathrm{d} t}$	$s F(s) - f(0_-)$
积分性质	$\displaystyle \int_{0_-}^{t} f(\tau) \mathrm{d}\tau$	$\dfrac{F(s)}{s} + \dfrac{f^{(-1)}(0_-)}{s}$
卷积定理	$f_1(t) * f_2(t)$	$F_1(s) \cdot F_2(s)$
初值定理	$f(0_+) = \lim\limits_{s \to +\infty} s F(s)$	
终值定理	$f(t) = \lim\limits_{\substack{t \to +\infty \\ s \to 0}} s F(s)$	

　　对于线性系统,高阶线性常系数微分方程进行拉氏变换后,响应的像函数都可以变换成 s 的多项式或两个实系数的关于 s 的多项式 $A(s)$ 与 $B(s)$ 之比,即

$$F(s) = \frac{A(s)}{B(s)} = \frac{a_m s^m + a_{m-1} s^{m-1} + \cdots + a_0}{b_n s^n + b_{n-1} s^{n-1} + \cdots + b_0} \tag{4-21}$$

式中 m, n 为正整数,若 $m < n$, $F(s)$ 为真分式,对此形式的像函数,可以用部分分式展开法将其表示为许多简单分式之和的形式,这些简单项的 S 域的函数的逆变换很容易得到。对于 $F(s)$ 不是真分式的情况,可以用长除法将 $F(s)$ 表示为一个多项式与真分式和的形式,多项式的逆变换,可以用冲激函数系列族函数的拉氏逆变换来求得,例如 $1 \leftrightarrow \delta(t)$, $s \leftrightarrow \delta'(t)$, $s^2 \leftrightarrow \delta''(t)$ 等。

　　一般可设 $B(s) = b_n(s - p_1)(s - p_2) \cdots (s - p_n)$,其中 $p_1, p_2, \cdots, p_n$ 为 $B(s) = 0$ 的根,称为 $F(s)$ 的极点;$A(s) = a_m(s - z_1)(s - z_2) \cdots (s - z_m)$,其中 $z_1, z_2, \cdots, z_m$ 是 $A(s) = 0$ 的根,称为 $F(s)$ 的零点。根据 $F(s)$ 极点的情况,用部分分式展开法分成以下几种情况分别讨论。

4.3　拉氏逆变换的计算方法

　　拉氏逆变换的计算方法,实用中用得较多,且有一定的代表性,下面专门予以介绍。

4.3.1 包含不同实数极点

若分母多项式的 n 个单实根分别为 $p_1, p_2, \cdots, p_n$,根据代数知识。$F(s)$ 可展开成下列简单的部分分式之和:

$$F(s) = \frac{A(s)}{(s-p_1)(s-p_2)\cdots(s-p_n)}$$

$$= \frac{K_1}{s-p_1} + \frac{K_2}{s-p_2} + \cdots + \frac{K_n}{s-p_n}$$

$$= \sum_{i=1}^{n} \frac{K_i}{s-p_i} \tag{4-22}$$

式中 $K_1, K_2, \cdots, K_n$ 为待定系数。这些系数可以按下面方法确定。将上式两边同时乘以 $(s-p_i)$,得

$$(s-p_1)F(s) = K_1 + (s-p_1)\left(\frac{K_2}{s-p_2} + \frac{K_3}{s-p_3} + \cdots + \frac{K_n}{s-p_n}\right)$$

令 $s = p_1$,则有

$$K_1 = (s-p_1)F(s)\Big|_{s=p_1}$$

同理可以求得 $K_i(i=1,2,\cdots,n)$,其表达式为

$$K_i = (s-p_i)F(s)\Big|_{s=p_i}$$

查拉氏变换表,得

$$\frac{K_i}{s-p_i} \leftrightarrow K_i e^{p_i t}$$

所以

$$f(t) = \mathcal{L}^{-1}\left[\frac{K_1}{s-p_1} + \frac{K_2}{s-p_2} + \cdots + \frac{K_n}{s-p_n}\right]$$

$$= K_1 e^{p_1 t} + K_2 e^{p_2 t} + \cdots + K_n e^{p_n t}$$

例 4-9 已知 $F(s) = \dfrac{10(s+2)(s+5)}{s(s+1)(s+3)}$,求 $f(t)$。

解

$$F(s) = \frac{K_1}{s} + \frac{K_2}{s+1} + \frac{K_3}{s+3}$$

$$K_1 = (s+1)F(s)\Big|_{s=0} = \frac{10 \times 2 \times 5}{1 \times 3} = \frac{100}{3}$$

$$K_2 = (S+3)F(s)\Big|_{s=-1} = \frac{10 \times (-1+2) \times (-1+5)}{(-1) \times (-1+3)} = -20$$

$$K_3 = sF(s)\Big|_{s=-3} = -\frac{10}{3}$$

$$F(s) = \frac{\dfrac{100}{3}}{s} + \frac{-20}{s+1} - \frac{\dfrac{10}{3}}{s+3}$$

$$f(t) = \left(\frac{100}{3} - 20\mathrm{e}^{-t} - \frac{10}{3}\mathrm{e}^{-3t}\right)u(t)$$

MATLAB 方法另解

```
>> syms t s
>> L1 = ilaplace(10 * (s + 2) * (s + 5)/(s + 1)/(s + 3)/s, s, t)
   L1 =
                 100/3 - 10/(3 * exp(3 * t)) - 20/exp(t)
```

整理得出

$$f(t) = \mathcal{L}^{-1}\big[L_1(s)\big] = \frac{100}{3} - \frac{10}{3}\mathrm{e}^{-3t} - 20\mathrm{e}^{-t}$$

4.3.2 包含共轭复数极点

$F(s)$ 包含共轭复数极点,可以作为不相等的极点来处理,求解的方法与包含不相等的实数极点类似。通过一个典型例子的求解,得到的结果可以用于其他类似分式。

设 $F(s)$ 表达式如下,其共轭复数根分别为 $s_1 = -\alpha + \mathrm{j}\beta, s_2 = -\alpha - \mathrm{j}\beta$。

$$F(s) = \frac{A(s)}{D(s)\big[(s+\alpha)^2 + \beta^2\big]} = \frac{F_1(s)}{(s+\alpha-\mathrm{j}\beta)(s+\alpha+\mathrm{j}\beta)}$$

$F(s)$ 可以展开成

$$F(s) = \frac{K_1}{s+\alpha-\mathrm{j}\beta} + \frac{K_2}{s+\alpha+\mathrm{j}\beta} + \cdots$$

其中

$$K_1 = (s+\alpha-\mathrm{j}\beta)F(s)\Big|_{s=-\alpha+\mathrm{j}\beta} = \frac{F_1(-\alpha+\mathrm{j}\beta)}{2\mathrm{j}\beta}$$

$$K_2 = (s+\alpha-\mathrm{j}\beta)F(s)\Big|_{s=-\alpha-\mathrm{j}\beta} = \frac{F_2(-\alpha-\mathrm{j}\beta)}{-2\mathrm{j}\beta}$$

K_1, K_2 成共轭关系,设

$$K_1 = A+\mathrm{j}B, \quad K_2 = K_1^* = A-\mathrm{j}B$$

则

$$f_c(t) = L^{-1}\left[\frac{K_1}{s+\alpha-\mathrm{j}\beta} + \frac{K_2}{s+\alpha+\mathrm{j}\beta}\right] = \mathrm{e}^{-\alpha t}(K_1\mathrm{e}^{\beta t} + K_1^*\mathrm{e}^{-\beta t})$$

$$= 2\mathrm{e}^{-\alpha t}\big[A\cos(\beta t) - B\sin(\beta t)\big]$$

例 4-10 已知 $F(s) = \dfrac{s^2+3}{(s^2+2s+5)(s+2)}$，求 $f(t)$。

解 $F(s) = \dfrac{s^2+3}{(s+1+j2)(s+1-j2)(s+2)} = \dfrac{K_0}{s+2} + \dfrac{K_1}{s+1-j2} + \dfrac{K_2}{s+1+j2}$

对比得到

$$\alpha = -1, \quad \beta = 2$$

分别求得各系数如下：

$$K_0 = (s+2)F(s)\Big|_{s=-2} = \frac{7}{5}$$

$$K_1 = \frac{s^2+3}{(s+2)(s+1+j2)}\Big|_{s=-1+j2} = \frac{-1+j2}{5}$$

$$K_2 = K_1^* = \frac{-1-j2}{5}$$

对比得到

$$A = -\frac{1}{5}, \quad B = \frac{2}{5}$$

于是

$$f(t) = \frac{7}{5}e^{-2t} + 2e^{-t}\left[-\frac{1}{5}\cos(2t) - \frac{2}{5}\sin(2t)\right] \quad (t \geqslant 0)$$

MATLAB 方法另解：

```
>> syms t s
>> L1 = ilaplace( (s^2+3)/( s^2+2*s+5)/(s+2),s,t)
   L1 =
        7/(5*exp(2*t)) - (2*(cos(2*t) + 2*sin(2*t)))/(5*exp(t))
```

整理得出

$$f(t) = \mathscr{L}^{-1}[L_1(s)] = \frac{7}{5}e^{-2t} - \frac{2[\cos2t + 2\sin2t]}{5}e^{-t}$$

4.3.3 存在重根极点

设 $F(s) = \dfrac{s^2}{(s+2)(s+1)^2}$，分母多项式存在二重根 $s = -1$，根据代数学知识，将 $F(s)$ 展开成如下形式：

$$F(s) = \frac{s^2}{(s+2)(s+1)^2} = \frac{K_1}{s+2} + \frac{K_2}{s+1} + \frac{K_3}{(s+1)^2}$$

K_1 为单根分式的系数，K_3 为重根最高次分式系数，直接求得它们的值，得

$$K_1 = (s+2)\frac{s^2}{(s+2)(s+1)^2}\Big|_{s=-2} = 4$$

$$K_3 = (s+1)^2 \frac{s^2}{(s+2)(s+1)^2}\bigg|_{s=-1} = 1$$

要想求出 K_2，设法使等式右边部分分式只保留 K_2，其他分式为零，对原式两边乘以 $(s+1)^2$ 得

$$\frac{s^2}{s+2} = (s+1)^2 \frac{K_1}{s+2} + K_2(s+1) + K_3$$

令 $s=-1$ 时，只能求出 $K_3=1$，若想求 K_2，两边再求导得

$$右边 = \frac{\mathrm{d}}{\mathrm{d}s}\left[(s+1)^2 \frac{K_1}{s+2} + (s+1)K_2 + K_3\right]$$

$$= \frac{2(s+1)(s+2)K_1 - K_1(s+1)^2}{(s+2)^2} + K_2 + 0$$

$$左边 = \frac{\mathrm{d}}{\mathrm{d}s}\left[(s+1)^2 F(s)\right] = \frac{\mathrm{d}}{\mathrm{d}s}\left[\frac{s^2}{s+2}\right] = \frac{2s(s+2)-s^2}{(s+2)^2} = \frac{s^2+4s}{(s+2)^2}$$

令 $s=-1$，右边$=K_2$，左边$=\dfrac{s^2+4s}{(s+2)^2}\bigg|_{s=-1}=-3$，所以

$$K_2 = -3$$

一般情况下，设 $F(s)$ 含有 k 阶极点 $s_i = p_1$，可以表示成如下形式：

$$F(s) = \frac{A(s)}{(s-p_1)^k} = \frac{K_{11}}{(s-p_1)^k} + \frac{K_{12}}{(s-p_1)^{k-1}} + \cdots + \frac{K_{1(k-1)}}{(s-p_1)^2} + \frac{K_{1k}}{s-p_1}$$

求 K_{11} 的方法与具有不同实数根的情况相同，即

$$K_{11} = F_1(s)\bigg|_{s=p_1} = (s-p_1)^k F(s)\bigg|_{s=p_1}$$

求其他系数时，用下式：

$$K_{1i} = \frac{1}{(i-1)!} \frac{\mathrm{d}^{i-1}}{\mathrm{d}s^{i-1}} F_1(s)\bigg|_{s=p_1}, \quad i=1,2,\cdots,k$$

当 $i=2$ 时，

$$K_{12} = \frac{\mathrm{d}}{\mathrm{d}s} F_1(s)\bigg|_{s=p_1}$$

当 $i=3$ 时，

$$K_{13} = \frac{1}{2} \frac{\mathrm{d}^2}{\mathrm{d}s^2} F_1(s)\bigg|_{s=p_1}$$

例 4-11 已知 $F(s) = \dfrac{s-2}{s(s+1)^3}$，求 $f(t)$。

解 可以把 $F(s)$ 展开成以下部分分式形式：

$$F(s) = \frac{s-2}{s(s+1)^3} = \frac{K_2}{s} + \frac{K_{11}}{(s+1)^3} + \frac{K_{12}}{(s+1)^2} + \frac{K_{13}}{s+1}$$

由上面有重根的分析方法可得

$$K_{11} = F(s)(s+1)^3 \bigg|_{s=-1} = 3$$

$$K_{12} = \frac{\mathrm{d}}{\mathrm{d}s}\left[\frac{s-2}{s(s+1)^3}(s+1)^3\right]_{s=-1} = \frac{s-(s-2)}{s^2}\bigg|_{s=-1} = \frac{-1-(-3)}{1} = 2$$

$$K_{13} = \frac{1}{2} \cdot \frac{\mathrm{d}^2}{\mathrm{d}s^2}\left(\frac{s-2}{s}\right)\bigg|_{s=-1} = 2$$

$$K_2 = sF(s)\bigg|_{s=0} = -2$$

$$F(s) = \frac{3}{(s+1)^3} + \frac{2}{(s+1)^2} + \frac{2}{s+1} - \frac{2}{s}$$

$$f(t) = \left(\frac{3}{2}t^2\mathrm{e}^{-t} + 2t\mathrm{e}^{-t} + 2\mathrm{e}^{-t} - 2\right)u(t)$$

MATLAB 方法另解

```
>> syms t s
              L1 = ilaplace((s-2)/s/(s-1)^3,s,t)
      L1 =
              2*t*exp(t) - (t^2*exp(t))/2 - 2*exp(t) + 2
```

整理得出

$$f(t) = \mathscr{L}^{-1}\left[L_1(s)\right] = 2t\mathrm{e}^{-t} + \frac{3}{2}t^2\mathrm{e}^{-t} + 2\mathrm{e}^{-t} - 2$$

4.4 拉氏变换法求解微分方程

本节首先介绍用拉氏变换求解微分方程的过程和方法,通过将微分方程变为复频域中的代数方程,系统的起始状态自动包含在频域函数中,跳过了求初始状态跳变的环节,降低了求解过程出错的可能性,该方法具有计算简单、准确以及概念清晰的等优点。本节还将介绍用元件S域模型求解电路响应的方法,在求解电路响应时,不必列写电路的微分方程,直接利用电路的S域模型列出电路方程,求得响应的象函数,通过逆变换就可以得到时域响应。

4.4.1 用拉氏变换法求解微分方程

下面的内容用到拉氏变换一阶、二阶的微分性质:

$$\mathscr{L}\left[f'(t)\right] = sF(s) - f(0_-)$$

$$\mathscr{L}\left[f''(t)\right] = s^2F(s) - sf(0_-) - f'(0_-)$$

通过下面的例题求解,说明利用拉氏变换微分性质求解微分方程的过程。

例 4-12 设微分方程为 $r''(t)+3r'(t)+2r(t)=3u(t)$，已知 $r(0_-)=1$, $r'(0_-)=2$，求 $r(t)$。

解 对微分方程两端作拉氏变换，并代入起始状态，得

$$s^2R(s)-sr(0_-)-r'(0_-)+3sR(s)-3r(0_-)+2R(s)=\frac{3}{s}$$

$$(s^2+3s+2)R(s)=s+5+\frac{3}{s}=\frac{s^2+5s+3}{s}$$

解此方程得

$$R(s)=\frac{s^2+5s+3}{s(s+1)(s+2)}=\frac{K_1}{s}+\frac{K_2}{s+1}+\frac{K_3}{s+2}$$

于是得出

$$K_1=\frac{3}{2},\quad K_2=1,\quad K_3=-\frac{3}{2}$$

得到

$$R(s)=\frac{1.5}{s}+\frac{1}{s+1}-\frac{1.5}{s+2}$$

对上式作拉氏逆变换，得到时域解为

$$r(t)=(1.5+e^{-t}-1.5e^{-2t})u(t)$$

例 4-13 已知描述系统的微分方程为 $r''(t)+3r'(t)+2r(t)=e'(t)+3e(t)$，激励 $e(t)=u(t)$, $e(t)=u(t)$，起始状态 $r(0_-)=1$, $r'(0_-)=2$，分别求出系统的零输入响应 $r_{zi}(t)$、零状态响应 $r_{zs}(t)$ 和全响 $r(t)$。

解 对微分方程两端作拉氏变换，得

$$s^2R(s)-sr(0_-)-r'(0_-)+3[sR(s)-r(0_-)]+2R(s)=sE(s)-e(0_-)+3E(s)$$

整理可得

$$(s^2+3s+2)R(s)=(s+3)E(s)+sr(0_-)+r'(0_-)+3r(0_-)$$

于是可得

$$R(s)=\frac{(s+3)E(s)+sr(0_-)+r'(0_-)+3r(0_-)}{s^2+3s+2}$$

由上式看出，$R(s)$ 由两部分组成，一部分仅与初始状态有关，另一部分仅与激励有关，所以上式可以分解成系统零输入响应和零状态响应的拉氏变换两部分，即

$$R(s)=R_{zi}(s)+R_{zs}(s)$$

其中

$$R_{zi}(s)=\frac{sr(0_-)+r'(0_-)+3r(0_-)}{s^2+3s+2},\quad R_{zs}(s)=\frac{(s+3)E(s)}{s^2+3s+2}$$

将系统起始状态和激励函数代入，得

$$R_{zi}(s)=\frac{s+5}{s^2+3s+2}=\frac{4}{s+1}-\frac{3}{s+2}$$

$$r_{zi}(t)=4e^{-t}-3e^{-2t}\quad(t\geqslant0)$$

$$R_{zs}(s) = \frac{s+3}{s(s^2+3s+2)} = \frac{1.5}{s} - \frac{2}{s+1} - \frac{0.5}{s+2}$$

$$r_{zs}(t) = 1.5 - 2e^{-t} - 0.5e^{-2t} \quad (t \geqslant 0)$$

于是可得

$$r(t) = r_{zi}(t) + r_{zs}(t) = 1.5 + 2e^{-t} - 3.5e^{-2t} \quad (t \geqslant 0)$$

通过例 4-12、例 4-13 可以看出,用拉氏变换解微分方程时,根据微分性质可以将起始状态(0_-)自动代入方程中,不必再去求系统的 0_+ 状态,简化了求解过程,降低了运算中出错的可能;另外,通过响应的拉氏变换表达式,可以很容易区分系统的零输入响应和零状态响应,以便将它们分别予以表示,整个过程物理概念非常清晰。

拉氏变换是求解 LTI 系统微分方程的有力工具,具有重要的作用,人工求解仅限于阶数较低的方程,目的是巩固对概念理解和方法的掌握。对阶数较高的微分方程,一般用计算机软件来求解,MATLAB 软件是一个很好的工具。

例 4-14 如图 4-4 所示电路,当 $t<0$ 时,开关 K 位于"1"端,电路的状态已稳定,$t=0$ 时开关 K 从"1"端拨到"2"端,求 $v_c(t)$。

解 由于 $t<0$ 时电路的状态已稳定,可得

$$v_c(0_-) = -E$$

列写出电路的微分方程:

$$C \frac{\mathrm{d}v_c(t)}{\mathrm{d}t} R + v_c(t) = E$$

对上式作拉氏变换,设 $\mathscr{L}[v_c(t)] = V_c(s)$,得

$$RC[SV_c(s) - v_c(0_-)] + V_c(s) = \frac{E}{S}$$

代入起始状态,整理得

$$v_c(s) = \frac{\dfrac{E}{s} - RCE}{RCs+1} = E\left[\frac{1}{s} - \frac{2}{s + \dfrac{1}{RC}}\right]$$

求出上式的拉氏逆变换,得

$$v_c(t) = E(1 - 2e^{-\frac{t}{RC}})u(t)$$

波形图如图 4-5 所示。

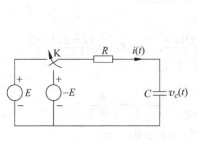

图 4-4 例 4-14

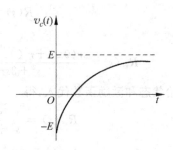

图 4-5 $v_c(t)$ 的波形

4.4.2 电路的 S 域模型

从以上分析可知,用列出微分方程取其拉氏变换的方法分析电路虽然比较方便,但当网络结构复杂时,列出微分方程就显得繁琐。模仿正弦稳态分析中的相量法,先对元件和支路进行拉氏变换,把变换后的 S 域电压与电流用 KVL,LCL 联系起来,这样可使分析过程简化,为此,给出 S 域元件模型。根据元件特性,RLC 元件的时域关系分别为

$$v_R(t) = Ri_R(t)$$

$$v_L(t) = L\frac{\mathrm{d}i_L(t)}{\mathrm{d}t}$$

$$v_c(t) = \frac{1}{C}\int_{-\infty}^{t} i_c(\tau)\mathrm{d}\tau$$

根据拉氏变换的微分性质,在 S 域中它们有如下关系:

$$\mathscr{L}[v_R(t)] = V_R(s) = RI_R(s)$$

$$\mathscr{L}[v_L(t)] = V_L(s) = \mathscr{L}\left[L\frac{\mathrm{d}i_L(t)}{\mathrm{d}t}\right] = sLI_L(s) - Li_L(0_-)$$

$$\mathscr{L}[v_c(t)] = V_c(s) = \mathscr{L}\left[\frac{1}{C}\int_{-\infty}^{t} i_c(\tau)\mathrm{d}\tau\right] = \frac{I_c(s)}{sC} - \frac{v_c(0_-)}{s}$$

将每个关系构成一个 S 域伏安关系模型,其表示如图 4-6 所示。

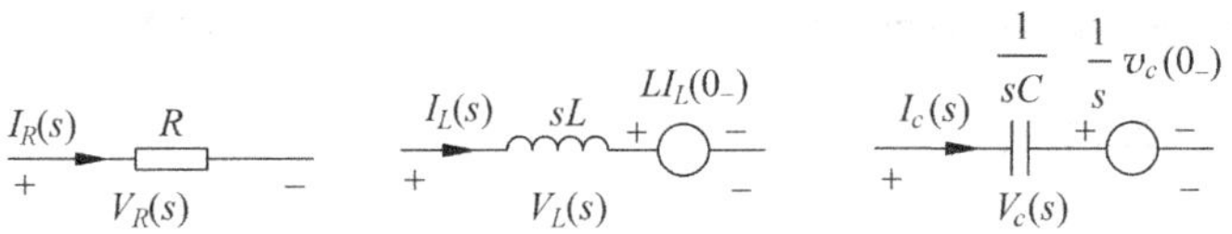

图 4-6 RLC 元件 S 域伏安关系模型

当起始条件为零时,也可以表示成如下关系:

$$\begin{cases} V_R(s) = RI_R(s) \\ V_L(s) = sLI_L(s) \\ V_c(s) = \dfrac{1}{sC}I_c(s) \end{cases}$$

其中元件的符号是 S 域中广义欧姆定律的符号。这样,就可用模型代替元件,用广义欧姆定律来处理电路了。

例 4-15 用 S 域模型的方法求解例 4-14。

解 将电容 C 的 S 域伏安模型代入,画出 S 域模型,如图 4-7 所示。

根据 KVL 列出电路表达式

$$\left(R + \frac{1}{sC}\right)I(s) - \frac{E}{s} + \frac{E}{s}$$

整理得出

$$I(s) = \frac{2E}{s\left(R + \dfrac{1}{sC}\right)}$$

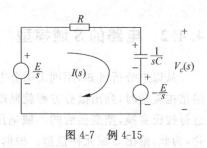

图 4-7   例 4-15

求得

$$V_c(s) = \frac{1}{sC}I(s) - \frac{E}{s} = \frac{E\left(\dfrac{1}{RC} - s\right)}{s\left(s + \dfrac{1}{RC}\right)}$$

求出上式的拉氏逆变换,得

$$v_c(t) = E(1 - 2\mathrm{e}^{-\frac{t}{RC}})u(t)$$

例 4-16   如图 4-8 所示电路,$t < 0$ 时,开关 K 闭合,电路稳定;$t = 0$ 时,将开关 K 打开。求 $t > 0$ 时电路响应 $i_2(t)$。

解 $i_1(0_-) = 5\mathrm{A}, i_2(0_-) = 0, t > 0$ 时的 S 域模型如图 4-9 所示。

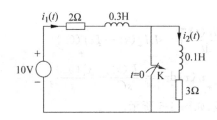

图 4-8   例 4-16 题电路图

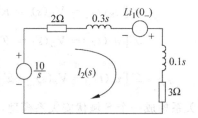

图 4-9   例 4-16 题 S 域模型

根据图 4-9,由 KVL 得

$$I_2(s) = \frac{\dfrac{10}{s} + 1.5}{2 + 3 + 0.3s + 0.1s} = \frac{2}{s} + \frac{\dfrac{7}{4}}{s + \dfrac{25}{2}}$$

于是得出

$$i_2(t) = \left(2 + \frac{7}{4}\mathrm{e}^{-\frac{25}{2}t}\right) \cdot u(t)$$

4.5   系统函数 $H(s)$ 及其应用

4.5.1   系统函数 $H(s)$ 的概念

1. 系统函数的定义

LTI 系统函数 $H(s)$ 定义为系统冲激响应 $h(t)$ 的拉氏变换,即

$$H(s) = \mathscr{L}\left[h(t)\right] \tag{4-23}$$

在第 2 章已经讲过,LTI 系统的零状态输出 $r_{zs}(t)$ 等于激励 $e(t)$ 与系统冲激响应 $h(t)$ 的卷积,即

$$r_{zs}(t) = e(t) * h(t)$$

对上式两边作拉氏变换,根据 S 域卷积定理得

$$R_{zs}(s) = E(s) \cdot H(s) \tag{4-24}$$

上式说明,系统零状态响应的拉氏变换等于激励信号拉氏变换与系统函数的乘积,LTI 系统函数提供了系统输入-输出的另一种表述。式(4-24)也可以写成另一种形式,即

$$H(s) = \frac{R_{zs}(s)}{E(s)} \tag{4-25}$$

系统函数等于零状态响应的拉氏变换与激励信号拉氏变换之比。系统时域、频域输入-输出关系如图 4-10 所示。

一般 LTI 系统用微分方程描述,由式(2-1)知一个 N 阶系统的微分方程表示为

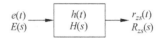

图 4-10 LTI 系统时域、频域
输入-输出关系

$$\sum_{k=0}^{N} C_k \frac{\mathrm{d}^k}{\mathrm{d}t^k} r(t) = \sum_{l=0}^{M} E_l \frac{\mathrm{d}^l}{\mathrm{d}t^l} e(t)$$

在零状态条件下,根据拉氏变换微分性质,对方程两边作拉氏变换,可得

$$\sum_{k=0}^{N} C_k s^k R_{zs}(s) = \sum_{l=0}^{N} E_l s^l E(s)$$

即

$$H(s) = \frac{R_{zs}(s)}{E(s)} = \frac{\displaystyle\sum_{l=0}^{N} E_l s^l}{\displaystyle\sum_{k=0}^{N} C_k s^k} \tag{4-26}$$

系统函数 $H(s)$ 是 s 的多项式之比,因此也称**为有理函数**。分子多项式中的 s^l 的系数对应于 $e(t)$ 的第 l 阶导数的系数 E_l,分母多项式 s^k 的系数对应于 $r(t)$ 的 k 阶导数的系数 C_k。将来可以从系统的微分方程确定系统的系统函数,也可以从系统函数确定系统的微分方程,式(4-24)提供了一种直接求系统函数的方法。

2. 系统函数的求法

由前面 $H(s)$ 的定义可以看出,系统函数可以由微分方程在零状态条件下经过拉氏变换得到,也可以从系统的冲激响应经过拉氏变换得到,对于具体的电路,还可以通过系统的 S 域模型求传递函数得到。下面给出几个求系统函数的具体例子。

例 4-17 已知 LTI 系统的微分方程为 $r''(t) + 5r'(t) + 6r(t) = 4e'(t) + 3e(t)$,试求该系统的系统函数 $H(s)$ 和冲激响应 $h(t)$。

解 在零状态条件下,对系统微分方程两边作拉氏变换,得

$$s^2 R_{zs}(s) + 5s R_{zs}(s) + 6 = 4sE(s) + 3E(s)$$

所以

$$H(s) = \frac{R_{zs}(s)}{E(s)} = \frac{4s+3}{s^2+5s+6}$$

对上式进行部分分式分解,得

$$H(s) = \frac{9}{s+2} - \frac{5}{2} \frac{1}{s+3}$$

对上式作拉氏逆变换,得

$$h(t) = (9e^{-2t} - 2.5e^{-3t})u(t)$$

例 4-18 已知电路如图 4-11(a)所示,求电路系统函数 $H(s) = \dfrac{V_c(s)}{V_i(s)}$。

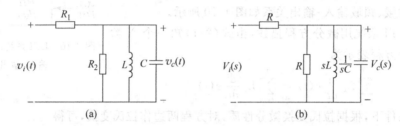

图 4-11 例 4-18

解 在零状态条件下,电路的 S 域电路模型如图 4-11(b)所示。

$$H(s) = \frac{V_c(s)}{V_i(s)} = \frac{\dfrac{1}{\dfrac{1}{R} + \dfrac{1}{sL} + sC}}{R + \dfrac{1}{\dfrac{1}{R} + \dfrac{1}{sL} + sC}} = \frac{1}{2 + \dfrac{R}{sL} + sRC}$$

整理得出

$$H(s) = \frac{s}{RCs^2 + 2s + \dfrac{R}{L}}$$

4.5.2 系统函数的零极点分布与时域特性的关系

时域函数 $h(t)$ 与其拉氏变换 $H(s)$ 之间存在一一对应关系,可以从 $H(s)$ 反映出 $h(t)$ 的特性。本节介绍如何通过 $H(s)$ 零极点的位置分布,确定原函数 $h(t)$ 性质的方法。

根据系统函数 $H(s)$ 的定义式,有

$$H(s) = \frac{R_{zs}(s)}{E(s)} = \frac{a_m s^m + a_{m-1}s^{m-1} + \cdots + a_0}{b_n s^n + b_{n-1}s^{n-1} + \cdots + b_0} = \frac{A(s)}{B(s)} \tag{4-27}$$

系统函数的分子多项式 $A(s)=0$ 的根是 $H(s)$ 的零点,而分母多项式 $B(s)=0$ 的根是 $H(s)$ 的极点。零点使系统函数值为零,极点使系统函数值为无穷大。

$A(s)$ 与 $B(s)$ 都可以分解成一阶因式的乘积,即

$$H(s) = \frac{A(s)}{B(s)} = K\frac{(s-z_1)(s-z_2)\cdots(s-z_m)}{(s-p_1)(s-p_2)\cdots(s-p_n)} = K\frac{\prod\limits_{i=1}^{m}(s-z_i)}{\prod\limits_{j=1}^{n}(s-p_j)} \qquad (4\text{-}28)$$

式中 $z_1,z_2,\cdots,z_m$ 是系统函数的零点,$p_1,p_2,\cdots,p_n$ 是系统函数的极点,K 是分式的增益或系数。通常将系统的零极点画在复平面 S 上,零点用 o 表示,极点用×表示,得到的图形称为**系统的零极点分布图**。

例如系统函数为

$$H(s) = \frac{(s-1)(s^2+1)}{(s+2)^2(s+1-j)(s+1+j)}$$

系统的零点为 $z_1=1$,$z_2=j$,$z_3=-j$,极点为 $p_1=p_2=-2$,$p_3=-1+j$,$p_4=-1-j$,系统零极点分布如图 4-12 所示。

如果把 $H(s)$ 展开为部分分式,$H(s)$ 的每个极点将决定一项对应的时间函数,对每个部分分式都取拉氏逆变换,即可得 $h(t)$。例如对于具有一阶极点的系统函数 $H(s)$,其冲激响应形式如下:

$$h(t) = \mathcal{L}^{-1}[H(s)] = \mathcal{L}^{-1}\left[\sum_{i=1}^{n}\frac{K_i}{s-p_i}\right] = \sum_{i=1}^{n}K_i\mathrm{e}^{p_i t}$$

下面给出几种典型的极点分布与原函数波形的对应关系。

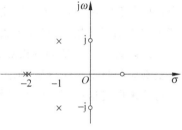

图 4-12 系统零极点分布图

(1) 极点位于 s 平面的坐标原点,$H(s)=\dfrac{1}{s}$,冲激响应为阶跃函数,$h(t)=u(t)$ 为等幅信号。

(2) 极点位于左半平面实轴上且为单极点,$H(s)=\dfrac{K}{s+\alpha}$ $(\alpha>0)$,$h(t)=K\mathrm{e}^{-\alpha t}$ 为衰减的指数函数;

极点位于右半平面实轴上且为单极点,$H(s)=\dfrac{K}{s-\alpha}$ $(\alpha>0)$,$h(t)=K\mathrm{e}^{\alpha t}$ 为增长的指数函数。

(3) 极点为虚轴上的共轭极点,$H(s)=\dfrac{\omega}{s^2+\omega^2}$,$h(t)=\sin\omega t\cdot u(t)$,函数为等幅振荡。

(4) 极点位于 s 左平面内且为共轭极点,$H(s)=\dfrac{\omega}{(s+\alpha)^2+\omega^2}$ $(\alpha>0)$,$h(t)=\mathrm{e}^{-\alpha t}\sin\omega t\cdot u(t)$,函数对应衰减振荡;

极点位于 s 右平面内且为共轭极点, $H(s) = \dfrac{\omega}{(s-\alpha)^2 + \omega^2}$ $(\alpha > 0)$, $h(t) = \mathrm{e}^{\alpha t}\sin\omega t \cdot u(t)$, 函数对应增幅振荡。

(5) 极点为多重极点, 则部分分式展开式各项对应的时间函数可能具有 t, t^2 等与指数相乘的形式, 函数变化趋势各不相同。

二阶极点, 极点位于左半平面, $H(s) = \dfrac{1}{(s+a)^2}$ $(\alpha > 0)$, $h(t) = t\mathrm{e}^{-at} \cdot u(t)$, 函数为衰减的变化趋势;

二阶极点, 极点位于原点, $H(s) = \dfrac{1}{s^2}$, $h(t) = tu(t)$, 函数为增长的变化趋势;

二阶极点, 极点位于右半平面, $H(s) = \dfrac{2\omega s}{(s^2 + \omega^2)^2}$, $h(t) = t\sin\omega t \cdot u(t)$, 函数为增长的变化趋势。

由以上几种分析可知, 若 $H(s)$ 极点位于左半平面, 则 $h(t)$ 为衰减波形; 若 $H(s)$ 极点落在右半平面, 则 $h(t)$ 随时间增长, 若落于虚轴上一阶极点对应的 $h(t)$ 成等幅振荡或为阶跃函数; 而位于虚轴上的二阶或高阶极点将使 $h(t)$ 呈增长形式。$H(s)$ 的零点分布只影响到时域函数的幅度和相位, 对 $h(t)$ 的增长趋势没有影响。

下面讨论 $H(s)$, $E(s)$ 的极点分布与自由响应、强迫响应的对应关系。第 2 章中曾讨论了完全响应的自由响应分量、强迫响应分量概念, 现从 S 域的观点, 即从 $H(s)$, $E(s)$ 的极点分布特性来研究这一问题。在 S 域中, 存在以下关系:

$$R(s) = H(s) \cdot E(s)$$

即 $R(s)$ 的零极点由 $H(s)$, $E(s)$ 的零极点所决定, 这里

$$H(s) = \frac{\displaystyle\prod_{j=1}^{m}(s-z_j)}{\displaystyle\prod_{i=1}^{n}(z-p_i)}, \quad E(s) = \frac{\displaystyle\prod_{l=1}^{u}(s-z_l)}{\displaystyle\prod_{k=1}^{v}(s-p_k)}$$

利用部分分式展开可得

$$R(s) = \sum_{i=1}^{n}\frac{K_i}{s-p_i} + \sum_{k=1}^{v}\frac{K_k}{s-p_k}$$

不难看出 $R(s)$ 的极点来自两方面, 一是系统函数的极点 p_i, 另一是激励信号的极点 p_k, 取逆变换, 响应信号可以表示为

$$r(t) = \sum_{i=1}^{n}K_i\mathrm{e}^{p_i t} + \sum_{k=1}^{v}K_k\mathrm{e}^{p_k t}$$

可见 $r(t)$ 由两部分组成, 前一部分是由系统函数的极点形成, 称为"自由响应", 后一部分则由激励函数的极点形成, 称为"强迫响应"。自由响应中的极点 p_i 只由系统本身的特性决定, 与激励的形式无关, 而系数 K_i 则与 $H(s)$, $E(s)$ 都有关, 同理 K_k 也与 $H(s)$, $E(s)$ 有关。即自由响应函数的形式仅由 $H(s)$ 决定, 但其幅度和相位却受 $H(s)$, $E(s)$ 两方面影响;

强迫响应的时间函数形式只取决于激励函数 $E(s)$，而其幅度与相位与 $H(s)$，$E(s)$ 都有关。

例 4-19　如图 4-13 所示系统，若输入信号 $v_1(t)=10\cos(4t)\cdot u(t)$，求其输出电压 $v_2(t)$，并指出其自由响应和强迫响应。

解　先求出系统函数 $H(s)$，利用元件 S 域的模型，代入得到

$$H(s)=\frac{V_2(s)}{V_1(s)}=\frac{\dfrac{1}{Cs}}{R+\dfrac{1}{Cs}}=\frac{1}{s+1}$$

$$V_1(s)=\mathscr{L}\left[v_1(t)\right]=\frac{10s}{s^2+16}$$

$$V_2(s)=H(s)\cdot V_1(s)=\frac{10s}{(s^2+16)(s+1)}=\frac{As+B}{s^2+16}+\frac{C}{s+1}$$

求出系数得

$$C=(s+1)V_2(s)\Big|_{s=-1}=\frac{10s}{s^2+16}\Big|_{s=-1}=-\frac{10}{17},\quad A=\frac{10}{17},\quad B=\frac{160}{17}$$

$$V_2(s)=\frac{\dfrac{10}{17}s+\dfrac{160}{17}}{s^2+16}-\frac{\dfrac{10}{17}}{s+1}$$

所以

$$v_2(t)=\underbrace{-\frac{10}{17}\mathrm{e}^{-t}}_{\text{自由响应}}+\underbrace{\frac{10}{\sqrt{17}}\cos(4t-76°)}_{\text{强迫响应}}$$

例 4-20　如图所示电路在 $t=0$ 时开关 K 闭合，接入信号源 $e(t)=\sin(3t)$，电感起始电流为零，求电流 $i(t)$。（用 MATLAB 方法求解）

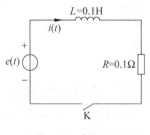

图 4-14　例 4-20

解　由电路可知传递函数

$$H(s)=\frac{10}{3s+1}$$

$$I(s)=E(s)\cdot H(s)=\frac{3}{s^2+9}\cdot\frac{10}{3s+1}$$

$$=\frac{10}{(s^2+9)\left(s+\dfrac{1}{3}\right)}$$

变换得

$$I(s)=\frac{15}{41}\cdot\frac{(1-3s)}{s^2+9}+\frac{45}{41}\frac{1}{s+\dfrac{1}{3}}$$

求拉氏逆变换得到

$$i(t) = \frac{45}{41}e^{-\frac{t}{3}} + \frac{5}{41}\sin 3t - \frac{45}{41}\cos 3t, \quad t \geqslant 0$$

用 MATLAB 方法求解过程如下：

```
clearall, close all, clc;
sys = tf(10,[1 1]);
t = [0:0.01:10]';
e = sin(3*t);
i = lsim(sys, e, t);
ex_5_6_plot();
```

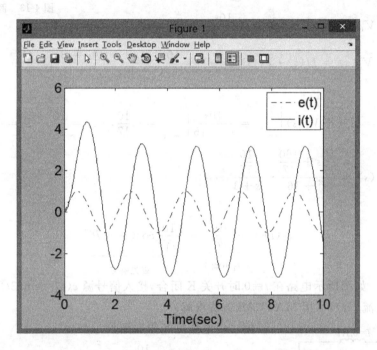

4.5.3 系统函数的零极点分布与频域特性的关系

系统函数 $H(s)$ 在 S 平面的零极点分布与其频率响应有直接关系。利用系统函数的零极点分布可以借助几何作图法确定系统的频率响应特性(频响)。一般情况下，只要 $H(s)$ 在 s 平面右半平面没有极点，$H(s)$ 的收敛域包括 $j\omega$ 轴，在 s 平面中令 s 只沿着虚轴($s = j\omega$)变化，则系统的频率特性可以由下式确定

$$H(j\omega) = H(s)\Big|_{s=j\omega} \tag{4-29}$$

例如，在例 4-19 中，系统函数为 $H(s) = \dfrac{1}{s+1}$，则系统的频响为

$$H(\mathrm{j}\omega) = \frac{1}{\mathrm{j}\omega + 1} = \frac{1}{\sqrt{\omega^2 + 1}} \mathrm{e}^{-\mathrm{j}\arctan\omega}$$

系统频响的幅频特性为

$$|H(\mathrm{j}\omega)| = \frac{1}{\sqrt{\omega^2 + 1}}$$

相频特性为

$$\varphi(\omega) = -\arctan\omega$$

在系统函数 $H(s)$ 的表达式中，令 $s = \mathrm{j}\omega$，则得

$$H(\mathrm{j}\omega) = K \frac{\displaystyle\prod_{i=1}^{n} (\mathrm{j}\omega - z_i)}{\displaystyle\prod_{j=1}^{m} (\mathrm{j}\omega - p_j)} \tag{4-30}$$

可以看出，系统的频响特性取决于系统的零极点分布，取决于 z_i, p_j 的位置，K 是系数，对频率特性没有影响。表达式(4-30)中分子的零点因式 $(\mathrm{j}\omega - z_i)$ 相当于由零点 z_i 指向虚轴某点 $\mathrm{j}\omega$ 的矢量，称为零点矢量；分母的极点因式 $(\mathrm{j}\omega - p_j)$ 相当于由极点 p_j 指向虚轴某点 $\mathrm{j}\omega$ 的矢量，称为极点矢量。图 4-15 画出了由零点 z_i 和极点 p_j 与虚轴某点 $\mathrm{j}\omega$ 连接构成的零点矢量 $(\mathrm{j}\omega - z_i)$ 和极点矢量 $(\mathrm{j}\omega - p_j)$。

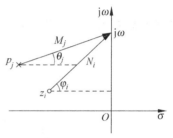

图 4-15 零点矢量和极点矢量

设零点矢量和极点矢量分别为

$$\mathrm{j}\omega - z_i = N_i \mathrm{e}^{\mathrm{j}\varphi_i} \qquad \mathrm{j}\omega - p_j = M_j \mathrm{e}^{\mathrm{j}\theta_j} \tag{4-31}$$

这里 N_i, M_j 表示两个矢量的模，φ_i, θ_j 分别表示它们的幅角。将上述因式代入式(4-29)可得

$$\begin{aligned}
H(\mathrm{j}\omega) &= K \frac{N_1 \mathrm{e}^{\mathrm{j}\varphi_1} N_2 \mathrm{e}^{\mathrm{j}\varphi_2} \cdots N_m \mathrm{e}^{\mathrm{j}\varphi_m}}{M_1 \mathrm{e}^{\mathrm{j}\theta_1} M_2 \mathrm{e}^{\mathrm{j}\theta_2} \cdots M_n \mathrm{e}^{\mathrm{j}\theta_n}} \\
&= K \frac{N_1 N_2 \cdots N_m}{M_1 M_2 \cdots M_n} \mathrm{e}^{\mathrm{j}(\varphi_1 + \varphi_2 + \cdots + \varphi_m) - \mathrm{j}(\theta_1 + \theta_2 + \cdots + \theta_n)} \\
&= |H(\mathrm{j}\omega)| \mathrm{e}^{\mathrm{j}\varphi(\omega)} \tag{4-32}
\end{aligned}$$

其中幅频特性为

$$|H(\mathrm{j}\omega)| = K \frac{N_1 N_2 \cdots N_m}{M_1 M_2 \cdots M_n} \tag{4-33}$$

相频特性为

$$\varphi(\omega) = (\varphi_1 + \varphi_2 + \cdots + \varphi_m) - (\theta_1 + \theta_2 + \cdots + \theta_n) \tag{4-34}$$

当 ω 自原点沿虚轴向上运动直到无穷大时，各零点矢量和极点矢量的模和幅角都随之改变，于是得出幅频特性和相频特性曲线。当然这种方法只是一种定性的分析方法，而且只适合零点和极点个数较少的情况，如果对于零点和极点个数较多情况复杂的系统频域响应定量分析，一般借助于 MATLAD 等计算机软件工具。

例 4-21　试确定图 4-16 所示电路的频响特性。

解　先写出系统函数

$$H(s)=\frac{V_2(s)}{V_1(s)}=\frac{R}{R+\dfrac{1}{sC}}$$

整理得

$$H(s)=\frac{s}{s+\dfrac{1}{RC}}$$

将 $s=\mathrm{j}\omega$ 代入写成系统频响的形式,用零点矢量和极点矢量表示得

$$H(\mathrm{j}\omega)=\frac{\mathrm{j}\omega}{\mathrm{j}\omega-\left(-\dfrac{1}{RC}\right)}=\frac{N_1\mathrm{e}^{\mathrm{j}\varphi_1}}{M_1\mathrm{e}^{\mathrm{j}\theta_1}}$$

其中零点为 $z_1=0$,极点为 $p_1=-\dfrac{1}{RC}$。画出系统零极点矢量图,如图 4-17 所示。

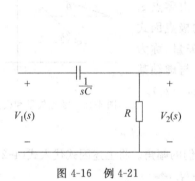

图 4-16　例 4-21

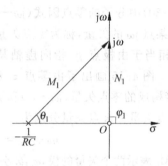

图 4-17　系统零极点矢量图

系统的幅频特性如下:

$$|H(\omega)|=\frac{|\omega|}{\sqrt{\omega^2+\left(\dfrac{1}{RC}\right)^2}}$$

计算几个关键点的数值得到

$$\omega=0,\quad |H(\mathrm{j}\omega)|=0,\quad \omega=\frac{1}{RC},\quad |H(\mathrm{j}\omega)|=\frac{1}{\sqrt{2}},\quad \omega=+\infty,\quad |H(\mathrm{j}\omega)|=1$$

系统的相频特性如下:

$$\varphi(\omega)=\frac{\pi}{2}-\arctan CR\omega$$

计算几个关键点的数值得

$$\omega=0,\quad \varphi(\omega)=\frac{\pi}{2},\quad \omega=\frac{1}{RC},\quad \varphi(\omega)=\frac{\pi}{4},\quad \omega=+\infty,\quad \varphi(\omega)=0$$

分别画出系统幅频特性和相频特性曲线,如图 4-18(a)、(b)所示,该系统是一个低通滤波器。

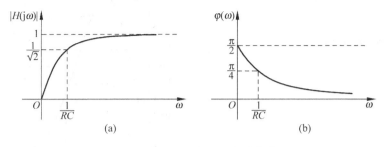

图 4-18　系统幅频特性、相频特性曲线

例 4-22　试画出系统 $H(s)=\dfrac{1}{s+2s^2+2s+1}$ 的零极点分布图,求其单位冲激响应 $h(t)$ 和频率响应 $H(\mathrm{j}\omega)$,并判断系统是否稳定。(用 MATLAB 方法求解)

解　输入如下代码:

```
num = [1];den = [1 2 2 1];
sys = tf(num,den);
poles = roots(den)
figure(1);pzmap(sys);
t = 0:0.02:10;
h = impulse(num,den,t);
figure(2);plot(t,h)
title('ImpulseRespone')
[H,w] = freqs(num,den);
figure(3);plot(w,abs(H))
xlabel('\omega')
title('MagnitudeRespone')
```

运行得到零极点分布图、单位冲激响应以及系统的频率响应,如图 4-19(a)、(b)和(c)所示,由于极点都位于 s 平面左半平面,所以系统稳定。

4.5.4　线性系统的稳定性

稳定系统是指对于有界的激励产生有界响应的系统。如果对于有界的激励产生无限增大的响应,则系统是不稳定的。稳定性是系统自身的特性,与激励信号的情况无关。

在时域中,系统稳定性可以利用系统的冲激响应 $h(t)$ 来判断。对于因果系统在时间趋于无限大时,$h(t)$ 是增长、趋于有限值或消失,可以确定系统的稳定性。线性时不变因果系

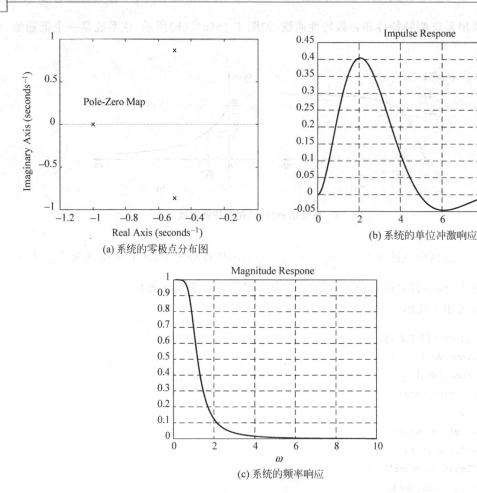

(a) 系统的零极点分布图

(b) 系统的单位冲激响应

(c) 系统的频率响应

图 4-19 例 4-22 图

统稳定的充要条件是

$$\int_{-\infty}^{+\infty} |h(t)| \, \mathrm{d}t < +\infty \tag{4-35}$$

在 S 域中可以通过系统函数 $H(s)$ 的极点位置来判断其稳定性。

(1) 稳定系统：$H(s)$ 极点全部位于 s 平面左半平面(不含虚轴)$\lim\limits_{t \to +\infty} h(t) = 0$,则系统稳定。

(2) 不稳定系统：$H(s)$ 极点落于 s 平面右半平面,或在虚轴上具有二阶以上极点,则在足够长时间后,$h(t)$ 将继续增长,系统不稳定。

(3) 临界稳定：$H(s)$ 极点落于 s 平面虚轴上,且只有一阶极点,则在足够长时间后,$h(t)$ 趋于非零值或形成一等幅振荡。

例 4-23 （1）某因果系统 $h(t)=e^{-t}u(t)$，判断系统是否稳定。

（2）已知某系统函数 $H(s)=\dfrac{s^2+2s+1}{s^3+4s^2-7s+2}$，判断该系统是否稳定。

解

（1）$\displaystyle\int_0^{+\infty}|e^{-t}u(t)|\,dt=\int_0^{+\infty}e^{-t}dt=e^{-t}\Big|_0^{+\infty}=-(0-1)=1<+\infty$，故此系统稳定。

（2）分母的根的方程为

$$s^3+4s^2-7s+2=(s-1)(s^2+5s-2)=0$$

解方程得极点（根）分别为

$$s_1=1,\quad s_2=\frac{-5-\sqrt{33}}{2},\quad s_3=\frac{-5+\sqrt{33}}{2}$$

极点 s_1,s_3 都位于 s 平面右半平面，所以该系统不稳定。

例 4-24 如图 4-20 所示的反馈系统，子系统的系统函数为 $G(s)=\dfrac{1}{(s-1)(s+2)}$，当常

数 k 满足什么条件时，系统是稳定的？

解 加法器输出端的信号为

$$X(s)=F(s)-kY(s)$$

输出信号

$$Y(s)=G(s)X(s)=G(s)F(s)-kG(s)Y(s)$$

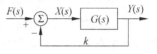

图 4-20 例 4-24 图

则整个反馈系统的系统函数为

$$H(s)=\frac{Y(s)}{F(s)}=\frac{G(s)}{1+kG(s)}=\frac{1}{s^2+s-2+k}$$

求出系统的极点为

$$p_{1,2}=-\frac{1}{2}\pm\sqrt{\frac{9}{4}-k}$$

为使极点均在 s 平面左半平面，必须满足

$$\frac{9}{4}-k<0 \quad\text{或}\quad \begin{cases}\dfrac{9}{4}-k>0 \\[2mm] -\dfrac{1}{2}+\sqrt{\dfrac{9}{4}-k}<0\end{cases}$$

可得 $k>2$，即当 $k>2$ 时系统是稳定的。

本章小结

本章首先引入了拉普拉斯变换的概念，给出了拉氏变换的定义，列举了一些典型时域函数的进行拉氏变换的结果，重点介绍了求解拉氏逆变换的部分分式的方法；给出了利用拉

氏变换微分性质以及元件的 S 域模型两种求微分方程及电路解的方法；通过对时域冲激响应求拉氏变换,得到了系统函数,利用系统函数零极点的分布可以求系统的频率响应和判断系统的稳定性。本章还介绍了用 MATLAB 这一数学工具求解更复杂的系统的响应的方法。

课后思考讨论题

1. 系统函数与系统的输入及输出信号有关吗？与系统的冲激响应有关系吗？试举一个简单电路系统实例说明。

2. 叙述拉普拉斯变换与傅里叶变换的基本差别。

3. $H(s)$ 的极点与系统的冲激响应有什么关系？极点越靠接虚轴,系统的性质有何变化？

4. 如何根据系统函数来判断系统的稳定性？

5. 考虑采用拉普拉斯变换求解系统微分方程的优点。

6. 利用拉氏变换求解微分方程的三个步骤是什么？

7. 设周期信号 $f(t)$ 的周期为 T,第一个周期的时间函数为 $f_1(t)(0<t<T)$,并且已知其拉氏变换为 $F_1(s)$,如何确定 $f(t)$ 的拉氏变换。

习题 4

4-1　求下列函数的拉氏变换：

(1) $2\delta(t)-3e^{-7t}u(t)$;

(2) $e^{-t}u(t)-e^{-(t-2)}u(t-2)$;

(3) $(1-e^{-t})u(t)$;

(4) $u(t)-2u(t-1)+u(t-2)$;

(5) $(t-1)u(t-1)$;

(6) $(1-\cos\alpha t)e^{-\beta t}u(t)$;

(7) $\sin t+2\cos t$;

(8) $t\cos^3(3t)$;

(9) $\dfrac{1}{t}(1-e^{-at})$;

(10) $\dfrac{\sin at}{t}$;

(11) $t^2\cos 2t$;

(12) $e^{-at}\sinh(\beta t)$;

(13) $\displaystyle\int_0^t \tau\sin\tau d\tau$;

(14) $\dfrac{d^2}{dt^2}[e^{-t}\sin(2t)]$。

4-2　求下列函数的拉普拉斯的逆变换：

(1) $\dfrac{s^2+5s+3}{s^2+3s+2}$;

(2) $\dfrac{4}{s^2(s+2)^2}$;

(3) $\dfrac{e^{-s}}{s^2}$;

(4) $\dfrac{s}{1-e^{-s}}$;

(5) $\dfrac{A}{s^2+K^2}$;

(6) $\dfrac{1}{(s^2+3)^2}$;

(7) $\ln\left(\dfrac{s+1}{s}\right)$;

(8) $\dfrac{s+5}{s(s^2+2s+5)}$;

(9) $\dfrac{1}{s(1+\mathrm{e}^{-2s})}$。

4-3　利用微积分性质,求题图 4-3 所示信号的拉氏变换。

4-4　分别求下列函数的逆变换初值与终值:

(1) $F(s)=\dfrac{s-1}{s(s+1)}$;

(2) $F(s)=\dfrac{s^3+s^2+2s+1}{s^2+2s+1}$。

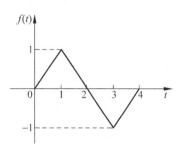

题图 4-3

4-5　如题图 4-5 所示电路,在 $t=0$ 以前开关 K 位于 1 端,电路已进入稳态,$t=0$ 时刻开关 K 从 1 转至 2,试求电容两端的电压 $v_c(t)$。

4-6　电路如题图 4-6 所示,在 $t=0$ 以前电路原件无储能,$t=0$ 时开关 K 闭合,求电压 $v_2(t)$ 的表达式。

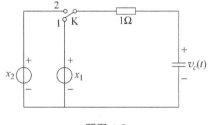

题图 4-5

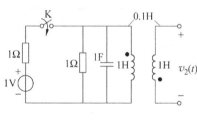

题图 4-6

4-7　求题图 4-7 中的电流。

4-8　如题图 4-8 所示的 RC 电路,激励信号为 $e(t)=\displaystyle\sum_{n=0}^{\infty}\delta(t-n)$,试求零状态响应 $u_c(t)$。

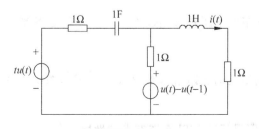

题图 4-7

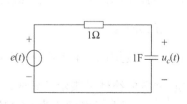

题图 4-8

4-9 求题图 4-9 中的系统函数 $H(s) = \dfrac{I(s)}{E(s)}$。

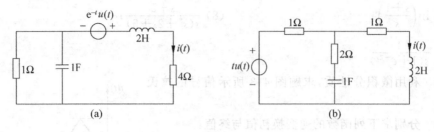

题图 4-9

4-10 如题图 4-10 所示的零状态电路，$kv_2(t)$ 为受控源。

(1) 求系统函数 $H(s) = \dfrac{v_3(s)}{v_1(s)}$；

(2) 若 $k=1, v_1(t) = \sin tu(t)$，求响应 $v_3(t)$。

4-11 如题图 4-11 所示电路，在 $t<0$ 时处于稳态。开关 K 在 $t=0$ 时断开，求电流 $i(t)$ 的零输入响应、零状态响应和完全响应。

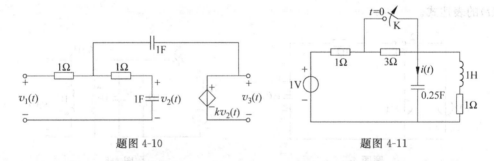

题图 4-10   题图 4-11

4-12 将连续信号 $f(t)$ 以等时间间隔进行冲激抽样得到 $f_s(t) = f(t)\delta_T(t)$，$\delta_T(t) = \sum\limits_{n=0}^{\infty} \delta(t-nT)$。求：

(1) 抽样信号的单边拉氏变换；

(2) 若 $f(t) = e^{-at}u(t)$，求 $f(t)$ 的拉氏变换。

4-13 写出题图 4-13 所示各梯形网络的电压转移函数 $H(s) = \dfrac{v_2(s)}{v_1(s)}$，在 S 平面表示出其零点极点的分布。

4-14 写出题图 4-14 所示的梯形网络策动点阻抗函数 $Z(s) = \dfrac{v_1(s)}{i_1(s)}$，图中串臂符号 Z 表示阻抗，并臂的符号 Y 表示其导纳。

4-15 一个单位冲激响应为 $h(t)$ 的因果系统 LTI 系统有下列性质：

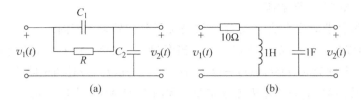

图 4-13

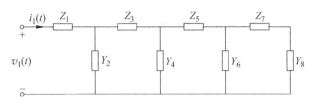

题图 4-14

(1) 当系统的输入为 $x(t) = \mathrm{e}^{2t}$ 时,对所有 t 值看,输出为 $y(t) = \dfrac{1}{6}\mathrm{e}^{2t}$;

(2) 单位冲激响应 $h(t)$ 满足微分方程 $\dfrac{\mathrm{d}}{\mathrm{d}t}h(t) + 2h(t) = \mathrm{e}^{-4t}u(t) + bu(t)$。这里 b 是一个未知常数。

试确定该系统的系统函数 $H(s)$。

4-16 已知系统的阶跃响应为 $g(t) = (1 - \mathrm{e}^{-2t})u(t)$,当系统的零状态响应为 $r_{zs} = (1 - \mathrm{e}^{-2t} - t\mathrm{e}^{-2t})u(t)$ 时,求激励 $e(t)$。

4-17 设系统微分方程为
$$y''(t) + 4y'(t) + 3y(t) = 2f'(t) + f(t)$$
已知 $y(0_-) = 1$,$y'(0_-) = 1$,$f(t) = \mathrm{e}^{-2t} \cdot u(t)$。试用 S 域方法求零输入响应和零状态响应。

4-18 如题图 4-18 所示电路。

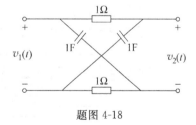

题图 4-18

(1) 求 $H(s) = \dfrac{v_2(s)}{v_1(s)}$,并画出 $H(s)$ 的零极点分布图。

(2) 已知 $v_1(t) = 10u(t)\sin t$,求零状态响应 $v_2(t)$,并指出自由响应分量、强迫响应分量、瞬态响应分量及稳态响应分量。

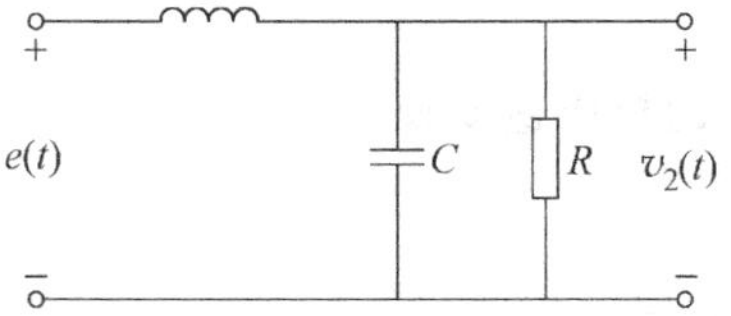

4-19 如题图 4-19 所示网络中,$L = 2\mathrm{H}$,$C = 0.1\mathrm{F}$,$R = 10\Omega$。

(1) 求:电压转移函数 $H(s) = \dfrac{v_2(s)}{E(s)}$;

(2) 画出 σ 平面的零、极点分布;

题图 4-19

(3) 求冲激响应、阶跃响应。

4-20 某线性非时变系统,在以下三种情况下其初始条件相同。已知当激励为 $e_1(t)=\delta(t)$ 时,其全响应为 $r_1(t)=\delta(t)+e^{-t}u(t)$;当激励为 $e_2(t)=u(t)$ 时,其全响应为 $r_2(t)=3e^{-t}u(t)$。求当激励为 $e_3(t)=tu(t)-(t-1)u(t-1)-u(t-1)$ 时的全响应。

4-21 系统函数 $H(s)$ 的零极点分布图如题图 4-21 所示,求以下两种情况时 $H(s)$ 的表达式:(1) $H(0)=3$;(2) $h(0_+)=2$。

4-22 已知如题图 4-22 所示的电路。

(1) 求 $H(s)=\dfrac{V_2(s)}{V_1(s)}$;(2) 求电路的阶跃响应 $g(t)$;(3) 画出幅频响应曲线,说明是何种滤波器。

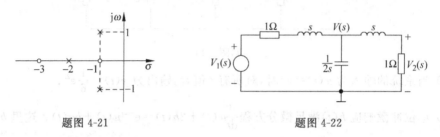

题图 4-21　　　　　　　　　　　　　题图 4-22

4-23 如题图 4-23 所示,$k>0$。若系统具有 $v_2(t)=2v_1(t)$ 特性。

(1) 求:$H_2(s)$;(2) 若使 $H_2(s)$ 为一个稳定系统的系统函数,求 k 值的范围。

4-24 某反馈系统如题图 4-24 所示,已知子系统函数 $G(s)=\dfrac{s}{s^2+4s+4}$。

(1) 为使系统稳定,求实系数 k 应满足什么条件。

(2) 若系统为临界稳定,求 k 及单位冲激响应 $h(t)$。

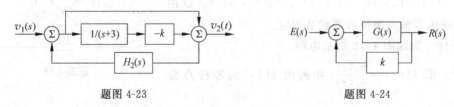

题图 4-23　　　　　　　　　　　　　题图 4-24

4-25 已知连续时间信号 $f(t)=(\sin 2t+\cos 2t)u(t)$,求出该信号的拉氏变换,并用 MATLAB 绘制拉氏变换的曲线。

4-26 试用 MATLAB 求函数 $F(s)=\dfrac{s^3+5s^2+9s+7}{(s+1)(s+2)}$ 的拉氏逆变换。

4-27 设系统微分方程为

$$y''(t)+4y'(t)+3y(t)=2f'(t)+f(t)$$

已知 $y(0_-)=1,y'(0_-)=1,f(t)=e^{-2t}\cdot u(t)$。试用 MATLAB 方法求零输入响应和零状

态响应。

4-28　如题图 4-28 所示 RC 电路，$R=1\Omega$，$C=1\mathrm{F}$，设 $e(t)=u(t)$，$u_c(0_-)=2\mathrm{V}$，试用 MATLAB 方法求响应 $u_c(t)$，并画出波形曲线。

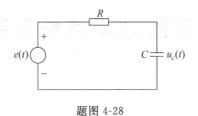

题图 4-28

离散时间信号与系统的时域分析

随着电子技术的发展,离散时间信号与系统自身的理论体系逐步形成,并日趋丰富和完善。离散时间系统的分析方法,在许多方面与连续时间系统的分析方法有着并行的相似性。我们熟知,对于连续时间系统,其数学模型是用微分方程描述的。与之相应,离散时间系统则由差分方程描述。求解差分方程与微分方程的方法在相当大的程度上一一对应。卷积方法的研究与应用,在连续时间系统中有着极其重要的意义,与此类似地在离散时间系统的研究中,卷积和的方法也具有同样重要的地位。在连续时间系统中,广泛应用变换域方法——拉普拉斯变换与傅里叶变换,并运用系统函数的概念来处理各种问题;在离散时间系统中也同样普遍地应用变换域方法和系统函数的概念,这里的变换域方法包括 Z 变换、离散傅里叶变换以及其他多种离散正交变换。

参照连续时间系统中的某些分析方法,学习离散时间系统理论时,必须注意它们之间存在着一些重要差异,这包括数学模型的建立与求解、系统性能分析以及系统实现原理等。正是由于它们间存在差异,才使得离散时间系统有可能表现出某些特殊性。

本章将介绍离散时间系统的基本概念和基本时域分析方法,包括离散时间信号的基本概念、离散时间系统的时域分析方法以及卷积和的计算等。

5.1 离散时间信号与系统

本节将介绍离散时间信号的基本概念、表示方法、基本运算及常见的离散时间系统的基本概念及表示方法等。

5.1.1 离散时间信号

1. 离散时间信号基本概念

第 1 章曾经介绍过,表示离散时间信号的时间函数只在某些离散瞬时给出函数值,它是时间上不连续的"序列"。通常给出函数值的离散时刻之间的间隔是均匀的,若此间隔为 T,以 $x(nT)$ 表示此离散时间信号,这里 nT 是函数的宗量,n 取整数。但是在离散信号传输与处理中,对于离散时间信号来说,往往不必以 nT 作为宗量,可以直接以 $x(n)$ 表示此序列 (n 表示各函数值在序列中出现的序号)。也可以说,一个离散时间信号就是一组序列值的集合 $\{x(n)\}$。为书写简便,以 $x(n)$ 表示序列,不再加注花括号。$x(n)$ 可写成一般闭式的表达式,也可逐个列出 $x(n)$ 值。通常,把与某序号 n 对应的函数值称为在第 n 个样点处的**样值**。

离散时间信号也称离散序列或序列,可以用函数解析式表示,也可以用图形或列表表示。图 5-1 为离散序列图形表示的示例,该序列的列表表示为

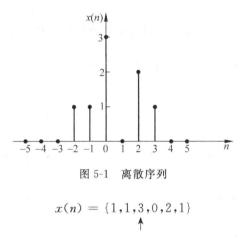

图 5-1 离散序列

$$x(n) = \{1, 1, 3, 0, 2, 1\}$$

序列下的 ↑,表示 $n=0$ 所对应的位置。

2. 常见的离散时间信号

下面介绍一些常用的典型序列。

(1) 单位样值信号

$$\delta(n) = \begin{cases} 1, & n = 0 \\ 0, & n \neq 0 \end{cases}$$

此序列只在 $n=0$ 处取单位值 1,其余样点上都取零,如图 5-2 所示,也称为单位取样、单位函数、单位脉冲或单位冲激。它在离散时间系统中的作用,类似于连续时间系统中的冲激函数 $\delta(t)$。但应注意,$\delta(t)$ 可理解为在 $t=0$ 点脉宽趋于零、幅度无穷大的信号,或由分配函数定义;而 $\delta(n)$ 在 $n=0$ 点取有限值,其值等于 1。

$\delta(n)$ 具有抽样特性,即

$$f(n)\delta(n) = f(0)\delta(n)$$

利用 $\delta(n)$ 还可以把任意序列 $x(n)$ 表示成下式:

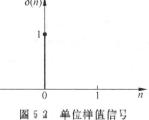

图 5-2 单位样值信号

$$x(n) = \sum_{m=-\infty}^{\infty} x(m)\delta(n-m)$$

于是图 5-3 所示的序列可表示成

$$f(n) = \{-1, 1.5, 0, -3\} = \delta(n+1) + 1.5\delta(n) - 3\delta(n-2)$$

（2）单位阶跃序列 $u(n)$

单位阶跃序列的定义式为

$$u(n) = \begin{cases} 1, & n \geqslant 0 \\ 0, & n < 0 \end{cases}$$

其图形如图 5-4 所示。类似于连续时间系统中的单位阶跃信号 $u(t)$。但应注意 $u(t)$ 在 $t=0$ 点发生跳变，往往没有定义或定义为 $\frac{1}{2}$，而 $u(n)$ 在 $n=0$ 点有明确的定义，$u(0)=1$。

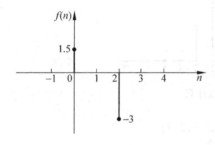

图 5-3　任意序列

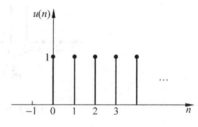

图 5-4　单位阶跃序列

$u(n)$ 可以看成无数单位样值信号之和，即

$$u(n) = \delta(n) + \delta(n-1) + \delta(n-2) + \cdots = \sum_{k=0}^{\infty} \delta(n-k)$$

由 $\delta(n)$ 和 $u(n)$ 的定义式可以看出

$$\delta(n) = u(n) - u(n-1)$$

$u(n)$ 和 $\delta(n)$ 之间的关系是"差与和"的关系，而不再是连续信号的微分积分关系。

（3）矩形序列

$$R_N(n) = \begin{cases} 1, & 0 \leqslant n \leqslant N-1 \\ 0, & n < 0, n \geqslant N \end{cases}$$

它从 $n=0$ 开始，到 $n=N-1$，共有 N 个幅度为 1 的数值，其余各点都为 0(见图 5-5)，类似于连续时间系统中的矩形脉冲。显然，矩形序列取值为 1 的范围也可以从 $n=m$ 到 $n=m+N-1$。这种序列可写作 $R_N(n-m)$。它与阶跃序列的关系是

$$R_N(n) = u(n) - u(n-N)$$

（4）斜变序列

$$x(n) = nu(n)$$

其波形如图 5-6 所示。

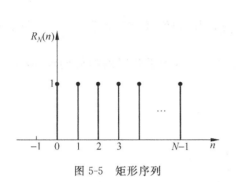

图 5-5　矩形序列

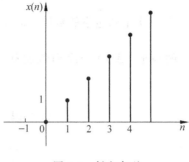

图 5-6　斜变序列

（5）指数序列

$$x(n) = a^n u(n)$$

当 $|a| > 1$ 时，序列是发散的；当 $|a| < 1$ 时序列收敛。当 $a > 0$ 时序列都取正值；当 $a < 0$ 时序列取值正、负摆动。分别如图 5-7 所示。

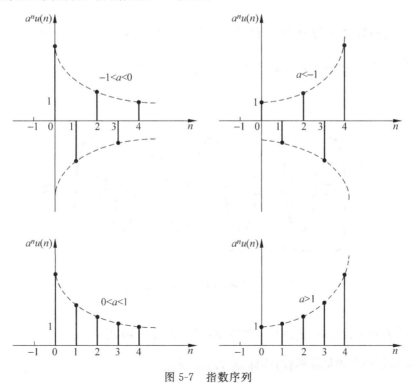

图 5-7　指数序列

（6）正弦序列

$$x(n) = \sin(n\omega_0)$$

式中 ω_0 是正弦序列的频率，它反映序列值依次周期性重复的速率。例如 $\omega_0 = \dfrac{2\pi}{10}$，则序列值每 10 个重复一次正弦包络的数值。若 $\omega_0 = \dfrac{2\pi}{100}$，则序列值每 100 个循环一次。图 5-8 示出 $\omega_0 = \dfrac{2\pi}{10}$ 时的情形，每 10 个序列值循环一次。显然，对于正弦序列的周期性，我们有如下结论：

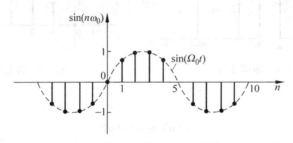

图 5-8　正弦序列 $\sin(n\omega_0)$，$\omega_0 = \dfrac{2\pi}{10}$

① 当 $\dfrac{2\pi}{\omega_0}$ 为整数时，正弦序列具有周期 $\dfrac{2\pi}{\omega_0}$，如图 5-8 所示。

② 当 $\dfrac{2\pi}{\omega_0} = \dfrac{N}{m}$ 时，正弦序列具有周期 $m\dfrac{2\pi}{\omega_0}$，如图 5-9 所示。

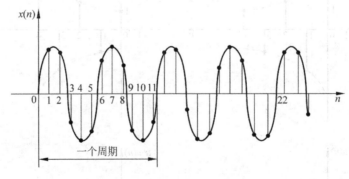

图 5-9　正弦序列 $\sin(n\omega_0)$，$\omega_0 = \dfrac{4\pi}{11}$

③ 当 $\dfrac{2\pi}{\omega_0}$ 为无理数时，正弦序列为非周期序列，如图 5-10 所示。

无论正弦序列是否呈周期性，都称 ω_0 为它的频率。

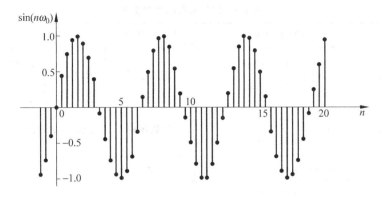

图 5-10 正弦序列 $\sin(n\omega_0)$,$\omega_0=0.4$

对于连续信号中的正弦波抽样,可得正弦序列。例如,当连续信号为

$$f(t) = \sin(\Omega_0 t)$$

时,它的抽样值写作

$$x(n) = f(nT) = \sin(n\Omega_0 T)$$

因此有

$$\omega_0 = \Omega_0 T = \frac{\Omega_0}{f_s}$$

式中 T 是抽样时间间隔,f_s 是抽样频率$\left(f_s = \dfrac{1}{T}\right)$,为区分 ω_0 与 Ω_0,称 ω_0 为离散域的频率(正弦序列频率),而称 Ω_0 为连续域的正弦频率。可以认为 ω_0 是 Ω_0 对于 f_s 取归一化之值$\dfrac{\Omega_0}{f_s}$。ω_0 的单位是弧度,取值区间是$(-\pi,\pi)$,Ω_0 的单位是弧度/秒,取值是任意实数。

(7) 复指数序列

$$x(n) = \mathrm{e}^{\mathrm{j}\omega_0 n} = \cos(\omega_0 n) + \mathrm{j}\sin(\omega_0 n)$$

也可以用极坐标表示为

$$x(n) = \mid x(n) \mid \mathrm{e}^{\mathrm{j}\arg[x(n)]}$$

其中

$$\mid x(n) \mid = 1, \quad \arg[x(n)] = \omega_0 n$$

常见序列及其特点如表 5-1 所示。

3. 离散时间信号的运算

与连续时间系统的研究类似,在离散时间系统分析中,经常遇到离散时间信号的运算。下面简单介绍离散时间信号的运算。

(1) 相加:序列 $x(n)$ 与 $y(n)$ 相加是指两序列同序号的数值逐项对应相加构成一个新序列 $z(n)$,即

表 5-1　常用典型离散序列表

序列名称	序列表达式	序列名称	序列表达式
单位样值序列	$\delta(n)=\begin{cases}1, & n=0 \\ 0, & n\neq 0\end{cases}$	矩形序列	$R_N(n)=\begin{cases}1, & 0\leqslant n\leqslant N-1 \\ 0, & n<0, n\geqslant N\end{cases}$
单位阶跃序列	$u(n)=\begin{cases}1, & n\geqslant 0 \\ 0, & n<0\end{cases}$	指数序列	$x(n)=a^n u(n)$
斜变序列	$x(n)=nu(n)$	复指数序列	$x(n)=e^{j\omega_0 n}$
正弦序列	$x(n)=\sin(n\omega_0)$		

$$z(n)=x(n)+y(n)$$

（2）相乘：两序列相乘是指两序列同序号的数值逐项对应相乘构成的一个新序列 $z(n)$，即

$$z(n)=x(n)y(n)$$

（3）乘系数：序列 $x(n)$ 乘系数 a 是指将序列当中的每一个样值都扩大 a 倍构成一个新序列 $z(n)$，即

$$z(n)=ax(n)$$

（4）移位：序列 $x(n)$ 左（右）移位指序列 $x(n)$ 逐项依次左（右）移 m 位后给出的一个新序列 $z(n)$，即

$$z(n)=x(n\pm m)$$

（5）反褶：序列 $x(n)$ 反褶表示将自变量 n 更换为 $-n$，也就是波形以纵轴为对称轴左右翻转，表达式为

$$z(n)=x(-n)$$

（6）差分：差分运算指相邻两样值相减，其中前向差分以符号 $\Delta x(n)$ 表示为

$$\Delta x(n)=x(n+1)-x(n)$$

后向差分以符号 $\nabla x(n)$ 表示为

$$\nabla x(n)=x(n)-x(n-1)$$

（7）累加：累加运算与连续信号的积分运算类似，其运算结果表示为

$$z(n)=\sum_{k=-\infty}^{n}x(k)$$

（8）重排：也称尺度倍乘，序列的重排将波形压缩或扩展，若将自变量 n 乘以正整数 a，构成 $x(an)$ 为压缩，而 $x\left(\dfrac{n}{a}\right)$ 则为波形扩展。必须注意，这时要按规律去除某些点或者补足相应的零值。

例 5-1　若 $x(n)$ 的波形如图 5-11(a) 所示,求 $x(2n)$ 和 $x\left(\dfrac{n}{2}\right)$ 的波形。

解　$x(2n)$ 的波形如图 5-11(b) 所示,这时,对应 $x(n)$ 波形中 n 为奇数的各样值已经不存在,只留下 n 为偶数的各样值,波形压缩。而 $x\left(\dfrac{n}{2}\right)$ 波形如图 5-11(c) 所示,图中,对于 $x\left(\dfrac{n}{2}\right)$ 的 n 为奇数值各点应补入零值,n 为偶数值各点取得 $x(n)$ 波形中依次对应的样值,因而波形扩展。

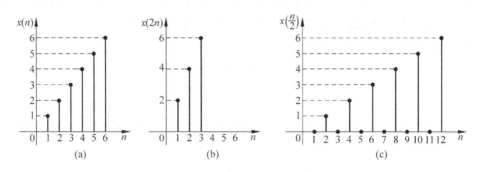

图 5-11　例 5-1 的波形

(9) 序列的能量：序列能量的定义为

$$E = \sum_{n=-\infty}^{\infty} |x(n)|^2$$

序列的各种运算总结见表 5-2。

表 5-2　序列的基本运算列表

名称	定 义	名称	定 义
位移	设 $m>0$,序列 $x(n-m)$ 为原序列 $x(n)$ 逐项延时(右移)m 位;$x(n+m)$ 为原序列 $x(n)$ 依次超前(左移)m 位	差分	一阶前向差分为：$\Delta(n)=x(n+1)-x(n)$ 一阶后向差分为：$\nabla(n)=x(n)-x(n-1)$
		加减	两序列同序号的值相加减 $y(n)=x_1(n)\pm x_2(n)$
乘积	序列同序号取值相乘 $y(n)=x_1(n)\cdot x_2(n)$	尺度	设 M 为正整数,称 $x(Mn)$ 为 $x(n)$ 的抽取变换;
反褶	新序列 $x(-n)$ 称为序列 $x(n)$ 的反褶	变换	称 $x(n/M)$ 为 $x(n)$ 的插值变换
累加	$y(n)=\displaystyle\sum_{k=-\infty}^{n} x(k)$	重排	将自变量 n 乘以正整数 a,构成 $x(an)$ 为压缩,除以 a 则构成 $x(k/a)$,为波形扩展

5.1.2　离散时间系统

一个离散时间系统,其激励信号 $x(n)$ 是一个序列,响应 $y(n)$ 是另一个序列,系统的功能是完成 $x(n)$ 转变成 $y(n)$ 的运算。按其性能可以划分为线性、非线性、时不变、时变等各种类型。目前最常用的是线性时不变系统(LTIS),本书讨论范围也限于此。

1. 离散时间系统的数学模型——差分方程

在连续时间系统中,信号是时间变量的连续函数,系统可用微分、积分方程来描述。对于离散时间系统,信号的变量 n 是离散的整型值,系统的行为和性能不能用微分方程而要用差分方程描述。差分方程是处理离散变量函数关系的一种数学工具,变量的选取因具体函数而异,并不局限于时间。

例 5-2　某个国家在第 n 年的人口数用 $y(n)$ 表示,常数 a 表示出生率,常数 b 表示死亡率,设 $x(n)$ 是从国外移民的净增数,试列出 $y(n)$ 与 $x(n)$ 之间的关系式。

解　该国在第 n 年的人口总数为

$$y(n) = y(n-1) + ay(n-1) - by(n-1) + x(n-1)$$

整理可得

$$y(n) - (1+a-b)y(n-1) = x(n-1)$$

差分方程与微分方程在形式上有相似之处,我们熟知,一阶常系数线性微分方程的表达式可以写作

$$\frac{\mathrm{d}y(x)}{\mathrm{d}x} = Ay(t) + x(t) \tag{5-1}$$

为便于对比,将一阶前向差分方程写于此处

$$y(n+1) = ay(n) + x(n) \tag{5-2}$$

比较这两个方程式可以看出,若 $y(n)$ 与 $y(t)$ 相当,则离散变量序号加 1 所得之序列 $y(n+1)$ 就与连续变量 t 取一阶导数 $\dfrac{\mathrm{d}y(x)}{\mathrm{d}x}$ 相对应,$x(n)$ 与 $x(t)$ 分别表示各自的激励信号。它们不仅在形式上相似,而且在一定条件下可以互相转换。对于连续时间函数 $y(t)$,若在 $t=nT$ 各点取得样值 $y(nT)$,并假设时间间隔 T 足够小,于是 $y(t)$ 微分式可以近似表示为

$$\frac{\mathrm{d}y(t)}{\mathrm{d}t} \approx \frac{y[(n+1)T] - y(nT)}{T}$$

因此,一阶常系数线性微分方程式(5-1)可以写作

$$\frac{y(n+1) - y(n)}{T} \approx Ay(n) + x(n)$$

整理后得

$$y(n+1) \approx (1+AT)y(n) + Tx(n) \tag{5-3}$$

式(5-3)与式(5-1)具有相同的形式。必须注意,微分方程近似写作差分方程的条件样值间隔 T 要足够小,T 越小,近似程度越好。实际上,利用数字计算机来求解微分方程时,就是根据这一原理完成的。

2. 离散时间系统的框图构成

第 2 章中曾经介绍过,LTI 系统的数学模型是常系数线性微分方程,也介绍了 LTI 连

续系统的框图构成。在连续时间系统中,系统内部的数学运算关系可归结为微分(或积分)、乘系数、相加。与此对应,线性时不变离散时间系统的数学模型是常系数线性差分方程,在离散时间系统中,基本运算关系是延时(移位)、乘系数和相加。在连续时间系统中,通常是利用 R,L 和 C 等基本电路元件组成网络,以完成所需的功能。但是,对于离散时间系统,它的基本单元是延时(移位)元件、乘法器和相加器等。在时间域描述中,以符号 $\frac{1}{E}$ 表示单位延时(也可用符号"T"或者符号"D"表示单位延时);以符号 Σ 表示两序列相加;以符号 $\otimes$ 表示序列与序列相乘。为使逻辑图形简化,也可以在信号传送线的旁边(或在圆圈内)标注系数,以示与此系数相乘,这些规定如图 5-12 所示。

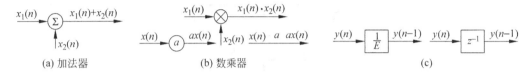

图 5-12　离散时间系统的基本框图单元

例 5-3　系统的组成框图如图 5-13 所示,请写出系统的差分方程。

解　如图 5-13(a),利用求和器输出可得

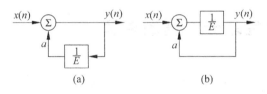

图 5-13　例 5-3

$$y(n)=ay(n-1)+x(n)$$

这是一个后向差分方程。

如图 5-13(b),利用求和器输出可得

$$y(n+1)=ay(n)+x(n)$$

化简可得

$$y(n)=\frac{1}{a}\big[y(n+1)-x(n)\big]$$

这是一个前向差分方程。

由例 5-3 可以看出,对于同一个系统,输出取自不同端点时,将得到不同的差分方程:前向差分方程或后向差分方程。但是,由于前向差分方程是非因果系统,所以我们在实际应用中多数用后向差分方程。差分方程的阶数,等于未知序列变量序号的最高与最低值之差,在例 5-3 中得到的差分方程都是 1 阶的。

一个 N 阶的线性时不变离散时间系统,由下面的差分方程描述:

$$\sum_{k=0}^{N} a_k y(n-k) = \sum_{r=0}^{M} b_r x(n-r)$$

这个系统的直接实现,如图 5-14 所示。

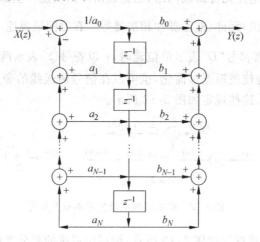

图 5-14　差分方程框图的直接实现

5.2　常系数线性差分方程的求解

一般情况下,线性时不变离散时间系统需要用常系数线性差分方程描述,它的通用形式为

$$a_0 y(n) + a_1 y(n-1) + \cdots + a_{N-1} y(n-N+1) + a_N y(n-N)$$
$$= b_0 x(n) + b_1 x(n-1) + \cdots + b_{M-1} x(n-M+1) + b_M x(n-M)$$

式中 a 和 b 是常数,已知 $x(n)$ 的位移阶次是 M,位置函数 $y(n)$ 的位移阶次即表示该差分方程的阶次 N。利用求和符号可将上式缩写为

$$\sum_{k=0}^{N} a_k y(n-k) = \sum_{r=0}^{M} b_r x(n-r) \tag{5-4}$$

通常有 4 种求解常系数线性差分方程的方法,与求解微分方程的方法类似,有迭代法、时域经典法、双零法和变换域方法等,下面对前三种方法分别予以简介。

5.2.1　迭代法

这种方法分手算逐次代入求解和利用计算机求解,该方法概念清楚,方法也比较简单,但是只能得到数值解,不能直接得出一个完整的解析式结果(也称闭式解答)。

差分方程本身就是一种递推关系,以一阶后向差分方程为例,说明如下:

由图 5-13(a)可得到一个差分方程

$$y(n) = ay(n-1) + x(n)$$

为使序列 $x(n)$ 的数据流依次进入系统并完成运算,计算机系统内部设有三个寄存器:第一个存放 $x(n)$;第二个存放 $y(n)$;另一个存放系数 a。当 a 与 $y(n-1)$ 相乘取得结果之后,存放 $x(n)$ 的寄存器给出 $x(n)$ 的一个样值,并与 $ay(n-1)$ 相加,相加得到的 $y(n)$ 值再存入 $y(n)$ 寄存器中,这样就完成了一次迭代,为下一步输入样值的进入做好准备。

每一个新输入的样值,在进入下一步之前(也即每一次迭代开始之前),系统的状态完全取决于 $y(n)$ 寄存器中的数值。假定在 $n=0$ 时刻,输入 $x(n)$ 的样值为 $x(0)$,那么,$y(n)$ 寄存器的起始值就为 $y(-1)$。于是,可以求得 $y(0)$ 为

$$y(0) = ay(-1) + x(0)$$

把 $y(0)$ 作为下一次迭代的起始值,依次给出

$$y(1) = ay(0) + x(1)$$
$$y(2) = ay(1) + x(2)$$
$$\cdots$$

由上述分析可知,不停递推下去,我们就可以求得输出响应,所以可用迭代的方法求解差分方程。

例 5-4 已知 $y(n) = 3y(n-1) + u(n)$,且 $y(-1) = 0$,试用迭代法求解此差分方程。

解 当 $n=0$ 时,$y(0) = 3 \times y(-1) + u(0) = 3 \times 0 + 1 = 1$;

当 $n=1$ 时,$y(1) = 3 \times y(0) + u(1) = 3 \times 1 + 1 = 4$;

当 $n=2$ 时,$y(2) = 3 \times y(1) + u(2) = 3 \times 4 + 1 = 13$;

当 $n=3$ 时,$y(3) = 3 \times y(2) + u(3) = 3 \times 13 + 1 = 40$;

$$\cdots$$

所以有

$$y(n) = \{1, 4, 13, 40, \cdots\}$$

5.2.2 时域经典法

差分方程的时域经典法求解,与微分方程的时域经典法类似:先分别求出齐次解与特解,然后代入边界条件求出待定系数。该方法便于用物理概念说明各响应分量之间的关系,但求解过程比较麻烦,在解决具体问题时不宜采用。

时域经典法求解差分方程的具体步骤如下:

1. 根据方程对应的齐次方程的形式求出齐次解的形式

一般差分方程对应的齐次方程的形式为

$$\sum_{k=0}^{N} a_k y(n-k) = 0 \tag{5-5}$$

所谓差分方程的齐次解应满足式(5-5)。首先分析最简单的情况,若一阶齐次差分方程的表示式为

$$y(n) - \alpha y(n-1) = 0$$

可以改写为

$$\alpha = \frac{y(n)}{y(n-1)}$$

这里,$y(n)$ 与 $y(n-1)$ 之比为 α,这意味着序列 $y(n)$ 是一个公比为 α 的几何级数,应有如下形式:

$$y(n) = C\alpha^n$$

其中 C 是待定系数,可由边界条件决定。

一般情况下,对于任意阶的差分方程,其齐次解由形式为 $C\alpha^n$ 的项组合而成。

将 $y(n) = C\alpha^n$ 代入式(5-5)得到

$$\sum_{k=0}^{N} a_k C\alpha^{n-k} = 0 \tag{5-6}$$

消去常数 C,并逐项除以 α^{n-N},将式(5-6)简化为

$$a_0\alpha^N + a_1\alpha^{N-1} + \cdots + a_{N-1}\alpha + a_N = 0 \tag{5-7}$$

如果 α_k 是式(5-7)的根,$y(n) = C\alpha_k^n$ 将满足式(5-5)。式(5-7)称为差分方程式(5-4)的特征方程,特征方程的根 $\alpha_1, \alpha_2, \cdots, \alpha_N$ 称为差分方程的特征根。

根据特征根的形式不同,差分方程齐次解的形式也不同。

在特征根没有重根的情况下,差分方程的齐次解为

$$C_1\alpha_1^n + C_2\alpha_2^n + \cdots + C_N\alpha_N^n$$

这里 $C_1, C_2, \cdots, C_N$ 是由边界条件决定的系数。

例 5-5 求解差分方程 $y(n) - y(n-1) - y(n-2) = 0$,已知 $y(1) = 1, y(2) = 1$。

解 该差分方程的特征方程为

$$\alpha^2 - \alpha - 1 = 0$$

可得特征根为

$$\alpha_1 = \frac{1+\sqrt{5}}{2}, \quad \alpha_2 = \frac{1-\sqrt{5}}{2}$$

据此可写出齐次解为

$$y(n) = C_1\left(\frac{1+\sqrt{5}}{2}\right)^n + C_2\left(\frac{1-\sqrt{5}}{2}\right)^n$$

将 $y(1) = 1, y(2) = 1$ 分别代入,得到一组联立的方程式

$$\begin{cases} 1 = C_1\left(\dfrac{1+\sqrt{5}}{2}\right)^1 + C_2\left(\dfrac{1-\sqrt{5}}{2}\right)^1 \\ 1 = C_1\left(\dfrac{1+\sqrt{5}}{2}\right)^2 + C_2\left(\dfrac{1-\sqrt{5}}{2}\right)^2 \end{cases}$$

由此求得系数 C_1，C_2 分别为

$$C_1 = \frac{1}{\sqrt{5}}, \quad C_2 = \frac{-1}{\sqrt{5}}$$

最后，可得出结果

$$y(n) = \frac{1}{\sqrt{5}}\left(\frac{1+\sqrt{5}}{2}\right)^n - \frac{1}{\sqrt{5}}\left(\frac{1-\sqrt{5}}{2}\right)^n$$

在有重根的情况下，齐次解的形式略有不同。假定 α_1 是特征方程的 K 重根，那么，在齐次解中，相应于 α_1 的部分将有 K 项

$$C_1 n^{K-1} \alpha_1^n + C_2 n^{K-2} \alpha_1^n + \cdots + C_{K-1} n^1 \alpha_1^n + C_K \alpha_1^n$$

这里 $C_1, C_2, \cdots, C_K$ 是由边界条件决定的系数。

例 5-6　已知差分方程

$$y(n) + 6y(n-1) + 12y(n-2) + 8y(n-3) = x(n)$$

求它的齐次解。

解　特征方程为

$$\alpha^3 + 6\alpha^2 + 12\alpha + 8 = 0, \quad 即 (\alpha+2)^3 = 0$$

可见，-2 是此方程的三重特征根，于是求得齐次解为

$$(C_1 n^2 + C_2 n + C_3)(-2)^n$$

当特征根是共轭复数时，齐次解的形式可以是等幅、增幅或减幅形式的正(余)弦序列。

2. 根据方程右边的形式求出特解的形式，并代入原方程求出特解

为求得特解，首先将激励函数 $x(n)$ 代入方程式右端(也称自由项)，观察自由项的函数形式来选择含有待定系数的特解函数式，将此特解函数代入方程后，再求待定系数。自由项形式与特解函数形式的对应关系如表 5-3 所示。

表 5-3　自由项形式与特解函数形式的对应关系表

自由项的形式	特解函数形式
$x(n) = e^{an}$	$y(n) = Ae^{an}$
$x(n) = e^{j\omega n}$	$y(n) = Ae^{j\omega n}$
$x(n) = \cos(\omega n)$	$y(n) = A\cos(\omega n + \theta)$
$x(n) = \sin(\omega n)$	$y(n) = A\sin(\omega n + \theta)$
$x(n) = n^k$	$y(n) = A_k n^k + A_{k-1} n^{k-1} + \cdots + A_1 n + A_0$
$x(n) = C$	$y(n) = A$
$x(n) = \alpha^n$	$y(n) = A\alpha^n$
$x(n) = \alpha^n$（α 与 1 重特征根相同）	$y(n) = A_1 n\alpha^n + A_2 \alpha^n$

3. 根据给定的边界条件,求出完整的解

在一般情况下,对于 N 阶差分方程,应给定 N 个边界条件,例如取 $y(0)$,$y(1)$,…,$y(N-1)$。利用这些条件,代入完全解的表达式,可以构成一组联立方程,求得 N 个系数 C_1,C_2,…,C_N。

考虑没有重根的情况,此时方程的全解为

$$C_1 \alpha_1^n + C_2 \alpha_2^n + \cdots + C_N \alpha_N^n + D(n) \tag{5-8}$$

式中 $D(n)$ 表示它的特解,其余各项之总和为齐次解。引用边界条件可建立如下方程组:

$$y(0) = C_1 + C_2 + \cdots + C_N + D(0)$$
$$y(1) = C_1 \alpha_1 + C_2 \alpha_2 + \cdots + C_N \alpha_N + D(1)$$
$$\cdots$$
$$y(N-1) = C_1 \alpha_1^{N-1} + C_2 \alpha_2^{N-1} + \cdots + C_N \alpha_N^{N-1} + D(N-1)$$

上述方程有 N 个,其中有 N 个未知数 C_1,C_2,…,C_N,正好可以求得这 N 个未知数。

例 5-7   求下述差分方程的完全解:

$$y(n) + 2y(n-1) = x(n) - x(n-1)$$

其中激励函数 $x(n) = n^2$,且已知 $y(-1) = -1$。

解   ① 首先写出它的特征方程为 $\alpha + 2 = 0$,特征根为 $\alpha = -2$,求得它的齐次解为 $C(-2)^n$。

② 将激励信号 $x(n) = n^2$ 代入方程右端,得到方程自由项为 $n^2 - (n-1)^2 = 2n - 1$。根据此函数的形式,选择具有 $D_1 n + D_2$ 形式的特解,其中 D_1,D_2 为待定系数,以此作为 $y(n)$ 代入方程得出

$$D_1 n + D_2 + 2[D_1(n-1) + D_2] = n^2 - (n-1)^2$$
$$3D_1 n + 3D_2 - 2D_1 = 2n - 1$$

比较方程两端的系数,得到

$$\begin{cases} 3D_1 = 2 \\ 3D_2 - 2D_1 = -1 \end{cases}$$

解得

$$D_1 = \frac{2}{3}, \quad D_2 = \frac{1}{9}$$

故完全解的表示式为

$$y(n) = C(-2)^n + \frac{2}{3}n + \frac{1}{9}$$

③ 代入边界条件 $y(-1) = -1$,求系数 C。

$$-1 = C(-2)^{-1} - \frac{2}{3} + \frac{1}{9}$$

于是解得

$$C = \frac{8}{9}$$

最后写出完全解的表达式为

$$y(n) = \frac{8}{9}(-2)^n + \frac{2}{3}n + \frac{1}{9}$$

这里还需指出,差分方程的边界条件不一定由 $y(0), y(1), \cdots, y(N-1)$ 这一组数字给出。对于因果系统,常给定 $y(-1), y(-2), \cdots, y(-N)$ 为边界条件。如果已知 $y(-1)$, $y(-2), \cdots, y(-N)$,欲求 $y(0), y(1), \cdots, y(N-1)$,可利用迭代法逐次导出。

与连续时间系统的情况相同,线性时不变离散时间系统的完全响应也可分为自由响应分量与强迫响应分量。由式(5-8)可知,系统的完全响应(差分方程的完全解)可表示为自由响应分量(齐次解)与强迫响应分量(特解)之和

$$\sum_{k=1}^{N} C_k \alpha_k^n + D(n)$$

其中 C_k 由边界条件求得,自由响应分量就是齐次解分量,强迫响应分量就是特解分量。

5.2.3 双零法

与求解微分方程的双零法类似,求解差分方程时也可以分为零输入响应和零状态响应:用求齐次解的方法得到零输入响应;用卷积和的方法求零状态响应。与连续时间系统的情况类似,卷积方法在离散时间系统分析中同样占有十分重要的地位。

LTI 离散时间系统中,求完全响应也可以看作是初始状态与输入激励分别单独作用于系统产生响应的叠加。其中,输入激励为零时,仅由初始状态所产生的响应称为零输入响应,记作 $y_{zi}(n)$;初始状态为零时完全由输入激励产生的响应,称为零状态响应,记作 $y_{zs}(n)$。因此,方程的解为

$$y(n) = y_{zi}(n) + y_{zs}(n)$$

即系统的完全响应 $y(n)$,为零输入响应 $y_{zi}(n)$ 和零状态响应 $y_{zs}(n)$ 之和。

对于零输入响应 $y_{zi}(n)$,由于输入序列 $x(n) = 0$,所以方程右边等于零,零输入响应的形式应该为齐次解的形式,即

$$y_{zi}(n) = \sum_{k=1}^{N} C_{zik} \alpha_k^n$$

对于零状态响应 $y_{zs}(n)$,由于初始状态为零,即 $y(-1) = y(-2) = \cdots = y(-N) = 0$,所以零状态响应 $y_{zs}(n)$ 应该是齐次解加特解的形式,即

$$y_{zs}(n) = \sum_{k=1}^{N} C_{zsk} \alpha_k^n + D(n)$$

若激励信号在 $n=0$ 时刻接入系统,所谓零状态是指 $y(-1), y(-2), \cdots, y(-N)$ 都等于零(N 阶系统),而不是指 $y(0), y(1), \cdots, y(N-1)$ 为零。

经以上分析,线性时不变离散时间系统的响应可作如下分解:

$$y(n) = \underbrace{\sum_{k=1}^{N} C_k \alpha_k^n}_{\text{自由响应}} + \underbrace{D(n)}_{\text{强迫响应}} = \underbrace{\sum_{k=1}^{N} C_{zik} \alpha_k^n}_{\text{零输入响应}} + \underbrace{\sum_{k=1}^{N} C_{zik} \alpha_k^n + D(n)}_{\text{零状态响应}}$$

其中

$$\sum_{k=1}^{N} C_k \alpha_k^n = \sum_{k=1}^{N} (C_{zik} + C_{zsk}) \alpha_k^n$$

例 5-8 设系统的差分方程为 $y(n)+3y(n-1)+2y(n-2)=x(n)-x(n-1)$,已知 $x(n)=(-2)^n u(n), y(0)=y(1)=0$,求系统的零输入响应。

解 ① 求零输入响应的形式

零输入响应满足 $y(n)+3y(n-1)+2y(n-2)=0$,所以方程的特征方程为 $\alpha^2+3\alpha+2=0$,由此可得特征根为 $\alpha_1=-2, \alpha_2=-1$,有

$$y_{zi}(n) = C_1(-2)^n + C_2(-1)^n$$

② 求边界条件,本题求的是零输入响应,而题意给的是激励加入后的 $y(0)$ 和 $y(1)$,因此需要由 $y(0)$ 和 $y(1)$ 逆推求取 $y(-1)$ 和 $y(-2)$。

所以 $n=1$ 时,$y(1)+3y(0)+2y(-1)=(-2)^1 u(1)-(-2)^{1-1} u(1-1)$,求得 $y(-1)= -\frac{1}{2}$。

$n=0$ 时,$y(0)+3y(-1)+2y(-2)=(-2)^0 u(0)-(-2)^{0-1} u(-1)$ 求得 $y(-2)=\frac{5}{4}$。

③ 由初始状态 $(y(-1), y(-2))$,来确定 C_1, C_2

将 $y(-1), y(-2)$ 代入零输入响应的形式有

$$\begin{cases} y_{zi}(-1) = C_1(-2)^{-1} + C_2(-1)^{-1} = -\frac{1}{2} \\ y_{zi}(-2) = C_1(-2)^{-2} + C_2(-1)^{-2} = \frac{5}{4} \end{cases}$$

求得

$$\begin{cases} C_1 = -3 \\ C_2 = 2 \end{cases}$$

最后得出

$$y_{zi}(n) = -3(-2)^n + 2(-1)^n$$

5.2.4 MATLAB 求解

对于离散时间系统零状态响应,可以用 MATLAB 求解。设用下述差分方程描述的一个 N 阶线性时不变离散时间系统:

$$\sum_{k=0}^{N} a_k y(n-k) = \sum_{r=0}^{M} b_r x(n-r)$$

其中 $a_0 = 1$, $x(n)$, $y(n)$ 分别表示系统的输入和输出, N 是差分方程的阶数,已知差分方程的 N 个初始状态和输入 $x(n)$,就可以编程由下式迭代计算出系统的输出:

$$y(n) = -\sum_{k=1}^{N} a_k y(n-k) = \sum_{r=0}^{M} b_r x(n-r)$$

在零初始状态下,MATLAB 提供了一个指令 filter,可用于计算由差分方程描述系统的响应。其调用方式为

```
>> y = filter(b,a,x)
```

指令中 b=[b0,b1,…,bM], a=[a0,a1,…,aN],分别是差分方程左、右端的系数向量,x 表示输入序列,y 表示输出序列。注意输出序列和输入序列的长度必须相同。

例 5-9 受噪声干扰的信号为 $x(n) = s(n) + d(n)$,其中 $s(n) = (2n)0.9^n$ 是原始信号, $d(n)$ 是噪声。已知 M 点滑动平均滤波器系统的输入与输出关系为

$$y(n) = \frac{1}{M} \sum_{k=0}^{M-1} x(n-k)$$

试编程实现用 M 点滑动平均滤波器对受噪声干扰的信号去噪。

解 系统的输入信号 $x(n)$ 含有有用信号 $s(n)$ 和噪声信号 $d(n)$。噪声信号 $d(n)$ 可以用随机函数 rand 产生,将其叠加在有用信号 $s(n)$ 上,即得到受噪声干扰的输入信号 $x(n)$。用下面程序可实现对信号 $x(n)$ 去噪,取 $M=5$。在指令窗中输入

```
>> R = 51;
>> d = rand(1,R) - 0.5;
>> n = 0:R - 1;
>> s = 2 * n. * (0.9.^n);
>> x = s + d;
>> figure(1);plot(n,d,'r - . ',n,s,'b -- ',n,x,'g - ');
>> xlabel('Time index n');legend('d(n)','s(n)','x(n)');
>> M = 5;b = ones(M,1)/M;a = 1;
>> y = filter(b,a,x);
>> figure(2);plot(n,s,'b -- ',n,y,'r - ');
>> xlabel('Time index n');
>> legend('s(n)','y(n)');
```

其执行结果如图 5-15 所示：

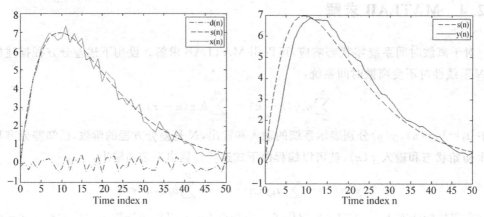

图 5-15　例 5-9 运行结果

求解线性时不变离散时间系统的响应,还可以采用变换域的方法,用 Z 变换求解差分方程类似于连续时间系统分析中的拉氏变换方法,利用 Z 变换方法解差分方程有许多优点,这是实际应用中简便而有效的方法。

5.3　离散时间系统的单位样值响应

在处理连续时间系统时,我们注意研究单位冲激 $\delta(t)$ 作用于系统引起的响应 $h(t)$。处理离散线性系统,可考察激励为单位样值 $\delta(n)$ 时产生的系统零状态响应 $h(n)$——单位样值响应。

由于信号 $\delta(n)$ 只在 $n=0$ 时取值 $\delta(0)=1$,当 n 为其他值时都为零,因而,利用这一特点可以较方便地用迭代法依次求出 $h(0),h(1),\cdots,h(n)$。不过用这种迭代方法求系统的单位样值响应还不能得到 $h(n)$ 的闭式。为了能够得到闭式解答,可把单位样值 $\delta(n)$ 激励信号等效为起始条件,这样就把问题转化为求解齐次方程,由此便可得到 $h(n)$ 的闭式。下面的例子说明这种方法。

例 5-10　系统框图如图 5-16,求该系统的单位样值响应 $h(n)$。

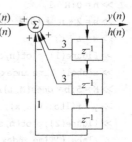

解　① 从加法器出发可得

$$y(n) = x(n) + 3y(n-1) - 3y(n-2) + y(n-3)$$

整理可得

$$y(n) - 3y(n-1) + 3y(n-2) - y(n-3) = x(n)$$

所以 $h(n)$ 满足的方程为

图 5-16　例 5-10

$$h(n) - 3h(n-1) + 3h(n-2) - h(n-3) = \delta(n)$$

当 $n>0$ 时,方程变为齐次方程

$$h(n) - 3h(n-1) + 3h(n-2) - h(n-3) = 0$$

该方程的特征方程为

$$\alpha^3 - 3\alpha^2 + 3\alpha - 1 = 0, \quad 即 (\alpha-1)^3 = 0,$$

所以其特征根为 $\alpha_1 = \alpha_2 = \alpha_3 = 1$,即 1 为其三重根。故得

$$h(n) = C_1 n^2 + C_2 n + C_3$$

② 因为起始时系统是静止的,容易推知 $h(-2) = h(-1) = 0, h(0) = \delta(0) = 1$。故 $h(0) = 1, h(-1) = 0, h(-2) = 0$ 作为边界条件建立一组方程式求系数 C

$$\begin{cases} 1 = C_3 \\ 0 = C_1 - C_2 + C_3 \\ 0 = 4C_1 - 2C_2 + C_3 \end{cases}$$

解此方程组得

$$C_1 = \frac{1}{2}, \quad C_2 = \frac{3}{2}, \quad C_3 = 1$$

③ 最后写出,系统的单位样值响应为

$$h = \begin{cases} \dfrac{1}{2}(n^2 + 3n + 2), & n \geqslant 0 \\ 0, & n < 0 \end{cases}$$

例中,单位样值的激励作用等效为一个起始条件 $h(0) = 1$。因而,求单位样值响应的问题转化为求系统的零输入响应,很方便地便可得到 $h(n)$ 的闭式。所以对于求 $h(n)$,其边界条件中至少有一项是 $n \geqslant 0$ 的。

例 5-11 已知系统的差分方程为

$$y(n) - 5y(n-1) + 6y(n-2) = x(n) - 3x(n-2)$$

求系统单位样值响应。

解 ① 求得齐次方程解为

$$C_1 3^n + C_2 2^n$$

② 假定差分方程式右边只有 $x(n)$ 项作用,不考虑 $3x(n-2)$ 项的作用,求这时系统的单位样值响应 $h_1(n)$。边界条件是 $h(0) = 1, h(-1) = 0$,由此建立求系数 C 的方程组

$$\begin{cases} 1 = C_1 + C_2 \\ 0 = \dfrac{1}{3}C_1 + \dfrac{1}{2}C_2 \end{cases}$$

解得

$$C_1 = 3, \quad C_2 = -2$$

于是写出

$$h_1(n) = \begin{cases} 3^{n+1} - 2^{n+1}, & n \geqslant 0 \\ 0, & n < 0 \end{cases}$$

③ 只考虑 $-3x(n-2)$ 项作用引起的响应 $h_2(n)$,由系统的线性时不变特性可知

$$h_2(n) = -3h_1(n-2) = \begin{cases} -3(3^{n-1} - 2^{n-1}), & n \geqslant 2 \\ 0, & n < 2 \end{cases}$$

④ 将以上结果进行叠加,并在表示式中利用单位阶跃信号 $u(n)$,可写出系统的单位样值响应为

$$h(n) = h_1(n) + h_2(n) = \delta(n) + 5\delta(n-1) + (2 \times 3^n - 2^{n-1})u(n-2)$$

在 MATLAB 中,求解离散时间系统单位样值响应,可应用 MATLAB 软件提供的 impz 函数,其调用方式为在指令窗中输入

```
>> h = impz(b,a,k)
```

式中 b＝[b0,b1,…,bM],a＝[a0,a1,…,aN],分别是差分方程左、右端的系数向量,k 表示输出序列的取值范围,输出 h 就是系统的单位样值响应。

例 5-12　用 impz 指令求离散时间系统

$$6y(n) + 5y(n-1) + y(n-2) = 10x(n)$$

的单位样值响应 $h(n)$。

解　在 MATLAB 指令窗中输入

```
>> n = 0:10; a = [6 5 1]; b = [10];
>> h = impz(b,a,n);
>> stem(n,h)
```

运行结果见图 5-17。

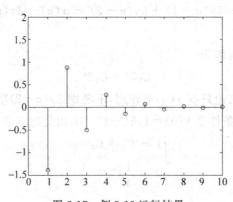

图 5-17　例 5-12 运行结果

在处理连续时间系统时,曾利用系统函数求拉普拉斯逆变换的方法确定冲激响应 $h(n)$,与此类似,在离散时间系统中,也可利用系统函数求 Z 逆变换来确定单位样值响应,一般情况下,这是一种比较简便的方法(将在第 6 章详述)。

由于单位样值响应 $h(n)$ 表征了系统自身的性能。因此,在时域分析中可以根据 $h(n)$ 来判断系统的某些重要特性,如因果性、稳定性,以此区分因果系统与非因果系统,稳定系统与不稳定系统。

所谓因果系统,就是输出变化不领先于输入变化的系统。响应 $y(n)$ 只取决于此时,以及此时之前的激励。如果 $y(n)$ 不仅取决于当前及过去的输入,而且还取决于未来的输入,那么,在时间上就违反了因果关系,因而是非因果系统。

离散时间线性时不变系统作为因果系统的充分必要条件是

$$h(n) = 0 \quad (n < 0) \ \text{或} \ h(n) = h(n)u(n)$$

在离散时间系统的应用中,某些数据处理过程的自变量虽为时间,但是待处理的数据可以记录并保存起来时,不一定局限于用因果系统处理信号,可借助非因果系统。如:为了滤除高频噪声,经常使用的滑动平均滤波器就是一个非因果系统,其数学模型可表示为

$$y(n) = \frac{1}{2M+1} \sum_{k=-M}^{M} x(n-k)$$

对于待处理数据 $x(n)$,可在 n 点附近取 $\pm M$ 点的数据做平均计算,即取前和后再除以 $2M+1$,由此获得平滑后的数据 $y(n)$,见图 5-18。

在连续时间系统分析中,已经知道稳定系统的定义为:若输入是有界的,输出必定也是有界的系统。对于离散时间系统,稳定的充分必要条件是单位样值(单位冲激)响应绝对可积(或称绝对可和,在离散系统中指求和),即

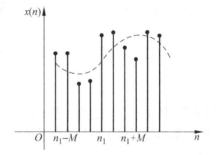

图　5-18

$$\sum_{n=-\infty}^{\infty} | h(n) | \leqslant M$$

式中 M 为有界正值。

例 5-13　已知系统的单位样值响应 $h(n) = a^n u(n)$,试判断其因果性和稳定性。

解　① 因果性:因为 $n < 0$ 时,$h(n) = 0$,所以该系统是因果系统。

② 稳定性:因为

$$\sum_{n=-\infty}^{\infty} | h(n) | = \sum_{n=0}^{\infty} | a^n | = \begin{cases} \dfrac{1}{1-| a |}, & | a | < 1 \\ +\infty, & | a | \geqslant 1 \end{cases}$$

所以当 $| a | < 1$ 时,该系统是稳定的。当 $| a | \geqslant 1$ 时,该系统是不稳定的。

5.4　卷积和

在连续时间系统中,通过把激励信号分解为冲激信号的线性组合,求出每个冲激信号单独作用于系统时的冲激响应,然后把这些响应叠加,即可求得系统对应此激励信号的零状态响应。这个叠加的过程表现为卷积积分,在离散时间系统中,可以采用相同的原理进行分析。

在5.1节中,我们曾经介绍过,离散时间系统的激励信号 $x(n)$ 可以表示成单位样值加权取和的形式

$$x(n) = \sum_{m=-\infty}^{\infty} x(m)\delta(n-m)$$

设系统对单位样值 $\delta(n)$ 的响应为 $h(n)$,由时不变系统的特性可知,对于 $\delta(n-m)$ 的延时响应就是 $h(n-m)$;再由线性系统的均匀性可知,对于 $x(m)\delta(n-m)$ 序列的响应是 $x(m)h(n-m)$,最后再根据系统的叠加性得出系统对于 $\sum x(m)h(n-m)$ 序列的总响应为

$$y(n) = \sum_{m=-\infty}^{\infty} x(m)h(n-m) \tag{5-9}$$

式(5-9)称为"卷积和"(或简称卷积)。它表征了系统响应 $y(n)$、激励 $x(n)$ 和单位样值响应 $h(n)$ 之间的关系: $y(n)$ 是 $x(n)$ 与 $h(n)$ 的卷积和,可以简记作

$$y(n) = x(n) * h(n)$$

对式(5-9)进行变量置换,可得到卷积的另一种表示式

$$y(n) = \sum_{m=-\infty}^{\infty} h(m)x(n-m) = h(n) * x(n)$$

这表明,两序列进行卷积与其顺序无关,可以互换,即 $h(n) * x(n) = x(n) * h(n)$。容易证明,卷积和的代数运算与连续系统中卷积的代数运算规律相似,都服从交换律、分配律及结合律。

在连续时间系统中, $\delta(t)$ 与 $f(t)$ 的卷积,仍等于 $f(t)$。类似地,在离散时间系统中也有

$$\delta(n) * x(n) = x(n)$$

卷积和的求解,通常有三种方法:图形法、对位相乘求和法和列表法,分别介绍于下。

5.4.1　图形法

卷积和的图形解释与卷积积分类似,卷积和的图形计算也分为如下5步:

1. 将 $x(n),h(n)$ 中的自变量 n 改为 m,使 m 成为函数的自变量。

2. 把其中一个信号翻转,如将 $h(m)$ 翻转成 $h(-m)$。

3. 把 $h(-m)$ 位移 n,得到 $h(n-m)$,n 是参变量。$n>0$ 时,图形右移;$n<0$ 时,图形左移。

4. 将 $x(m)$ 和 $h(n-m)$ 相乘。

5. 对乘积后的图形求和。

下例说明卷积和的计算过程。

例 5-14 已知 $x(n)=a^n u(n)(0<a<1)$,$h(n)=u(n)$,求卷积 $y(n)=x(n)*h(n)$。

解 $h(n)$ 和 $x(n)$ 的波形如图 5-19(a) 和 (b) 所示。

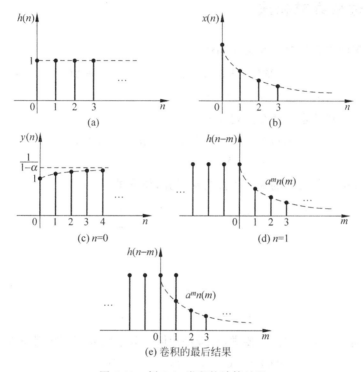

图 5-19 例 5-14 卷积的计算过程

① 将 $x(n)$,$h(n)$ 中的自变量 n 和 m 互换,使 m 成为函数的自变量。

② 将 $h(m)$ 翻转得到 $h(-m)$。

③ 把 $h(-m)$ 位移 n,得到 $h(n-m)$,n 是参变量。根据 $x(m)$ 和 $h(n-m)$ 的重叠情况,分段讨论。

当 $n<0$ 时,$x(m)$ 和 $h(n-m)$ 的图形没有重合,故 $y(n)=0$。

当 $n \geqslant 0$ 时,则有

$$y(n)=\sum_{m=-\infty}^{\infty} x(m)h(n-m)=\sum_{m=-\infty}^{\infty} a^m u(m)u(n-m)$$

$$= u(n) \sum_{m=0}^{n} a^m = \frac{1-a^{n+1}}{1-a} u(n)$$

当 $n \to \infty$ 时,如图 5-19(c)所示,则有

$$y(n) = \frac{1}{1-a}$$

$n=1$ 时,两序列的重合情况如图 5-19(d)所示,卷积的最后计算结果如图 5-19(e)所示。

5.4.2 对位相乘求和法

通过下述例题来介绍对位相乘求和法。

例 5-15 已知 $x_1(n) = 2\delta(n) + \delta(n-1) + 4\delta(n-2) + \delta(n-3)$,$x_2(n) = 3\delta(n) + \delta(n-1) + 5\delta(n-2)$,求卷积 $y(n) = x_1(n) * x_2(n)$。

解 先将用闭式给定的两个系列写成

$$x_1(n) = \{2 \ 1 \ 4 \ 1\}, \quad x_2(n) = \{3 \ 1 \ 5\}$$

将两序列样值以各自 n 的最高值按右端对齐,如下排列

$$
\begin{array}{rccccccc}
x_1(n): & & & 2 & 1 & 4 & 1 & \\
x_2(n): & & & & 3 & 1 & 5 & \\
\hline
& & 10 & 5 & 20 & 5 & & \\
& & 2 & 1 & 4 & 1 & & \\
& 6 & 3 & 12 & 3 & & & \\
\hline
y(n): & 6 & 5 & 23 & 12 & 21 & 5 &
\end{array}
$$

然后把各样值逐个对应相乘但不要进位,最后把同一列上的乘积值按对位求和即可得到

$$y(n) = \{6 \quad 5 \quad 23 \quad 12 \quad 21 \quad 5\}$$

不难发现,这种方法实质上是将序列 $x_2(n)$ 进行反褶平移再和 $x_1(n)$ 对位相乘的结果,它将作图过程的反褶与移位两步骤被对位排列方式巧妙地取代。值得注意的是,对位相乘求和法只适用于两个序列都是有限长的情形,同时,卷积和的起始点坐标是两个序列起始点坐标之和,终点是两个序列终点的坐标和。

5.4.3 列表法

求两序列的卷积和,除了图示法和对位相乘求和法之外,还可以通过列表法得到。设 $x(n)$ 和 $h(n)$ 都是因果序列,则由卷积和的定义有

$$x(n) * h(n) = \sum_{m=0}^{n} x(m)h(n-m)$$

当 $n=0$ 时，$y(0)=x(0)h(0)$；

当 $n=1$ 时，$y(1)=x(0)h(1)+x(1)h(0)$；

当 $n=2$ 时，$y(2)=x(0)h(2)+x(1)h(1)+x(2)h(0)$；

当 $n=3$ 时，$y(3)=x(0)h(3)+x(1)h(2)+x(2)h(1)+x(3)h(0)$；

$\vdots$

于是可以求出 $y(n)=\{y(0),y(1),\cdots\}$。

以上求解过程可以归纳成列表法：将 $x(n)$ 的值顺序排成一行，将 $h(n)$ 的值顺序排成一列，行与列的交叉点记入相应的 $x(n)$ 与 $h(n)$ 的乘积，如图 5-20 所示。不难看出，对角斜线上各数值就是 $x(m)h(n-m)$ 的值，对角斜线上各数值的和就是 $y(n)$ 各项的值。值得注意的是，列表法只适用于两个有限长序列的卷积。

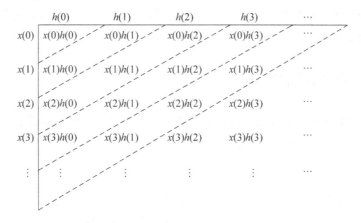

图 5-20　列表法计算序列卷积和

例 5-16　计算 $x(n)=u(n+2)-u(n-3)$，与 $h(n)=\delta(n+1)+4\delta(n)+2\delta(n-1)+3\delta(n-2)$ 的卷积和。

解　将 $x(n)$ 和 $h(n)$ 分别表示成

$$x(n) = \{1 \quad 1 \quad \underset{\uparrow}{1} \quad 1 \quad 1\}, \quad h(n) = \{1 \quad 4 \quad \underset{\uparrow}{2} \quad 3\}$$

由于 $x(n)$ 和 $h(n)$ 都是有限长序列，可以采用列表法来求结果。根据图 5-18 所示的列表规律，列表如图 5-21 所示。由此可以计算出 $y(n)=\{1 \quad 5 \quad 7 \quad 10 \quad 10 \quad 9 \quad 5 \quad 3\}$。根据卷积和序列起点的计算方法可知，$y(n)$ 的第一个非零值的位置为 $(-2)+(-1)=-3$，所以卷积结果 $y(n)$ 可表示为

$$y(n) = \{1 \quad 5 \quad 7 \quad 10 \quad \underset{\uparrow}{10} \quad 9 \quad 5 \quad 3\}$$

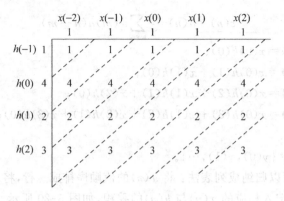

图 5-21   例 5-16 图

以上三例的重点在于说明求卷积和的原理,但是用这三种方法求取卷积和都比较烦琐。此外,在实际应用中借助傅里叶变换中的快速傅里叶变换算法,利用计算机可以较简便地求得两序列的卷积和。

5.4.4   MATLAB 软件法

卷积是用来计算系统零状态响应的有力工具。MATLAB 软件提供了一个计算两个离散序列卷积和的指令 conv,其调用格式为

>> c = conv(a, b)

指令中 a、b 为待求卷积两序列的向量表达式,c 是卷积的结果。向量 c 的长度为向量 a、b 长度之和减 1,即 length(c)＝length(a)＋length(b)－1。该指令也可用于计算两个多项式的乘积。

例 5-17   已知序列 $x(n)＝\{1,2,3,4;n＝0,1,2,3\}$,$y(n)＝\{1,1,1,1,1;n＝0,1,2,3,4\}$,计算 $x(n)*y(n)$ 并画出卷积结果。

解   MATLAB 程序清单如下:

```
>> x = [1,2,3,4];  y = [1,1,1,1,1];          % 输入数列 x 和 y
>> z = conv(x,y)                             % 求出数列 x 和 y 的卷积
>> N = length(z);                            % 求出数列 z 的长度
>> stem(0:N-1,z);                            % 画出卷积和
>> axis([-0.1 7.01 -0.1 10.2]),grid
```

运行结果(见图 5-22)得出如下的 z 数列及图线如下:

```
z =
            1      3      6     10     10      9      7      4
```

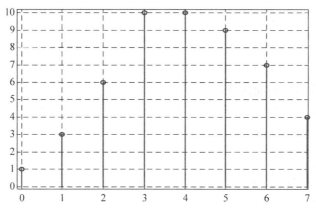

图 5-22　例 5-17 的运行结果

本章小结

　　本章首先介绍离散时间信号与系统,给出了离散时间信号的定义和常见离散时间信号,建立了离散时间系统的数学模型——差分方程;然后介绍了常系数线性差分方程的求解——迭代法、时域经典法、双零法、MATLAB 求解法;最后介绍了离散时间系统的单位样值响应和卷积和,介绍了单位样值响应的时域求解法和 MATLAB 求解法,卷积和的定义、求解方法——图形法、对位相乘求和法、列表法、MATLAB 求解法等。其中重点是差分方程的求解和单位样值响应的求解。

课后思考讨论题

　　1. 任何离散信号都可以视为由某连续时间信号经采样后得到的,构造该连续时间信号时必须通过离散时间信号的每个采样值?

　　2. 离散时间正弦序列由连续时间的采样值组成?

　　3. 单位样值序列在离散时间系统分析中所起的作用与单位冲激信号在连续时间系统分析中所起的作用类似? 有何不同?

　　4. 周期正弦信号经过抽样一定可以得到周期的离散正弦序列吗?

　　5. 一个连续时间系统经抽样后会变成一个离散时间系统,分别用解微分方程和解差分方程来求解对应的系统,得到的结果有何不同? 怎么理解? 举例说明。

　　6. 能不能利用卷积和来求卷积? 怎么做? 结果有何不同?

习题 5

5-1 画出下列各序列的波形：

(1) $f_1(n) = nu(n+2)$；

(2) $f_2(n) = (2^{-n}+1)u(n+1)$；

(3) $f_3(n) = \begin{cases} n+2, & n \geq 0 \\ 3(2)^n, & n < 0 \end{cases}$；

(4) $f_4(n) = f_2(n) + f_3(n)$；

(5) $f_5(n) = f_1(n) \cdot f_3(n)$；

(6) $f_6(n) = f_1(2-n)$。

5-2 绘出下列各序列的图形：

(1) $x(n) = 2^{-n}u(n)$；

(2) $x(n) = \left(-\dfrac{1}{2}\right)^{-n}u(n)$；

(3) $x(n) = -\left(\dfrac{1}{2}\right)^{n}u(-n)$；

(4) $x(n) = \left(\dfrac{1}{2}\right)^{n+1}u(n+1)$。

5-3 写出题图 5-3 所示各信号的解析表达式。

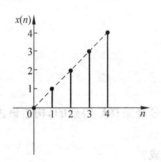 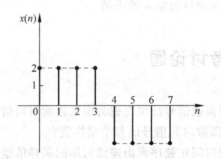

题图 5-3

5-4 判断下列序列是否为周期信号，若是求其周期。

(1) $f(n) = \sin\left(\dfrac{2}{3}\pi n - \dfrac{\pi}{3}\right)$；

(2) $f(n) = e^{j\left(\frac{1}{8}n\pi + \frac{\pi}{4}\right)}$；

(3) $f(n) = A\sin(w_0 n)u(n)$。

5-5　如果在第 n 个月初向银行存款 $x(n)$ 元，月息为 α，每月利息不取出，试用差分方程写出第 n 月初的本利和 $y(n)$。设 $x(n)=10$ 元，$\alpha=0.0018$，$y(0)=20$ 元，求 $y(n)$。若 $n=12$，求 $y(12)$。

5-6　一个乒乓球从 H m 高度自由下落至地面，每次弹跳起的最高值是前一次最高值的 $\frac{2}{3}$。若以 $y(n)$ 表示第 n 次跳起的最高值，列写描述此过程的差分方程式。又若规定 $H=2$m，解此差分方程。

5-7　设 $x(0)$，$x(n)$ 和 $y(n)$ 分别表示离散时间系统的初始状态、输入序列和输出序列，试判断以下各系统是否为线性时不变系统。

(1) $y(n)=x(n)\sin\left(\dfrac{2\pi}{7}n+\dfrac{\pi}{6}\right)$；

(2) $y(n)=\displaystyle\sum_{i=-\infty}^{n}x(i)$；

(3) $y(n)=6x(0)+8nx(n)$；

(4) $y(n)=6x(0)+8x^2(n)$。

5-8　判断以下系统是否是线性的，是否是时不变的，是否稳定，是否因果。

(1) $y(n)=4x(n)-2$；

(2) $y(n)=x(n-3)$；

(3) $y(n)=x(n)\sin\left(\dfrac{3\pi}{7}n+\dfrac{\pi}{4}\right)$；

(4) $y(n)=\left[x(n)\right]^3$；

(5) $y(n)=\displaystyle\sum_{m=n}^{\infty}x(m)$；

(6) $y(n)=\mathrm{e}^{x(n)}$。

5-9　已知描述系统的差分方程表示式为

$$y(n)=\sum_{r=0}^{7}b_r x(n-r)$$

试绘出此离散系统的方框图。如果 $y(-1)=0$，$x(n)=\delta(n)$，试求 $y(n)$。

5-10　试求下列差分方程描述的离散时间系统的响应：

(1) $y(n)+3y(n-1)+2y(n-2)=0$，$y(-2)=2$，$y(-1)=1$；

(2) $y(n)+2y(n-1)+2y(n-2)=0$，$y(-2)=0$，$y(-1)=1$；

(3) $y(n)+4y(n-1)+4y(n-2)=u(n)-u(n-1)$，$-\infty<n<\infty$，$y(0)=1$，$y(1)=2$；

(4) $y(n)-y(n-2)=\delta(n-2)+n-2$，$y(n)=0$，$n<0$。

5-11　某系统的输入输出关系可以由二阶常系数线性差分方程描述，如果相应于输入为 $x(n)=u(n)$ 的响应为 $y(n)=\left[2^n+3(5)^n+10\right]u(n)$，

(1) 若系统起始为静止的,试求此二阶差分方程;

(2) 若激励为 $x(n)=2[u(n)-u(n-10)]$,求响应 $y(n)$。

5-12 已知系统的差分方程为 $y(n)+3y(n-1)+2y(n-2)=x(n)$,输入 $x(n)=2^n u(n)$,且 $y_{zi}(0)=1$,$y_{zi}(1)=2$。用时域分析方法求解以下问题:

(1) 求系统的零输入响应 $y_{zi}(n)$;

(2) 求系统的单位样值响应 $h(n)$;

(3) 求系统的零状态响应 $y_{zs}(n)$ 及全响应 $y(n)$。

5-13 一离散系统当 $x(n)=u(n)$ 时的零状态响应为 $2(1-0.5^n)u(n)$,求当激励 $x(n)=0.5^n u(n)$ 时的零状态响应。

5-14 求下列差分方程所描述系统的单位样值响应 $h(n)$:

(1) $y(n+3)-2\sqrt{2}y(n+2)+y(n+1)=x(n)$;

(2) $y(n+2)-y(n+1)+\dfrac{1}{4}y(n)=x(n)$。

5-15 求下列序列的卷积和:

(1) $f_1(n)=2^n u(n)$,$f_2(n)=\delta(n+1)-u(n-1)$;

(2) $f_1(n)=(0.5)^n u(n)$,$f_2(n)=u(-n+1)$。

5-16 求下列序列的卷积和:

(1) $u(n)*u(n)$;

(2) $0.5^n u(n)*u(n)$;

(3) $2^n u(n)*3^n u(n)$;

(4) $nu(n)*\delta(n-1)$。

5-17 用图解法和列表法分别求图题图 5-17 所示两个信号的卷积 $f(n)=f_1(n)*f_2(n)$。

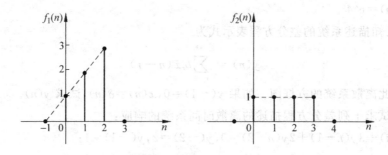

题图 5-17

5-18 如题图 5-18 所示系统由几个子系统组成,它们的单位样值响应分别为

$$h_1(n)=u(n), \quad h_2(n)=\delta(n-3), \quad h_3(n)=0.8^n u(n)$$

试证明图(a)和图(b)是等效的,并求出系统单位样值响应 $h(n)$。

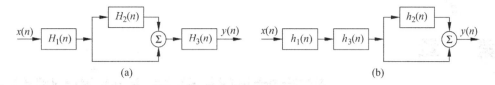

题图 5-18

5-19 利用 MATLAB 实现下列离散时间信号：

(1) $x(n)=10\left(\dfrac{1}{2}\right)^{n}u(n)$；

(2) $x(n)=u(n+2)-u(n-5)$；

(3) $x(n)=nu(n)$；

(4) $x(n)=5(0.8)^{n}\cos(0.9\pi n)$。

5-20 已知连续信号 $x_1(t)=\cos(6\pi t)$，$x_2(t)=\cos(14\pi t)$，$x_3(t)=\cos(26\pi t)$，以抽样频率 $f_s=10\text{Hz}$ 对这三个信号进行抽样得离散序列 $x_1(n),x_2(n),x_3(n)$。试在同一张图上画出连续信号和其对应的离散序列。

5-21 已知系统的差分方程为 $y(n)-0.8y(n-1)+0.12y(n-2)=x(n)+x(n-1)$。

(1) 利用 impz 计算单位样值响应，画出前 51 点的值；

(2) 利用 filter 函数计算单位样值响应，并与(a)比较。

5-22 已知系统的差分方程为 $y(n)-1.845y(n-1)+0.8506y(n-2)=x(n)$，$x(n)=u(n)$。分别用 conv 和 filter 求出系统的零状态响应，并比较两种响应的不同及产生此不同的原因。

5-23 利用 conv，计算下列两个序列的卷积和 $f_1(n)*f_2(n)$，其中

$$f_1(n)=\begin{cases} 3n+9, & -3\leqslant n\leqslant 2 \\ -n^2+22, & 3\leqslant n\leqslant 6 \\ -7, & 7\leqslant n\leqslant 10 \\ 10\cos(0.5^n), & 11\leqslant n\leqslant 15 \\ 100\mathrm{e}^{0.2n}, & 16\leqslant n\leqslant 20 \\ 0, & \text{其他} \end{cases}$$

$$f_2(n)=\begin{cases} 4n^{0.3}, & 1\leqslant n\leqslant 3 \\ n-10, & 4\leqslant n\leqslant 6 \\ -n+12, & 7\leqslant n\leqslant 10 \\ 0, & 11\leqslant n\leqslant 13 \\ 2, & 14\leqslant n\leqslant 15 \\ 0, & \text{其他} \end{cases}$$

第6章

离散时间信号与系统的Z域分析

Z变换可以把离散系统的数学模型——差分方程转化为简单的代数方程,使其求解过程大为简化。本章讨论 Z 变换的定义、性质以及它与拉普拉斯变换、傅里叶变换的关系,在此基础上研究离散时间系统的 Z 域分析,给出离散时间系统的系统函数与频率响应等概念。在离散时间系统的 Z 域分析中,利用系统函数在复平面 z 上的零、极点分布特性研究系统的时域特性、频域特性以及稳定性等方法,具有重要意义。Z 变换在离散时间系统分析中的地位和作用,与拉普拉斯变换在连续时间系统中的一样。

6.1 Z 变换

Z 变换的定义可以由抽样信号的拉氏变换引出,也可以直接对离散时间信号给出。

6.1.1 Z 变换的定义

首先来看抽样信号的拉氏变换。若连续因果信号 $x(t)$ 经均匀冲激抽样后,则其信号为 $x_s(t)$,表达式可写成

$$x_s(t) = x(t) \cdot \delta_T(t) = \sum_{n=0}^{\infty} x(nT)\delta(t - nT)$$

式中 T 为抽样周期。如果对上式作拉氏变换,可得

$$X_s(s) = \int_0^{+\infty} x_s(t) e^{-st} \, dt = \int_0^{+\infty} \left(\sum_{n=0}^{\infty} x(nT)\delta(t - nT) \right) e^{-st} \, dt$$

对调上式中积分与求和的次序,并利用冲激函数的抽样特性,便可以得到抽样信号的拉氏变换

$$X_s(s) = \sum_{n=0}^{\infty} x(nT) e^{-snT} \tag{6-1}$$

此时，如果引入新的复变量 z，令 $z = e^{sT}$ 或写成 $s = \dfrac{1}{T}\ln z$，则式(6-1)变成

$$X(z) = \sum_{n=0}^{\infty} x(nT) z^{-n} \tag{6-2}$$

该式就是离散信号 $x(nT)$ 的 Z 变换表达式。通常令 $T=1$，则式(6-1)和式(6-2)变成

$$X(z) = \sum_{n=0}^{\infty} x(n) z^{-n}, \quad z = e^{s}$$

如果序列 $x(n)$ 各样值与抽样信号 $x(t)\delta_T(t)$ 各冲激函数的强度相对应，就可借助符号 $z = e^{sT}$，将抽样信号的拉氏变换移植来表示离散时间信号的 Z 变换。

与拉氏变换的定义类似，Z 变换也有单边双和边之分。序列 $x(n)$ 的单边 Z 变换定义为

$$X(z) = Z[x(n)] = x(0) + \frac{x(1)}{z} + \frac{x(2)}{z^2} + \cdots = \sum_{n=0}^{\infty} x(n) z^{-n} \tag{6-3}$$

其中算符 z 表示对后面方括号里的函数取 Z 变换，z 是复变量。Z 变换也可以表示成

$$x(n) \overset{Z}{\leftrightarrow} X(z) \text{ 或简写作 } x(n) \leftrightarrow X(z), \quad n \text{ 为整数}$$

对于一切 n 值都有定义的双边序列 $x(n)$，也可以定义双边 Z 变换为

$$X(z) = Z[x(n)] = \sum_{n=-\infty}^{\infty} x(n) z^{-n} \tag{6-4}$$

显然，如果 $x(n)$ 是因果序列，则双边 Z 变换与单边 Z 变换是等同的。

式(6-3)和式(6-4)表明，序列的 Z 变换是复变量 z^{-1} 的幂级数(也称作洛朗级数)，其系数是序列 $x(n)$ 值。有些数学文献中，也把 $X(z)$ 称作序列 $x(n)$ 的生成函数。

6.1.2 典型序列的 Z 变换

1. 单位样值函数

$$Z[\delta(n)] = \sum_{n=0}^{\infty} \delta(n) z^{-n} = 1, \quad |z| \geqslant 1$$

2. 单位阶跃序列

$$Z[u(n)] = \sum_{n=0}^{\infty} u(n) z^{-n} = \sum_{n=0}^{\infty} z^{-n} = \frac{z}{z-1} = \frac{1}{1-z^{-1}}, \quad |z| > 1$$

3. 斜变序列

$$Z[nu(n)] = \sum_{n=0}^{\infty} n z^{-n} = \frac{z}{(z-1)^2}, \quad |z| > 1$$

4. 指数序列

右边指数序列：$x(n) = a^n u(n)$

$$Z[a^n u(n)] = \sum_{n=0}^{\infty} a^n u(n) z^{-n} = \frac{z}{z-a}, \quad |z| > |a|$$

左边指数序列：$x(n) = -a^n u(-n-1)$

$$Z[-a^n u(-n-1)] = \sum_{n=-\infty}^{\infty} -a^n u(-n-1) z^{-n} = \frac{z}{z-a}, \quad |z| < |a|$$

5. 正弦和余弦序列

$$Z[\cos(w_0 n) u(n)] = \frac{z(z - \cos w_0)}{z^2 - 2z\cos w_0 + 1}, \quad |z| > 1$$

$$Z[\sin(w_0 n) u(n)] = \frac{z\sin w_0}{z^2 - 2z\cos w_0 + 1}, \quad |z| > 1$$

一些典型序列的 Z 变换列于表 6-1。

表 6-1　常见序列的 Z 变换表

	$x(n)u(n)$	$X(z)$	收敛域
1	$\delta(n)$	1	$|z| \geqslant 1$
2	$u(n)$	$\dfrac{1}{1-z^{-1}}$	$|z| > 1$
3	$a^n u(n)$	$\dfrac{z}{z-a}$	$|z| > |a|$
4	$-a^n u(-n-1)$	$\dfrac{z}{z-a}$	$|z| < |a|$
5	$nu(n)$	$\dfrac{z}{(z-1)^2}$	$|z| > 1$
6	$(n+1)a^n u(n)$	$\dfrac{1}{(1-az^{-1})^2}$	$|z| > |a|$
7	$\cos(w_0 n) u(n)$	$\dfrac{z(z-\cos w_0)}{z^2 - 2z\cos w_0 + 1}$	$|z| > 1$
8	$\sin(w_0 n) u(n)$	$\dfrac{z\sin w_0}{z^2 - 2z\cos w_0 + 1}$	$|z| > 1$

6.1.3　Z 变换的收敛域

从前面求解各序列 Z 变换时可以看出，只有当级数收敛时，Z 变换才有意义。对于任意给定的有界序列 $x(n)$，使其 Z 变换定义式级数收敛之所有 z 值的集合，称为 Z 变换 $X(z)$ 的收敛域(region of convergence,简写为 ROC)。

与拉氏变换的情况类似,对于单边 Z 变换序列与变换式一一对应,同时也有唯一的收敛域。而对于双边 Z 变换,不同序列在不同的收敛域内可能映射为同一个变换式。前面提到的指数序列就是最典型的例子,两个不同的序列由于收敛域不同,可能对应于相同的 Z 变换。因此,为了单值地确定 Z 变换对应的序列,不仅要给出序列的 Z 变换式,而且必须同时说明它的收敛域。

下面我们讨论几类序列的 Z 变换的收敛域问题:

1. 有限长序列

这类序列只在有限的区间$(n_1 \leqslant n \leqslant n_2)$具有非零有限值,此时 Z 变换为

$$X(z) = \sum_{n=n_1}^{n_2} x(n) z^{-n}$$

由于n_1, n_2是有限整数,因而上式是一个有限项级数。由该级数可以看出,当$n_1 < 0$,$n_2 > 0$时,收敛域为$0 < |z| < +\infty$。当$n_1 < 0, n_2 \leqslant 0$时,$X(z)$收敛域为$|z| < +\infty$。当$n_1 \geqslant 0, n_2 > 0$时,$X(z)$收敛域为$|z| > 0$。所以有限长序列的 Z 变换收敛域至少为$0 < |z| < +\infty$,且可能还包括$z = 0$或$z = \infty$,由序列的形式所决定。

2. 右边序列

这类序列是有始无终的序列,即当$n < n_1$时,$x(n) = 0$。此时 Z 变换为

$$X(z) = \sum_{n=n_1}^{\infty} x(n) z^{-n}$$

若满足

$$\lim_{n \to \infty} \sqrt[n]{|x(n) z^{-n}|} < 1, \quad 即 \quad |z| > \lim_{n \to \infty} \sqrt[n]{|x(n)|} = R_{x1}$$

则为级数收敛,其中R_{x1}是级数的收敛半径。可见,右边序列的收敛域是半径为R_{x1}的圆外部分。如果$n_1 \geqslant 0$,则收敛域包含$z = \infty$,即$|z| > R_{x1}$;如果$n_1 < 0$,则收敛域不包括$z = \infty$,即$R_{x1} < |z| < +\infty$。显然,当$n_1 = 0$时,右边序列变成因果序列,即,因果序列是右边序列的一种特殊情况,它的收敛域是$|z| > R_{x1}$。

3. 左边序列

这类序列是无始有终序列,即当$n > n_2$时,$x(n) = 0$。此时 Z 变换为

$$X(z) = \sum_{n=-\infty}^{n_2} x(n) z^{-n}$$

若上式满足

$$\lim_{n \to \infty} \sqrt[n]{|x(-n) z^n|} < 1, \quad 即 \quad |z| < \frac{1}{\lim\limits_{n \to \infty} \sqrt[n]{|x(-n)|}} = R_{x2}$$

则该级数收敛。可见,左边序列的收敛域是半径为 R_{x2} 的圆内部分。如果 $n_2 > 0$,则收敛域不包括 $z=0$,即 $0 < |z| < R_{x2}$。如果 $n_2 \leqslant 0$,则收敛域包含 $z=0$,即 $|z| < R_{x2}$。

4. 双边序列

双边序列是从 $n=-\infty$ 延伸到 $n=\infty$ 的序列,一般可以写作

$$X(z) = \sum_{n=-\infty}^{\infty} x(n) z^{-n} = \sum_{n=0}^{\infty} x(n) z^{-n} + \sum_{n=-\infty}^{-1} x(n) z^{-n}$$

显然可以把它看作右边序列和左边序列 Z 变换的叠加。上式第一个级数是右边序列,其收敛域为 $|z| > R_{x1}$;第二个级数是左边序列,其收敛域为 $|z| < R_{x2}$。如果 $R_{x1} < R_{x2}$,则 $X(z)$ 的收敛域是两个级数收敛域的重叠部分,即 $R_{x1} < |z| < R_{x2}$,其中 $R_{x1} > 0$,$R_{x2} < \infty$。所以双边序列的收敛域通常是环形。如果 $R_{x1} > R_{x2}$,则两个级数不存在公共收敛域,此时 $X(z)$ 不收敛。

上面讨论了各种序列 Z 变换的收敛域,显然,收敛域取决于序列的形式。任何序列的单边 Z 变换收敛域和因果序列的收敛域类同,它们都是 $|z| > R_{x1}$。

例 6-1　求序列 $x(n) = a^n u(n) - b^n u(-n-1)$ 的 Z 变换,并确定它的收敛域(其中 $b > a$, $b > 0$, $a > 0$)。

解　如果求单边 Z 变换则

$$X(z) = \sum_{n=0}^{\infty} x(n) z^{-n} = \sum_{n=0}^{\infty} [a^n u(n) - b^n u(-n-1)] z^{-n} = \sum_{n=0}^{\infty} a^n z^{-n}$$

如果 $|z| > a$,则上面的级数收敛,这样得到

$$X(z) = \sum_{n=0}^{\infty} a^n z^{-n} = \frac{z}{z-a}, \quad |z| > a$$

如果求双边 Z 变换,则

$$X(z) = \sum_{n=-\infty}^{\infty} x(n) z^{-n} = \sum_{n=-\infty}^{\infty} [a^n u(n) - b^n u(-n-1)] z^{-n}$$

$$= \sum_{n=0}^{\infty} a^n z^{-n} - \sum_{n=-\infty}^{-1} b^n z^{-n} = \sum_{n=0}^{\infty} a^n z^{-n} + 1 - \sum_{n=0}^{\infty} b^{-n} z^n$$

如果 $|z| > a$ 而 $|z| < b$,则上面的级数收敛,得到

$$X(z) = \frac{z}{z-a} + 1 + \frac{b}{z-b} = \frac{z}{z-a} + \frac{z}{z-b}$$

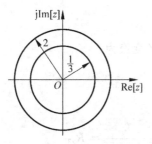

图 6-1　例 6-1 的收敛域

显然,该序列的双边 Z 变换的零点位于 $z=0$ 及 $z=\dfrac{a+b}{2}$,极点位于 $z=a$ 及 $z=b$,收敛域为 $a < |z| < b$,如图 6-1 所示 $\left(a=\dfrac{1}{3},b=2 \text{ 的情形}\right)$。由该例可以看出,由于 $X(z)$ 在收敛域内是解析的,因此收敛域内不应该包含任何极点。通常收敛域

以极点为边界。对于多个极点的情况,右边序列之收敛域是从 $X(z)$ 最外面(最大值)有限极点向外延伸至 $z \to \infty$(可能包括∞);左边序列之收敛域是从 $X(z)$ 最里边(最小值)的非零极点向内延伸至 $z=0$(可能包括 $z=0$)。

6.2 Z 逆变换

Z 逆变换类似于连续时间系统的拉普拉斯逆变换,在离散时间系统的分析中占有很重要的地位,这一节首先导出 Z 逆变换的表达式。由于实际应用中大多数使用的都是因果序列,因此我们主要研究单边 Z 变换的逆变换。

设已知序列 $x(n)$ 的 Z 变换为

$$X(z) = \sum_{n=0}^{\infty} x(n) z^{-n}$$

对上式两端分别乘以 z^{m-1},然后,沿复平面上围线 C 积分,C 是包围 $X(z)z^{n-1}$ 所有极点之逆时针闭合积分路线,通常选择复平面 z 内收敛域内以原点为圆心的圆,则可得出

$$\oint_C z^{m-1} X(z) \mathrm{d}z = \oint_C \left[\sum_{n=0}^{\infty} x(n) z^{-n} \right] z^{m-1} \mathrm{d}z$$

调换积分与求和的次序,上式就变成

$$\oint_C z^{m-1} X(z) \mathrm{d}z = \sum_{n=0}^{\infty} x(n) \oint_C z^{m-n-1} \mathrm{d}z$$

根据复变函数中的柯西定理,已知

$$\oint_C z^{k-1} \mathrm{d}z = \begin{cases} 2\pi \mathrm{j}, & k = 0 \\ 0, & k \neq 0 \end{cases}$$

这样上式沿围线积分变成

$$\oint_C X(z) z^{n-1} \mathrm{d}z = 2\pi \mathrm{j} x(n), \quad 即 \; x(n) = \frac{1}{2\pi \mathrm{j}} \oint_C X(z) z^{n-1} \mathrm{d}z \tag{6-5}$$

式(6-5)就是 Z 逆变换的表达式。

常用的求 Z 逆变换计算方法有三种:①对式(6-5)作围线积分(也称留数法);②仿照拉氏变换的方法,将 $X(z)$ 展开成部分分式之和,查表可得出各项的逆变换后再取其和;③借助长除法将 $X(z)$ 展开幂级数得到 $x(n)$。下面分别予以介绍。

6.2.1 部分分式展开法

序列的 Z 变换结果通常是 z 的有理函数,可表示为有理分式形式。先将 $X(z)$ 展开成一些简单而常见的部分分式之和,然后分别求出各分式的逆变换,把它们相加即可。

若有理多项式 $X(z)$ 可表示为

$$X(z) = \frac{N(z)}{D(z)} = \frac{b_0 + b_1 z + \cdots + b_{r-1} z^{n-1} + b_r z^n}{a_0 + a_1 z + \cdots + a_{k-1} z^{m-1} + a_k z^m} \tag{6-6}$$

分下述几种情况予以介绍:

1. 如果分母 $D(z)$ 的多项式无重根,且阶数高于分子 $N(z)$ 多项式阶数$(m>n)$,则式(6-6)可展开为

$$X(z) = \sum_{m=0}^{k} \frac{A_m z}{z - z_m} \tag{6-7}$$

式中 z_m 是 $X(z)$ 的极点。展开的各分式系数为

$$A_m = \left[(z - z_m) \frac{X(z)}{z} \right]_{z=z_m} \tag{6-8}$$

或者把式(6-7)写作

$$X(z) = A_0 + \sum_{m=1}^{k} \frac{A_m z}{z - z_m}$$

这里 z_m 是 $X(z)$ 的极点,而 A_0 为

$$A_0 = \left[X(z) \right]_{z=0} = \frac{b_0}{a_0}$$

例 6-2 已知 $X(z) = \dfrac{z^2}{(z-1)(z-2)}$,收敛域为 $|z|>2$,求其 Z 逆变换。

解 首先将 $X(z)$ 除以 z 得到

$$\frac{X(z)}{z} = \frac{z}{(z-1)(z-2)}$$

将 $\dfrac{X(z)}{z}$ 展开成部分分式,有

$$\frac{X(z)}{z} = \frac{A}{z-1} + \frac{B}{z-2}$$

并可求得

$$A = (z-1) \left. \frac{X(z)}{z} \right|_{z=1} = -1, \quad B = (z-2) \left. \frac{X(z)}{z} \right|_{z=2} = 2$$

所以有

$$\frac{X(z)}{z} = \frac{-1}{z-1} + \frac{2}{z-2}, \quad \text{即} \quad X(z) = \frac{-z}{z-1} + \frac{2z}{z-2}$$

因为收敛域是 $|z|>2$,所以 $x(n)$ 是右边序列:

$$x(n) = -u(n) + 2 \cdot 2^n u(n)$$

应当特别注意,当收敛域不同时,我们最后根据部分分式的结果写出的时域序列不同,例 6-2 的收敛域形状示于图 6-2;当收敛域是 $|z|>2$ 时,两个部分分式都对应右边序列得到

$$x(n) = -u(n) + 2 \cdot 2^n u(n)$$

当收敛域是 $1 < |z| < 2$ 时,我们可以得到

$$x(n) = -u(n) - 2 \cdot 2^n u(-n-1)$$

当收敛域是 $|z| < 1$ 时,我们可以得到

$$x(n) = u(-n-1) - 2 \cdot 2^n u(-n-1)$$

2. 当 $X(z)$ 除含有 m 个一阶极点外,在 $z = z_i$ 处有 s 阶极点,且分母多项式阶数高于分子多项式时 $(m > n)$(m, n 的意义见式(6-6)),部分分式展开的一般形式为

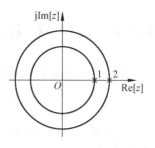

图 6-2 例 6-2 的收敛域

$$X(z) = \sum_{m=0}^{M} \frac{A_m z}{z - z_m} + \sum_{j=1}^{s} \frac{B_j z}{(z - z_i)^j} \tag{6-9}$$

由式(6-8)可得到系数 A_m,系数 B_j 可由下式确定

$$B_j = \frac{1}{(s-j)!} \left[\frac{\mathrm{d}^{s-j}}{\mathrm{d}z^{s-j}} (z - z_i)^s \frac{X(z)}{z} \right]_{z=z_i} \tag{6-10}$$

3. 当 $n \geq m$ 即分子多项式阶数高于分母多项式阶数时,则部分分式展开的形式为

$$X(z) = \sum_{i=0}^{m-n} C_i z^{-i} \sum_{m=0}^{M} \frac{A_m z}{z - z_m} + \sum_{j=1}^{s} \frac{B_j z}{(z - z_i)^j}$$

式中多项式系数 C_i 可由长除法确定,系数 A_m 和 B_j 可分别由式(6-8)和式(6-10)求得。

例 6-3 已知 $X(z) = \dfrac{1}{(z-1)^2}$,收敛域为 $|z| > 1$,求其 Z 逆变换 $x(n)$。

解 将 $X(z)$ 除以 z 并做部分分式展开,有

$$\frac{X(z)}{z} = \frac{1}{z(z-1)^2} = \frac{B_1}{z-1} + \frac{B_2}{(z-1)^2} + \frac{B_3}{z}$$

所以由式(6-10)可得

$$B_1 = \frac{1}{(2-1)!} \left[\frac{\mathrm{d}}{\mathrm{d}z} (z-1)^2 \frac{1}{z(z-1)^2} \right]_{z=1} = -1$$

$$B_2 = \left[(z-1)^2 \frac{1}{z(z-1)^2} \right]_{z=1} = 1$$

$$B_3 = z \frac{1}{z(z-1)^2} \bigg|_{z=0} = 1$$

于是有

$$X(z) = \frac{-z}{z-1} + \frac{B z_2}{(z-1)^2} + \frac{1}{z}$$

得到

$$x(n) = -u(n) + nu(n) + \delta(n)$$

6.2.2 应用 MATLAB 进行部分分式展开

信号的 Z 域表示式通常可以下面的有理分式表示

$$X(z) = \frac{b_0 + b_1 z^{-1} + b_2 z^{-2} + \cdots + b_m z^{-m}}{1 + a_1 z^{-1} + a_2 z^{-2} + \cdots + a_n z^{-n}} = \frac{\text{num}(z)}{\text{den}(z)} \qquad (6\text{-}11)$$

为了能从 Z 域表示式方便地得到时域表示式,可以将 $X(z)$ 展开成部分分式之和的形式,再取 Z 逆变换。MATLAB 的信号处理工具箱提供了一个对 $X(z)$ 进行部分分式展开的指令 residuez,它的调用格式为

```
>>[r,p,k] = residuez(num,den)
```

指令中参数 num,den 分别表示 $X(z)$ 的分子和分母多项式的系数向量,r 为部分分式的系数,p 为极点,k 为多项式的系数。若 $X(z)$ 为真分式,则 k 为空。也就是说,借助 residuez 函数可以将式(6-11)展开成

$$\frac{\text{num}(z)}{\text{den}(z)} = \frac{r(1)}{1 - p(1)z^{-1}} + \cdots + \frac{r(n)}{1 - p(n)z^{-1}} + k(1) + k(2)z^{-1} + \cdots$$

例 6-4 试用 MATLAB 计算下式的部分分式展开:

$$X(z) = \frac{9z^{-1}}{1 + 4.5z^{-1} + 6z^{-2} + 2z^{-3}}$$

解 计算部分分式展开的 MATLAB 程序如下:

```
>> num = [0 0 0 9];
>> den = [1 4.5 6 2];
>>[r,p k] = residuez(num,den)
```

程序运行结果如下:

```
r =    5.0000   -1.5000   -8.0000
p =   -2.0000   -2.0000   -0.5000
k =    4.5000
```

从运行结果中可以看出 $p(1) = p(2)$,这表示系统有一个 2 阶重极点,$r(1)$ 表示一阶极点前的系数,而 $r(2)$ 表示二阶极点前的系数。对高阶重极点表示方法是完全类似的,所以 $X(z)$ 的部分分式展开为

$$X(z) = 4.5 + \frac{5}{1 + 2z^{-1}} - \frac{1.5}{(1 + 2z^{-1})^2} - \frac{8}{1 + 0.5z^{-1}}$$

6.2.3 幂级数展开法(长除法)

因为 $x(n)$ 的 Z 变换定义为 z^{-1} 的幂级数,即

$$X(z) = \sum_{n=-\infty}^{\infty} x(n) z^{-n}$$

所以,只要在给定的收敛域内把 $X(z)$ 展开成幂级数,级数的系数就是序列 $x(n)$。一般情况下,$X(z)$ 是有理函数,若令分子多项式为 $N(z)$,分母多项式为 $D(z)$。如果 $X(z)$ 的收敛域是 $|z|>R_{z1}$,则 $x(n)$ 必然是因果序列,此时 $N(z)$,$D(z)$ 按 z 的降幂(或 z^{-1} 的升幂)次序进行排列。如果收敛域是 $|z|<R_{z2}$,则 $x(n)$ 必然是左边序列,此时 $N(z)$,$D(z)$ 按 z 的升幂(或 z^{-1} 的降幂)次序排列。然后利用长除法,便可将 $X(z)$ 展成幂级数,从而得到 $x(n)$。幂级数展开法比较简便直观,但一般只能得到 $x(n)$ 的有限项,难以得到 $x(n)$ 的闭式解。

例 6-5　求收敛域分别为 $|z|>1$ 和 $|z|<1$ 两种情况下,$X(z)=\dfrac{z}{(z-1)^2}$ 的 Z 逆变换。

解　当 $|z|>1$ 时,将分子分母按 z 的降幂进行排列并进行长除法有

$$
\begin{array}{r}
z^{-1} + 2z^{-2} + 3z^{-3} + 4z^{-4} + \cdots \\
z^2 - 2z + 1 \overline{\smash{\big)}\ z \phantom{-2+z^{-1}}} \\
\underline{z - 2 + z^{-1}} \\
2 - z^{-1} \\
\underline{2 - 4z^{-1} + 2z^{-2}} \\
3z^{-1} - 2z^{-2} \\
\underline{3z^{-1} - 6z^{-2} + 3z^{-3}} \\
4z^{-2} - 3z^{-3} \\
\underline{4z^{-2} - 8z^{-3} + 4z^{-4}} \\
5z^{-3} - 4z^{-4}
\end{array}
$$

所以有

$$x(n) = \{0, 1, 2, \cdots\}$$

当 $|z|<1$ 时,将分子分母按 z 的升幂进行排列并进行长除法有

$$x(n) = \{\cdots, 4, 3, 2, 1, 0\}$$
$$\uparrow$$

6.2.4　留数法(围线积分法)

由于复平面上围线 C 在 $X(z)$ 的收敛域内,且包围着坐标原点,而 $X(z)$ 又在 $|z|>R$ 的区域内收敛,因此 C 包围了 $X(z)$ 的奇点。通常 $X(z)z^{n-1}$ 是 z 的有理函数,其奇点都是孤立奇点(极点)。这样,根据复变函数的留数定理,可以把式(6-5)的积分表示为围线 C 内所包含的 $X(z)z^{n-1}$ 的各极点留数之和,即

$$x(n) = \frac{1}{2\pi \mathrm{j}} \oint_C X(z) z^{n-1} \mathrm{d}z = \sum_m \left[X(z) z^{n-1} \text{ 在 } C \text{ 内极点的留数} \right]$$

或简记为

$$x(n) = \sum_m \mathrm{Res}\left[X(z) z^{n-1} \right]_{z=z_m} \tag{6-12}$$

式中 Res 表示极点的留数,z_m 为 $X(z)z^{n-1}$ 的极点。

如果 $X(z)z^{n-1}$ 在 $z=z_m$ 处有 s 阶极点,此时它的留数由下式确定

$$\operatorname{Res}\left[X(z)z^{n-1}\right]_{z=z_m} = \frac{1}{(s-1)!}\left[\frac{\mathrm{d}^{s-1}}{\mathrm{d}z^{s-1}}\left[(z-z_m)^s X(z)z^{n-1}\right]\right]_{z=z_m} \tag{6-13}$$

若只含有一阶极点,即 $s=1$,则式(6-13)可以简化为

$$\operatorname{Res}\left[X(z)z^{n-1}\right]_{z=z_m} = \left[(z-z_m)X(z)z^{n-1}\right]_{z=z_m} \tag{6-14}$$

在利用式(6-12)~式(6-14)时,应当注意收敛域围线内所包围的极点情况,特别要注意对于不同 n 值,在 $z=0$ 处的极点可能具有不同阶数。

例 6-6 用留数法求解例 6-4。

解 n 的取值不同 $X(z)z^{n-1}$ 的极点个数不同:

① $n \geqslant 1$ 时,$X(z)z^{n-1}$ 有一个二阶极点 $z=1$,这时

$$x(n) = \operatorname{Res}\left[X(z)z^{n-1}\right]_{z=1} = \frac{1}{(2-1)!}\frac{\mathrm{d}}{\mathrm{d}z}\left[(z-1)^2 \frac{1}{(z-1)^2}z^{n-1}\right]_{z=1}$$

$$= \frac{\mathrm{d}}{\mathrm{d}z}(z^{n-1})\bigg|_{z=1} = (n-1)z^{n-2}\big|_{z=1} = (n-1)$$

所以

$$x(n) = \operatorname{Res}\left[X(z)z^{n-1}\right]_{z=1} = (n-1)u(n-1)$$

② $n=0$ 时

$$X(z)z^{0-1} = \frac{1}{z(z-1)^2}$$

$X(z)z^{n-1}$ 有一个二阶极点 $z=1$,还有一个一阶极点 $z=0$,所以

$$x(0) = \sum_m \operatorname{Res}\left[X(z)z^{0-1}\right]_{z=z_m}$$

$$\operatorname{Res}\left[\frac{1}{z(z-1)^2}\right]_{z=0} = \left[z \cdot \frac{1}{z(z-1)^2}\right]_{z=0} = 1$$

$$\operatorname{Res}\left[\frac{1}{z(z-1)^2}\right]_{z=1} = \frac{\mathrm{d}}{\mathrm{d}z}\left[(z-1)^2 \cdot \frac{1}{z(z-1)^2}\right]_{z=1} = \frac{-1}{z^2}\bigg|_{z=1} = -1$$

所以 $x(0) = 1+(-1) = 0$

③ 综上,我们得到 $x(n) = (n-1)u(n-1)$

而例 6-4 的结果是 $x(n) = -u(n)+nu(n)+\delta(n)$,当 $n=0$ 时,例 6-3 的结果 $x(0)=0$,所以 $x(n) = (n-1)u(n-1)$,与我们例 6-5 求得的结果相同。从上述求解可以看出,同样的问题,用留数法比用部分分式分解法要复杂,实际中,更多地使用部分分式分解法,因为部分分式展开法比较简单实用。

MATLAB 的符号数学工具箱提供了计算 Z 正变换的函数 ztrans 和计算逆 Z 变换的函数 iztrans。其调用形式为:

```
F = ztrans(f)          % 求符号函数 f 的 Z 变换,返回函数的自变量为 z;
```

```
F = ztrans(f,w)              % 求符号函数 f 的 z 变换,返回函数的自变量为 w;
F = ztrans(f,k,w)            % 对自变量为 k 的符号函数 f 求 z 变换,返回函数的自变量为 w。
f = iztrans(F)               % 对自变量为 z 的符号函数 F 求逆 z 变换,返回函数的自变量为 n;
f = iztrans(F,k)             % 对自变量为 z 的符号函数 F 求逆 z 变换,返回函数的自变量为 k;
f = iztrans(F,w,k)           % 对自变量为 w 的符号函数 F 求逆 z 变换,返回函数的自变量为 k。
```

例如,在命令窗口中输入如下命令,即可完成 $f(n) = 2^{-n}$ 的 Z 变换

```
>> syms n
>> f = sym('2^(-n)');        % 定义序列 f(n) = 2^-n
>> F = ztrans(f)             % 求 z 变换
```

运行结果为

$$F = 2*z/(2*z-1)$$

即 $F(z) = \dfrac{2z}{2z-1}$。

又如,运行如下 M 文件,可求得系统函数 $H(z) = \dfrac{z}{z^2+3z+2}$ 对应的冲激响应 $h(n)$

```
>> syms n z
>> H = sym('z/(z^2+3*z+2)');
>> h = iztrans(H,k)          % 求逆 Z 变换
```

运行结果为

$$h = (-1)^n - (-2)^n$$

即 $h(n) = [(-1)^n - (-2)^n]u(n)$。

6.3　Z 变换的基本性质

　　序列在时域中进行诸如两序列相加、平移、相乘、卷积等运算时,其 Z 变换将具有相应的运算。将这些对应关系统称为 Z 变换的性质。

6.3.1　线性特性

　　Z 变换的线性体现在它的叠加性与均匀性上,若

$$Z[x(n)] = X(z) \quad (R_{x1} < |z| < R_{x2})$$

$$Z[y(n)] = Y(z) \quad (R_{y1} < |z| < R_{y2})$$

则

$$Z[ax(n) + by(n)] = aX(z) + bY(z)$$

$$\lfloor \max\{R_{x1}, R_{y1}\} < |z| < \min\{R_{x2}, R_{y2}\} \rfloor$$

其中 a,b 为任意常数。一般地,相加后序列的 Z 变换收敛域为两个收敛域的重叠部分。然而,如果在这些线性组合中某些零点与极点相抵消,则收敛域可能扩大。

例 6-7　求序列 $a^n u(n) - a^n u(n-1)$ 的 Z 变换。

解　设 $x(n) = a^n u(n), y(n) = a^n u(n-1)$

利用表 6-1 中的结果有

$$X(z) = \frac{z}{z-a} \quad (|z| > |a|)$$

而

$$Y(z) = \sum_{n=0}^{\infty} y(n) z^{-n} = \sum_{n=1}^{\infty} a^n z^{-n} = \frac{a}{z-a} \quad (|z| > |a|)$$

所以 $Z[a^n u(n) - a^n u(n-1)] = X(z) - Y(z) = 1$,收敛域扩大到整个 z 平面。

6.3.2　位移特性(时移特性)

在实际问题当中可能遇到序列的左移或者右移两种不同情况,所取的变换形式有可能有单边 Z 变换与双边 Z 变换之分,它们的位移性基本相同,但又各自具有不同特点。下面分几种情况进行讨论。

1. 双边 Z 变换

若序列 $x(n)$ 的双边 Z 变换为

$$Z[x(n)] = X(z)$$

则序列左右移动后,它的双边 Z 变换等于

$$Z[x(n \pm m)] = z^{\pm m} X(z)$$

式中 m 为任意正整数。并且不难看出,序列位移只会使变换在 $z=0$ 和 $z=\infty$ 处的零极点情况发生变化。如果 $x(n)$ 是双边序列,$X(z)$ 的收敛域是环形区域(即 $R_{x1} < |z| < R_{x2}$),在这种情况下序列位移不会使 Z 变换收敛域发生变化。

2. 单边 Z 变换

若 $x(n)$ 是双边序列,其单边 Z 变换为

$$Z[x(n)u(n)] = X(z)$$

则序列左移后,它的单边 Z 变换等于

$$Z[x(n+m)u(n)] = z^m \left[X(z) - \sum_{k=0}^{m-1} x(k) z^{-k} \right] \tag{6-15}$$

证明　根据单边 Z 变换的定义,可得

$$Z[x(n+m)u(n)] = \sum_{n=0}^{\infty} x(n+m)z^{-n} = z^m \sum_{n=0}^{\infty} x(n+m)z^{-(n+m)} = z^m \sum_{n=m}^{\infty} x(k)z^{-k}$$

$$= z^m \left[\sum_{n=0}^{\infty} x(k)z^{-k} - \sum_{k=0}^{m-1} x(k)z^{-k} \right] = z^m \left[X(z) - \sum_{k=0}^{m-1} x(k)z^{-k} \right]$$

同样可以得到右移序列的单边 Z 变换

$$Z[x(n-m)u(n)] = z^{-m} \left[X(z) + \sum_{k=-m}^{-1} x(k)z^{-k} \right] \tag{6-16}$$

如果 $x(n)$ 是因果序列,则式(6-16)右边的 $\sum\limits_{k=-m}^{-1} x(k)z^{-k}$ 项等于零。于是右移序列的单边 Z 变换变为

$$Z[x(n-m)u(n)] = z^{-m}X(z) \tag{6-17}$$

而左移序列的单边 Z 变换不变,与式(6-15)相同。

利用 Z 变换的线性和位移性,可把差分方程转化为代数方程,从而使求解过程简化。

线性时不变离散系统的差分方程一般形式是

$$\sum_{k=0}^{N} a_k y(n-k) = \sum_{r=0}^{M} b_r x(n-r) \tag{6-18}$$

将等式两边取单边 Z 变换,并利用 Z 变换的位移公式(6-16),可以得到

$$\sum_{k=0}^{N} a_k z^{-k} \left[Y(z) + \sum_{l=-k}^{-1} y(l)z^{-l} \right] = \sum_{r=0}^{M} b_r z^{-r} \left[X(z) + \sum_{m=-r}^{-1} x(m)z^{-m} \right] \tag{6-19}$$

若激励 $x(n)=0$,即系统处于零输入状态,则差分方程(6-18)成为齐次方程,即

$$\sum_{k=0}^{N} a_k y(n-k) = 0$$

而式(6-19)变成

$$\sum_{k=0}^{N} a_k z^{-k} \left[Y(z) + \sum_{l=-k}^{-1} y(l)z^{-l} \right] = 0$$

于是

$$Y(z) = \frac{-\sum\limits_{k=0}^{N} \left[a_k z^{-k} \sum\limits_{l=-k}^{-1} y(l)z^{-l} \right]}{\sum\limits_{k=0}^{N} a_k z^{-k}}$$

对应的响应序列是上式的逆变换,即

$$y(n) = Z^{-1}[Y(z)]$$

显然它是零输入响应,该响应是由系统的起始状态产生的。

若系统的起始状态 $y(l)=0 (-N \leqslant l \leqslant -1)$,即系统处于零起始状态,式(6-19)变成

$$\sum_{k=0}^{N} a_k z^{-k} Y(z) = \sum_{r=0}^{M} b_r z^{-r} \left[X(z) + \sum_{m=-r}^{-1} x(m)z^{-m} \right]$$

如果激励 $x(n)$ 为因果序列,上式可以写成

$$\sum_{k=0}^{N} a_k z^{-k} Y(z) = \sum_{r=0}^{M} b_r z^{-r} X(z)$$

于是

$$Y(z) = X(z) \cdot \frac{\displaystyle\sum_{r=0}^{M} b_r z^{-r}}{\displaystyle\sum_{k=0}^{N} a_k z^{-k}}$$

令

$$H(z) = \frac{\displaystyle\sum_{r=0}^{M} b_r z^{-r}}{\displaystyle\sum_{k=0}^{N} a_k z^{-k}}$$

则

$$Y(z) = X(z) H(z)$$

此时对应的序列为

$$y(n) = Z^{-1}[X(z) H(z)]$$

这样所得到的响应是系统的零状态响应,它完全是由激励 $x(n)$ 产生的。这里所引入的 Z 变换式 $H(z)$ 是由系统的特性所决定,它就是下节将要讨论的离散系统的"系统函数"。

例 6-8 已知系统的差分方程为

$$y(n) + 3y(n-1) + 2y(n-2) = x(n) + x(n-1)$$

当 $x(n) = \begin{cases} (-2)^n, & n \geq 0 \\ 0, & n < 0 \end{cases}$,并且 $y(0) = y(1) = 0$ 时,求该系统的零输入响应和零状态响应。

解 用 Z 变换求解方程时需要知道 $y(-1)$ 和 $y(-2)$,因此经方程迭代可求出

$$y(-1) = -\frac{1}{2}, \quad y(-2) = \frac{5}{4}$$

对方程两边同时作 Z 变换,得到

$$Y(z) + 3[z^{-1} Y(z) + y(-1)] + 2[z^{-2} Y(z) + z^{-1} y(-1) + y(-2)]$$

$$= \frac{z}{z+2} + \frac{z}{z+2} z^{-1}, \quad x(-1) = 0$$

① 求零状态响应

当 $y(-1) = y(-2) = 0$ 时,上述方程变为

$$Y_{zs}(z)[1 + 3z^{-1} + 2z^{-2}] = \frac{z+1}{z+2}$$

所以有

$$Y_{zs}(z) = \frac{z^2}{(z+2)^2}$$

对上述结果求取 Z 逆变换得

$$y_{zs}(n) = Z^{-1}[Y_{zs}(z)] = (n+1)(-2)^n u(n)$$

② 求零输入响应

当 $x(n) = 0$ 时，Z 域方程变为

$$Y_{zi}(z)[1 + 3z^{-1} + 2z^{-2}] = -2z^{-1}y(-1) - 3y(-1) - 2y(-2), 即$$

$$Y_{zi}(z) = \frac{-z(z-1)}{(z+2)(z+1)} = \frac{-3z}{z+2} + \frac{2z}{z+1}$$

所以有

$$y_{zi}(n) = Z^{-1}[Y_{zi}(z)] = -3(-2)^n + 2(-1)^n, \quad n \geqslant 0$$

6.3.3 序列线性加权(Z 域微分)

若已知

$$Z[x(n)] = X(z)$$

则

$$Z[nx(n)] = -z\frac{\mathrm{d}}{\mathrm{d}z}X(z)$$

可见序列线性加权(乘 n)等效于其 Z 变换取倒数再乘以($-z$)。

同理，可以得到

$$Z[n^m x(n)] = \left[-z\frac{\mathrm{d}}{\mathrm{d}z}\right]^m X(z)$$

式中的 $\left[-z\dfrac{\mathrm{d}}{\mathrm{d}z}\right]^m$ 表示

$$-z\frac{\mathrm{d}}{\mathrm{d}z}\left\{-z\frac{\mathrm{d}}{\mathrm{d}z}\left[-z\frac{\mathrm{d}}{\mathrm{d}z}\cdots\left(-z\frac{\mathrm{d}}{\mathrm{d}z}X(z)\right)\right]\right\}$$

即共求 m 次导。

例 6-9 求 $na^n u(n)$ 的 Z 变换。

解 因为 $Z[a^n u(n)] = \dfrac{z}{z-a}, |z| > |a|$，所以有

$$Z[na^n u(n)] = -z\frac{\mathrm{d}\left(\dfrac{z}{z-a}\right)}{\mathrm{d}z} = -z\frac{z-a-z}{(z-a)^2} = \frac{az}{(z-a)^2} \mid z \mid > \mid a \mid$$

6.3.4 序列指数加权(Z 域尺度变换)

若已知 $Z[x(n)] = X(z), (R_{x1} < |z| < R_{x2})$，则

$$Z[a^n x(n)] = X\left(\frac{z}{a}\right)\left(R_{x1} < \left|\frac{z}{a}\right| < R_{x2}\right) \quad (a \text{ 为非零常数})$$

可见，$x(n)$ 乘以指数序列等效于 z 平面尺度的展缩。

例 6-10 已知 $Z[\sin(nw_0)u(n)] = \dfrac{z\sin w_0}{z^2 - 2z\cos w_0 + 1}$，$|z| > 1$。求 $\beta^n \sin(nw_0)u(n)$ 的 Z 变换。

解 利用 Z 变换序列指数加权特性，有

$$Z[\beta^n \sin(nw_0)u(n)] = \frac{\dfrac{z}{\beta}\sin w_0}{\left(\dfrac{z}{\beta}\right)^2 - 2\dfrac{z}{\beta}\cos w_0 + 1} = \frac{\beta z\sin w_0}{z^2 - 2\beta z\cos w_0 + \beta^2}$$

收敛域为

$$\left|\frac{z}{\beta}\right| > 1, \quad \text{即} \quad |z| > |\beta|$$

6.3.5　初值与终值定理

若 $x(n)$ 是因果序列，已知 $X(z) = Z[x(n)] = \displaystyle\sum_{n=0}^{\infty} x(n)z^{-n}$，则

$$x(0) = \lim_{z \to \infty} X(z)$$

$$\lim_{n \to \infty} x(n) = \lim_{z \to 1}[(z-1)X(z)]$$

证明 ① 因为 $X(z) = \displaystyle\sum_{n=0}^{\infty} x(n)z^{-n} = x(0) + x(1)z^{-1} + x(2)z^{-2} + \cdots$，当 $z \to \infty$ 时，上式的级数中除了第一项 $x(0)$ 外，其他各项都趋于零，所以有

$$\lim_{z \to \infty} X(z) = \lim_{z \to \infty} \sum_{n=0}^{\infty} x(n)z^{-n} = x(0)$$

② 因为 $Z[x(n+1) - x(n)] = zX(z) - zx(0) - X(z) = (z-1)X(z) - zx(0)$，取极限有

$$\lim_{z \to 1}(z-1)X(z) = x(0) + \lim_{z \to 1}\sum_{n=0}^{\infty}[x(n+1) - x(n)]z^{-n}$$

$$= x(0) + [x(1) - x(0)] + [x(2) - x(1)] + [x(3) - x(2)] + \cdots$$

$$= x(0) - x(0) + x(\infty)$$

所以有

$$\lim_{z \to 1}(z-1)X(z) = x(\infty)$$

从上述推导可以看出，终值定理只有当 $n \to \infty$ 时 $x(n)$ 收敛才可应用，也就是说要求 $X(z)$ 的极点必须处在单位圆内(在单位圆上只能位于 $z = +1$ 点且是一阶极点)。

例 6-11 已知 $X(z) = \dfrac{z^2 + 2z}{z^3 + 0.5z^2 - z + 7}$，求 $x(0)$ 和 $x(1)$。

解 $x(0) = \lim\limits_{z \to \infty} X(z) = 0$，

$$x(1) = \lim_{z \to \infty} z[X(z) - x(0)] = \lim_{z \to \infty} \frac{1 + \dfrac{2}{z}}{1 + 0.5\dfrac{1}{z} - \dfrac{1}{z^2} + \dfrac{7}{z^3}} = 1$$

6.3.6　卷积定理

已知两序列 $x(n), h(n)$，其 Z 变换为

$$X(z) = Z[x(n)](R_{x1} < |z| < R_{x2})$$
$$H(z) = Z[h(n)](R_{h1} < |z| < R_{h2})$$

则

$$Z[x(n) * h(n)] = X(z)H(z), \quad [\max\{R_{x1}, R_{y1}\} < |z| < \min\{R_{x2}, R_{y2}\}]$$

在一般情况下，其收敛域是 $X(z)$ 与 $H(z)$ 的重叠部分。若位于某一 Z 变换收敛域边缘上的极点被另一个 Z 变换的零点相抵消，则收敛域将会扩大。

证明 因为

$$Z[x(n) * h(n)] = \sum_{n=-\infty}^{\infty} [x(n) * h(n)]z^{-n} = \sum_{n=-\infty}^{\infty} \sum_{m=-\infty}^{\infty} x(m)h(n-m)z^{-n}$$

$$= \sum_{m=-\infty}^{\infty} x(m) \sum_{n=-\infty}^{\infty} h(n-m)z^{-(n-m)}z^{-m}$$

$$= \sum_{m=-\infty}^{\infty} x(m)z^{-m}H(z)$$

所以

$$Z[x(n) * h(n)] = X(z)H(z)$$

可见两序列在时域中的卷积等效于在 Z 域中两序列 Z 变换的乘积。若 $x(n)$ 与 $h(n)$ 分别为线性时不变离散系统的激励序列与单位样值响应，那么在求系统的响应序列 $y(n)$ 时，可以避免卷积运算。

例 6-12 求下列两单边指数序列的卷积：

$$x(n) = a^n u(n), \quad h(n) = b^n u(n)$$

解 因为 $X(z) = Z[x(n)] = \dfrac{z}{z-a}(|z| > |a|)$，$H(z) = Z[h(n)] = \dfrac{z}{z-b}(|z| > |b|)$ 应用 Z 变换的卷积定理有

$$Y(z) = X(z)H(z) = \frac{z^2}{(z-a)(z-b)}$$

显然,其收敛域为$|z|>|a|$与$|z|>|b|$的重叠部分,如图 6-3 所示。

把 $Y(z)$ 展开成部分分式,得

$$Y(z) = \frac{1}{a-b}\left(\frac{az}{z-a} - \frac{bz}{z-b}\right)$$

其逆变换为

$$
\begin{aligned}
y(n) &= x(n)*h(n) = Z^{-1}[Y(z)] \\
&= \frac{1}{a-b}(a^{n+1} - b^{n+1})u(n)
\end{aligned}
$$

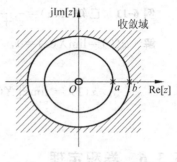

图 6-3　例 6-12 的收敛域

6.4　离散系统的系统函数 $H(z)$ 及应用

与拉普拉斯变换类似,Z 变换是离散信号与系统分析的一个强有力的工具。离散时间线性时不变系统函数是 Z 域描述离散时间系统的重要特征参数,是分析和设计离散时间系统的基础。利用 Z 变换可以得到一种有效求解离散时间线性时不变系统响应的方法。

6.4.1　单位样值响应与系统函数

一个线性时不变离散时间系统,在时域中可以用线性常系数差分方程来描述。上节中已经给出了这种差分方程的一般形式为

$$\sum_{k=0}^{N} a_k y(n-k) = \sum_{r=0}^{M} b_r x(n-r)$$

若激励 $x(n)$ 是因果序列,且系统处于零状态,此时,由上式的 Z 变换得到

$$Y(z) \cdot \sum_{k=0}^{N} a_k z^{-k} = X(z) \cdot \sum_{r=0}^{M} b_r z^{-r}$$

于是有

$$H(z) = \frac{Y(z)}{X(z)} = \frac{\displaystyle\sum_{r=0}^{M} b_r z^{-r}}{\displaystyle\sum_{k=0}^{N} a_k z^{-k}} \tag{6-20}$$

$H(z)$ 称为离散系统的系统函数,它表示系统零状态响应的 Z 变换与激励 Z 变换之比值。

式(6-20)的分子多项式与分母多项式经因式分解可以改写为

$$H(z) = G \frac{\prod\limits_{r=1}^{M}(1-z_r z^{-1})}{\prod\limits_{k=1}^{N}(1-p_k z^{-1})} \tag{6-21}$$

其中 z_r 是 $H(z)$ 的零点，p_k 是 $H(z)$ 的极点，它们由差分方程的系数 a_k 与 b_r 决定。

由第 5 章我们已经知道，系统的零状态响应也可以用激励与单位样值响应的卷积表示，即

$$y(n) = x(n) * h(n)$$

由时域卷积定理，得到

$$Y(z) = X(z)H(z) \quad \text{或} \quad y(n) = Z^{-1}[X(z)H(z)]$$

其中

$$H(z) = Z[h(n)] = \sum_{n=0}^{\infty} h(n)z^{-n}$$

可见，系统函数 $H(z)$ 与单位样值响应 $h(n)$ 是一对 Z 变换。我们既可以利用卷积求系统的零状态响应，也可以借助系统函数与激励变换式乘积之 Z 逆变换来求此响应。

例 6-13　已知系统的差分方程为

$$y(n) + 3y(n-1) + 2y(n-2) = x(n) + x(n-1)$$

当 $x(n) = (-2)^n u(n)$。求该系统的系统函数和零状态响应。

解　在零状态条件下，对差分方程两边同时求单边 Z 变换有

$$Y(z) + 3z^{-1}Y(z) + 2z^{-2}Y(z) = X(z)(1+z^{-1})$$

则

$$H(z) = \frac{Y(z)}{X(z)} = \frac{1+z^{-1}}{1+3z^{-1}+2z^{-2}} = \frac{z}{z+2}$$

求系统的零状态响应

$$Y(z) = X(z)H(z) = \frac{z}{z+2} \cdot \frac{z}{z+2} = \left(\frac{z}{z+2}\right)^2$$

所以

$$y_{zs}(n) = Z^{-1}[Y(z)] = (n+1)(-2)^n u(n)$$

6.4.2　系统函数的零极点分布对系统特性的影响

1. 由系统函数的零极点分布确定单位样值响应

与拉普拉斯变换在连续时间系统中的作用类似，在离散系统中，Z 变换建立了时间函数 $x(n)$ 与 Z 域函数 $X(z)$ 之间一定的转换关系。因此，可以从 Z 变换函数 $X(z)$ 的形式反映出时间函数 $x(n)$ 的内在性质。对于一个离散系统来说，如果它的系统函数 $H(z)$ 是有理函数，

那么分子多项式和分母多项式都可以分解为因子形式,它们的因子分别表示 $H(z)$ 的零点和极点的位置,如式(6-20)所示,即

$$H(z) = \frac{\sum\limits_{r=0}^{M} b_r z^{-r}}{\sum\limits_{k=0}^{N} a_k z^{-k}} = G \frac{\prod\limits_{r=1}^{M} (1 - z_r z^{-1})}{\prod\limits_{k=1}^{N} (1 - p_k z^{-1})}$$

由于系统函数 $H(z)$ 与单位样值响应 $h(n)$ 是一对 Z 变换,即

$$H(z) = Z[h(n)], \quad h(n) = Z^{-1}[H(z)]$$

所以,可以从 $H(z)$ 的零极点分布情况,确定单位样值响应 $h(n)$ 的性质。

如果把 $H(z)$ 展开成部分分式,那么 $H(z)$ 每个极点将决定一项对应的时间序列。对于具有一阶极点 $p_1, p_2, \cdots, p_N$ 的系统函数,若 $N > M$,则 $h(n)$ 可表示为

$$h(n) = Z^{-1}[H(z)] = Z^{-1}\left[G \frac{\prod\limits_{r=1}^{M} (1 - z_r z^{-1})}{\prod\limits_{k=1}^{N} (1 - p_k z^{-1})} \right] = Z^{-1}\left[\sum\limits_{k=0}^{N} \frac{A_k z}{z - p_k} \right]$$

式中 $p_0 = 0$。这样,上式可表示成

$$h(n) = Z^{-1}\left[A_0 + \sum\limits_{k=1}^{N} \frac{A_k z}{z - p_k} \right] = A_0 \delta(n) + \sum\limits_{k=1}^{N} A_k (p_k)^n u(n)$$

在此极点 p_k 可以是实数,但一般情况下,它是以成对的共轭复数形式出现,由上式可见。单位样值响应 $h(n)$ 的特性,取决于 $H(z)$ 的极点,其幅值由系数 A_k 决定,而 A_k 与 $H(z)$ 的零点分布有关。$H(z)$ 的极点决定 $h(n)$ 的波形特征,而零点只影响 $h(n)$ 的幅度和相位。下面讨论 $H(z)$ 的极点分布与 $h(n)$ 波形的关系。

① 单实数极点 $p = a$,这时

$$h(n) = a^n u(n)$$

若 $a > 1$,极点在单位圆外,$h(n)$ 为增幅指数序列;若 $a < 1$,极点在单位圆内,$h(n)$ 为衰减指数序列;若 $a = 1$,极点在单位圆上,$h(n)$ 为等幅序列。

② 共轭极点 $p_1 = re^{j\theta}$,$p_2 = re^{-j\theta}$,这时

$$h(n) = \frac{A}{1 - re^{j\theta} z^{-1}} + \frac{A^*}{1 - re^{-j\theta} z^{-1}}$$

为分析方便起见,令 $A = 1$,可得出对应系统的单位样值响应为

$$h(n) = 2r^n \cos(n\theta) u(n)$$

若 $r = 1$,极点在单位圆上,$h(n)$ 为等幅振荡序列;若 $r > 1$,极点在单位圆外,$h(n)$ 为增幅振荡序列;若 $r < 1$,极点在单位圆内,$h(n)$ 为减幅振荡序列。

2. 离散时间系统的稳定性和因果性

我们在第 5 章已经从时域研究了离散时间系统的稳定性和因果性,现在从 Z 域特征考

察系统的稳定性和因果性。

离散时间系统稳定的充分必要条件是单位样值响应绝对可和,即

$$\sum_{n=-\infty}^{\infty} |h(n)| \leqslant M$$

式中 M 为有限正值,上式也可写作

$$\sum_{n=-\infty}^{\infty} |h(n)| < +\infty$$

由 Z 变换的定义和系统函数定义可知

$$H(z) = \sum_{n=-\infty}^{\infty} h(n) z^{-n}$$

当 $z=1$(在 z 平面单位圆上)时,有

$$H(z) = \sum_{n=-\infty}^{\infty} h(n)$$

为使系统稳定应满足

$$\sum_{n=-\infty}^{\infty} h(n) < +\infty$$

这表明,对于稳定系统 $H(z)$ 的收敛域应包含单位圆在内。

对于因果系统,$h(n) = h(n)u(n)$ 为因果序列,它的 Z 变换的收敛域包含 ∞ 点,通常收敛域表示为某圆外区 $a < |z| \leqslant +\infty$。

在实际问题中,经常遇到稳定因果系统应同时满足以上两方面的条件,也即

$$\begin{cases} a < |z| \leqslant +\infty \\ a < 1 \end{cases}$$

这时,全部极点落在单位圆内。

例 6-14 某线性时不变系统 $h(n) = 0.5^n u(-n)$,试判断其稳定性和因果性。

解 ① 从时域判断

因为 $u(-n) = \begin{cases} 1, & n \leqslant 0 \\ 0, & n > 0 \end{cases}$,所以该系统是非因果的。

$$h(n) = 1 + (0.5)^{-1} + (0.5)^{-2} + (0.5)^{-3} + \cdots = 1 + \frac{1}{0.5} + \frac{1}{0.5^2} + \cdots + \infty$$

所以

$$\sum_{n=-\infty}^{\infty} |h(n)| = +\infty$$

该系统不稳定。

② 从 Z 域判断

$$H(z) = \sum_{n=-\infty}^{\infty} h(n) z^{-n} = \sum_{n=-\infty}^{-1} (0.5)^n z^{-n} = \sum_{n=1}^{\infty} (2z)^n = \frac{2z}{1-2z} = \frac{-z}{z-\frac{1}{2}}$$

收敛域 $|z| < \dfrac{1}{2}$，极点位于 $z = \dfrac{1}{2}$，该系统是非因果系统，极点在单位圆内，但是收敛域不包含单位圆，系统不稳定。

例 6-15　表示某离散系统的差分方程为

$$y(n) + 0.2y(n-1) - 0.24y(n-2) = x(n) + x(n-1)$$

求系统函数 $H(z)$；讨论此因果系统 $H(z)$ 的收敛域和稳定性；求单位样值响应 $h(n)$；当激励 $x(n)$ 为单位阶跃序列时，求零状态响应 $y(n)$。

解　在零状态下，对差分方程两边同时求 Z 变换有

$$Y(z) + 0.2z^{-1}Y(z) - 0.24z^{-2}Y(z) = X(z) + z^{-1}X(z)$$

于是可得

$$H(z) = \frac{Y(z)}{X(z)} = \frac{1 + z^{-1}}{1 + 0.2z^{-1} - 0.24z^{-2}}$$

化简后得到

$$H(z) = \frac{z(z+1)}{(z-0.4)(z+0.6)}$$

$H(z)$ 的两个极点分别位于 0.4 和 -0.6，它们都在单位圆内，对此因果系统的收敛域为 $|z| > 0.6$，且包含 $z = \infty$ 点，是一个稳定的因果系统。

将 $H(z)$ 展开成部分分式，得到

$$H(z) = \frac{1.4z}{z - 0.4} - \frac{0.4z}{z + 0.6} \quad (|z| > 0.6)$$

取逆变换，得到单位样值响应

$$h(n) = [1.4(0.4)^n - 0.4(-0.6)^n]u(n)$$

若激励 $x(n) = u(n)$，则

$$X(z) = \frac{z}{z-1} \quad (|z| > 1)$$

于是

$$Y(z) = X(z)H(z) = \frac{z^2(z+1)}{(z-1)(z-0.4)(z+0.6)}$$

将 $Y(z)$ 展成部分分式，得到

$$Y(z) = \frac{2.08z}{z-1} - \frac{0.93z}{z-0.4} - \frac{0.15z}{z+0.6} \quad (|z| > 1)$$

取逆变换，得到

$$y(n) = [2.08 - 0.93(0.4)^n - 0.15(-0.6)^n]u(n)$$

6.4.3　离散时间系统的频率响应特性

与连续系统中频率响应的地位和作用类似，在离散系统中经常需要对输入信号的频谱

进行处理,因此,有必要研究离散系统在正弦序列作用下的稳态响应,并说明系统频率响应的意义。

1. 离散时间系统频率响应的定义

对于稳定的因果离散系统,令单位样值响应为 $h(n)$,系统函数为 $H(z)$。输入是正弦序列

$$x(n) = A\sin(nw), \quad n \geqslant 0$$

其 Z 变换为

$$X(z) = \frac{Az\sin w}{z^2 - 2z\cos w + 1} = \frac{Az\sin w}{(z - e^{j\omega})(z - e^{-j\omega})}$$

于是,系统响应的 Z 变换 $Y(z)$ 可以写作

$$Y(z) = \frac{Az\sin w}{(z - e^{j\omega})(z - e^{-j\omega})} \cdot H(z)$$

因为系统是稳定的,$H(z)$ 的极点均位于单位圆之内,它们不会与 $X(z)$ 的极点 $e^{j\omega}$,$e^{-j\omega}$ 相重合。这样,$Y(z)$ 可展开成

$$Y(z) = \frac{az}{z - e^{j\omega}} + \frac{bz}{z - e^{-j\omega}} + \sum_{m=1}^{M} \frac{A_m z}{z - z_m} \tag{6-22}$$

式中 z_m 是 $\dfrac{H(z)}{z}$ 的极点。可以求出系数 a,b:

$$a = \left[\frac{Y(z)}{z}(z - e^{j\omega}) \right]_{z = e^{j\omega}} = A\frac{H(e^{j\omega})}{2j}$$

$$b = \left[\frac{Y(z)}{z}(z - e^{-j\omega}) \right]_{z = e^{-j\omega}} = -A\frac{H(e^{-j\omega})}{2j}$$

注意到 $H(e^{j\omega})$ 和 $H(e^{-j\omega})$ 是一对共轭复数,有

$$H(e^{j\omega}) = |H(e^{j\omega})|\, e^{j\varphi}$$

$$H(e^{-j\omega}) = |H(e^{-j\omega})|\, e^{-j\varphi}$$

将上述结果代入式(6-22)有

$$Y(z) = \frac{A \cdot |H(e^{j\omega})|}{2j}\left(\frac{ae^{j\varphi}}{z - e^{j\omega}} + \frac{be^{-j\varphi}}{z - e^{-j\omega}} \right) + \sum_{m=1}^{M} \frac{A_m z}{z - z_m}$$

显然,$Y(z)$ 的逆变换为

$$y(n) = \frac{A \cdot |H(e^{j\omega})|}{2j}\left(e^{j(nw+\varphi)} - e^{-j(nw+\varphi)} \right) + \sum_{m=1}^{M} A_m (z_m)^n$$

对于稳定系统,$H(z)$ 的极点全部位于单位圆内,即 $|z_m| < 1$。这样,当 $n \to \infty$ 时,由 $H(z)$ 的极点所对应的各指数衰减序列都趋于零。所以稳态响应 $y_{ss}(n)$ 就是上式的第一项,即

$$y_{ss}(n) = \frac{A \cdot |H(e^{j\omega})|}{2j}\left(e^{j(nw+\varphi)} - e^{-j(nw+\varphi)} \right) \tag{6-23}$$

由式(6-23)可以看出,若输入是正弦序列,则系统的稳态响应也是正弦序列,如果令

$$x(n) = A\sin(n\omega - \theta_1), \quad y_{ss}(n) = B\sin(n\omega - \theta_2)$$

则

$$H(e^{j\omega}) = \frac{B}{A}e^{j[-(\theta_2 - \theta_1)]}, \quad 即 \quad |H(e^{j\omega})| = \frac{B}{A}, \quad \varphi = -(\theta_2 - \theta_1)$$

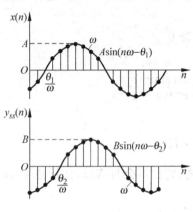

其中 $H(e^{j\omega})$ 就是离散系统的频率响应,它表示输出序列的幅度和相位相对于输入序列的变化。显然 $H(e^{j\omega})$ 是正弦序列包络频率 ω 的连续函数,如图 6-4 所示。

通常 $H(e^{j\omega})$ 是复数,所以一般写成

$$H(e^{j\omega}) = |H(e^{j\omega})| e^{j\varphi(w)}$$

式中 $|H(e^{j\omega})|$ 是离散系统的幅度响应,$\varphi(w)$(或记作 φ)是相位响应。我们知道单位样值响应 $h(n)$ 的傅里叶变换结果为

$$H(e^{j\omega}) = \sum_{n=-\infty}^{\infty} h(n)e^{-jn\omega}$$

图 6-4 正弦输入与输出序列

因此,离散系统的频率响应 $H(e^{j\omega})$ 与单位样值响应 $h(n)$ 是一对傅里叶变换。

由上式可以看出,由于 $e^{j\omega}$ 是周期函数,因而系统的频率响应 $H(e^{j\omega})$ 必然也是周期函数,其周期为序列的重复频率 $\omega_s\left(=\dfrac{2\pi}{T}\right.$,若令 $T=1$,则 $\left.\omega_s = 2\pi\right)$,这是离散系统有别于连续系统的一个突出特点。

应当指出,类似于模拟滤波器,离散系统(数字滤波器)按频率特性页有低通、高通、带通、带阻、全通之分。由于频率响应 $H(e^{j\omega})$ 具有的周期性,因此这些特性完全可以在 $-\dfrac{\omega_s}{2} \leqslant \omega \leqslant \dfrac{\omega_s}{2}$ 范围内得到区分,如图 6-5 所示。

2. 频率响应的几何确定法

类似于连续时间系统,也可以用系统函数 $H(z)$ 在 Z 平面上零极点分布,通过几何方法简便而直观地求出离散系统的频率响应。

若已知

$$H(z) = \frac{\prod_{r=1}^{M}(z - z_r)}{\prod_{k=1}^{N}(z - p_k)}$$

则

$$H(\mathrm{e}^{\mathrm{j}\omega}) = \frac{\displaystyle\prod_{r=1}^{M}(\mathrm{e}^{\mathrm{j}\omega} - z_r)}{\displaystyle\prod_{k=1}^{N}(\mathrm{e}^{\mathrm{j}\omega} - p_k)} = |H(\mathrm{e}^{\mathrm{j}\omega})|\,\mathrm{e}^{\mathrm{j}\varphi(w)}$$

则

$$H(\mathrm{e}^{\mathrm{j}\omega}) = \frac{\displaystyle\prod_{r=1}^{M}(\mathrm{e}^{\mathrm{j}\omega} - z_r)}{\displaystyle\prod_{k=1}^{N}(\mathrm{e}^{\mathrm{j}\omega} - p_k)} = |H(\mathrm{e}^{\mathrm{j}\omega})|\,\mathrm{e}^{\mathrm{j}\varphi(w)}$$

令

$$\mathrm{e}^{\mathrm{j}\omega} - z_r = A_r \mathrm{e}^{\mathrm{j}\psi_r}$$

$$\mathrm{e}^{\mathrm{j}\omega} - p_k = B_k \mathrm{e}^{\mathrm{j}\theta_k}$$

于是得出幅度响应

$$|H(\mathrm{e}^{\mathrm{j}\omega})| = \frac{\displaystyle\prod_{r=1}^{M}A_r}{\displaystyle\prod_{k=1}^{N}B_k}$$

相位响应

$$\varphi(w) = \sum_{r=1}^{M}\psi_r = \sum_{k=1}^{N}\theta_k$$

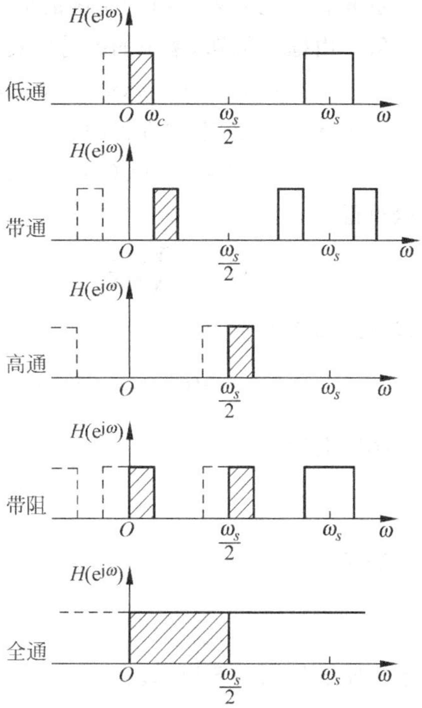

图 6-5　离散滤波器

显然,式中 A_r, ψ_r 分别表示 Z 平面上零点 z_r 到单位圆上某点 $\mathrm{e}^{\mathrm{j}\omega}$ 的矢量$(\mathrm{e}^{\mathrm{j}\omega} - z_r)$ 的长度与夹角,B_k, θ_k 表示极点 p_k 到 $\mathrm{e}^{\mathrm{j}\omega}$ 的矢量$(\mathrm{e}^{\mathrm{j}\omega} - p_k)$ 的长度与夹角,如图 6-6 所示。如果单位圆上的点 D 不断移动,就可以得到全部的频率响应。图中 C 点对应于 $\omega = 0$,E 点对应于 $\omega = \omega_s/2$。由于离散系统频率响应是周期的,因此只要 D 点转一周就可以了。利用这种方法可以比较方便地由 $H(z)$ 的零极点位置求出该系统的频率响应。可见频率响应的形状取决于 $H(z)$ 的零极点分布,也就是说,取决于离散系统的形式及差分方程各系数的大小。

不难看出,位于 $z = 0$ 处的零点或者极点对幅度响应不产生作用,因而在 $z = 0$ 处加入或去除零点,不会使幅度响应发生变化,而只会影响相位响应。此外,还可以看出,当 $\mathrm{e}^{\mathrm{j}\omega}$ 点旋转到某个极点 p_i 附近时,如果矢量的长度 B_i 最短,则频率响应在该点可能出现峰值。若极点 p_i 越靠近单位圆,B_i 越短,则频率响应的峰值附近越尖锐。如果极点 p_i 落在单位圆上,$B_i = 0$,则频率响应的峰值趋于无穷大。对于零点来说其作用与极点恰恰相反。

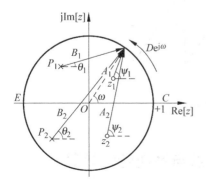

图 6-6　频率响应 $H(\mathrm{e}^{\mathrm{j}\omega})$ 的几何确定法

例 6-16 已知离散时间系统的框图组成如图 6-7 所示,求该系统的频率响应。

解 由框图可知,系统的差分方程为

$$y(n) = 0.5x(n) = 0.5x(n-1)$$

在零状态下,对上述方程两边同时求取 Z 变换,有

$$Y(z) = 0.5X(z) + 0.5z^{-1}X(z)$$

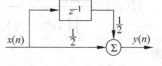

图 6-7 例 6-16 框图

所以可得

$$H(z) = \frac{Y(z)}{X(z)} = 0.5 + 0.5z^{-1}$$

所以系统频率响应为

$$H(e^{j\omega}) = H(z)\big|_{z=e^{j\omega}} = 0.5(1 + e^{-j\omega}) = \cos\frac{w}{2}e^{-j\frac{\omega}{2}}$$

所以幅频响应

$$|H(e^{j\omega})| = \left|\cos\frac{w}{2}\right|$$

相频响应

$$\varphi(w) = -\frac{w}{2}$$

其响应曲线如图 6-8 所示。

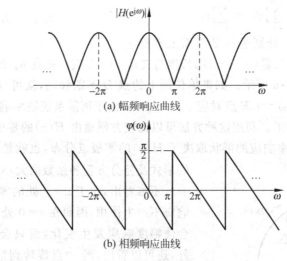

(a) 幅频响应曲线

(b) 相频响应曲线

图 6-8 例 6-16 频率响应图

6.4.4 应用 MATLAB 进行 $H(z)$ 的零极点与系统特性计算

如果系统函数 $H(z)$ 的有理函数表示形式为

$$H(z) = \frac{b(1)z^m + b(2)z^{m-1} + \cdots + b(m+1)}{a(1)z^n + a(2)z^{n-1} + \cdots + a(n+1)} \quad (6-24)$$

那么系统函数的零点和极点可以通过 MATLAB 的指令 roots 得到,也可以借助指令 tf2zp 得到,tf2zp 的调用形式为

```
>>[z,p,k] = tf2zp(num,den)
```

输入参数 num 和 den 分别为式 $H(z)$ 的分子和分母多项式系数向量。该指令作用是将有理函数表示式转换为零点、极点和增益常数表表达式,即

$$H(z) = k \frac{[z - z(1)][z - z(2)] \cdots [z - z(m)]}{[z - p(1)][z - p(2)] \cdots [z - p(n)]}$$

例 6-17 已知某因果离散时间系统的系统函数为

$$H(z) = \frac{0.1453(1 - 3z^{-1} + 3z^{-2} - z^{-3})}{1 + 0.1628z^{-1} + 0.3403z^{-2} + 0.0149z^{-3}}$$

求该系统的零极点。

解 将系统函数改写成 z 的正幂形式,即

$$H(z) = \frac{0.1453(z^3 - 3z^2 + 3z - 1)}{z^3 + 0.1628z^2 + 0.3403z + 0.0149}$$

用 tf2zp 函数求系统的零极点,程序如下:

```
>> num = 0.1453 * [1 - 3 3 - 1];
>> den = [1 0.1628 0.3403 0.0149];
>>[z,p,k] = tf2zp(num,den)
```

程序运行结果如下:

```
z =    1.0000 + 0.0000i   1.0000 - 0.0000i   1.0000
p =   - 0.0592 + 0.5758i  - 0.0592 - 0.5758i  - 0.0445
k =      0.1453
```

若要获得系统函数的零极点分布图,可以直接应用指令 zplane,其调用形式为

```
>> zplane(num,den)
```

式中 num 和 den 分别为式 $H(z)$ 的分子和分母多项式系数向量。它的作用是在 z 平面上画出单位圆并标出 $H(z)$ 的零点和极点。

如果已知系统函数 $H(z)$,求系统的单位样值响应 $h(n)$ 和系统的频率响应 $H(e^{j\omega})$ 则可以应用指令 impz 和 freqz。下面举例说明。

例 6-18 已知某因果离散时间系统的系统函数为

$$H(z) = \frac{0.1453(1 - 3z^{-1} + 3z^{-2} - z^{-3})}{1 + 0.1628z^{-1} + 0.3403z^{-2} + 0.0149z^{-3}}$$

试画出系统的零极点分布,求系统的单位样值响应和系统的幅度响应,并判断系统的稳

定性。

解　MATLAB 程序如下:

```
>> num = 0.1453 * [1 - 3 3 - 1]; den = [1 0.1628 0.3403 0.0149];
>> figure(1);zplane(num,den);          % 画出 H(z)的零、极点分布图
>> h = impz(num,den,21);
>> figure(2);stem(0:20,h); xlabel('n')% 画出单位样值响应
>> title('Impulse Response');          % 在图上方写上标题
>>[H,w] = freqz(num,den);              % 算出与 ω 对应的 H 值
>> figure(3);plot(w/pi,abs(H));        % 画出幅度响应图
>> xlabel('Normalized Frequency\Omega');
>> title('Magnitude Response')
```

程序执行结果如下:

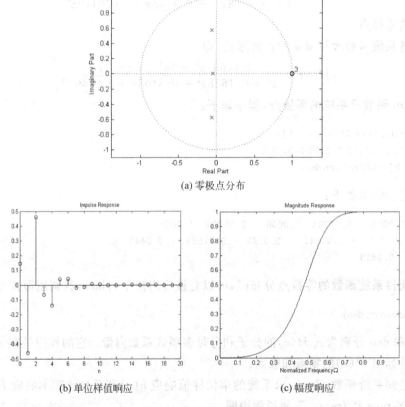

(a) 零极点分布

(b) 单位样值响应 　　　　 (c) 幅度响应

图 6-9　系统部分特性图

　　程序运行结果如图 6-9 所示,图 6-9(a)为系统函数的零极点分布图,图中符号〇表示零点位置,旁边的数字表示零点的阶数。符号×表示极点。图中虚线画的是单位圆。由图 6-9(a)可知,该因果系统的极点全部位于单位圆内,故系统是稳定系统。

本章小结

本章首先引入了 Z 变换的概念,给出了 Z 变换的定义和 Z 变换的收敛域,重点介绍了求解逆 Z 变换的方法——部分分式分解法、幂级数展开法、留数法等,其中重点是部分分式展开法;给出了 Z 变换的基本性质,揭示了时域序列和 Z 域的对应关系;最后介绍了离散时间系统的系统函数 $H(z)$ 的定义,通过对时域单位样值响应求 Z 变换,得到了系统函数,利用系统函数零极点的分布可以求系统的频率响应和判断系统的稳定性。本章还介绍了用 MATLAB 这一数学工具求解 Z 变换、逆 Z 变换,进行部分分式分解,求解频率响应的方法。

课后思考讨论题

1. Z 变换和拉氏变换、傅里叶变换之间有什么关系?
2. 如何利用 Z 变换分析一个连续时间系统?
3. 如何利用 $H(z)$ 讨论系统的各种特性? 如频率特性、时域特性等。
4. Z 变换的存在有条件吗? 什么条件?
5. 连续时间系统数字化之后,系统函数有什么变化? 尤其是不稳定系统,有什么变化?

习题 6

6-1 求下列序列的 Z 变换 $X(z)$,并标明收敛域,绘出 $X(z)$ 的零、极点图:

(1) $\left(-\dfrac{1}{4}\right)^{n}u(n)$;

(2) $\left(\dfrac{1}{3}\right)^{-n}u(n)$;

(3) $\left(\dfrac{1}{3}\right)^{n}u(-n)$;

(4) $-\left(\dfrac{1}{2}\right)^{n}u(-n-1)$;

(5) $\left(\dfrac{1}{2}\right)^{n}\left[u(n)-u(n-10)\right]$;

(6) $\delta(n)-\dfrac{1}{8}\delta(n-3)$。

6-2 运用 Z 变换的性质,求下列序列的 Z 变换:

(1) $u(n)-u(n-8)$;

(2) $n(n-1)u(n)$;

(3) $u(n)*u(n)$;

(4) $\dfrac{a^{n}-b^{n}}{n}u(n-1)$;

(5) $\dfrac{a^n}{n+1}u(n)$;

(6) $\left(\dfrac{1}{2}\right)^n\cos\dfrac{n\pi}{2}u(n)$;

(7) $e^{j\frac{\pi}{2}n}u(n)$;

(8) $5(-1)^n[u(n)-u(n-m)]$。

6-3 求双边序列 $x(n)=\left(\dfrac{1}{2}\right)^{|n|}$ 的 Z 变换,并标明收敛域及绘出零、极点分布图。

6-4 已知 $X(z)=\mathscr{Z}\{x(n)\},x(n)=a^nu(n)$,不计算 $X(z)$,利用 Z 变换的性质,求下列各式对应的时域表达式。

(1) $z^{-N}X(z)$;

(2) $X(2z)$;

(3) $z^{-N}X(2z)$;

(4) $zX'(z)$;

(5) $\dfrac{1}{1-z^{-1}}X(z)$;

(6) $X(-z)$。

6-5 利用幂级数展开法求下列逆 Z 变换。

(1) $\dfrac{5z}{7z-3z^2-2},|z|>2$;

(2) $\dfrac{5z}{7z-3z^2-2},\dfrac{1}{3}<|z|<2$。

6-6 用留数法求下列逆 Z 变换。

(1) $\dfrac{z}{(z-1)(z^2-1)},|z|>1$;

(2) $\dfrac{z+2}{2z^2-7z+3},|z|<0.5$;

(3) $\dfrac{12}{(z+1)(z-2)(z-3)},1<|z|<2$。

6-7 求下列 $X(z)$ 的逆 Z 变换 $x(n)$。

(1) $X(z)=\dfrac{1-0.5z^{-1}}{1+\dfrac{3}{4}z^{-1}+\dfrac{1}{8}z^{-2}},|z|>\dfrac{1}{2}$;

(2) $X(z)=\dfrac{1-az^{-1}}{z^{-1}-a},|z|>\left|\dfrac{1}{a}\right|$;

(3) $X(z)=\dfrac{10z^2}{(z+1)(z-1)},|z|>1$;

(4) $X(z)=\dfrac{z^{-2}}{1+z^{-2}},|z|>1$。

6-8 利用 3 种逆 Z 变换方法求下列 $X(z)$ 的逆 Z 变换 $x(n)$。

$$X(z)=\dfrac{10z}{(z-2)(z-1)},\quad |z|>2$$

6-9 求 $X(z)=\dfrac{2z^3}{\left(z-\dfrac{1}{2}\right)^2(z-1)}$ 的原序列,收敛域分别为

(1) $|z|>1$;

(2) $|z|<\dfrac{1}{2}$;

(3) $\dfrac{1}{2}<|z|<1$。

6-10 利用卷积定理求 $y(n)=x(n)*h(n)$,已知

(1) $x(n)=a^nu(n),h(n)=b^nu(-n)$;

(2) $x(n)=a^nu(n),h(n)=\delta(n-2)$;

(3) $x(n)=a^n u(n),h(n)=u(n-1)$;

(4) $x(n)=a^n u(n)(0<a<1),h(n)=R_N(n)=u(n)-u(n-N)$。

6-11 因果系统的系统函数 $H(z)$ 如下所示,试说明这些系统是否稳定。

(1) $\dfrac{2z-4}{2z^2+z-1}$;

(2) $\dfrac{8(1-z^{-1}-z^{-2})}{2+5z^{-1}+2z^{-2}}$;

(3) $\dfrac{z^4}{4z^4+3z^3+2z^2+z+1}$;

(4) $\dfrac{z^2+2z+1}{z^4+6z^3+3z^2+4z+5}$。

6-12 求下列系统在 $10<|z|\leqslant+\infty$ 及 $0.5<|z|<10$ 两种收敛域情况下系统的单位样值响应,并说明系统的稳定性与因果性。

$$H(z)=\frac{9.5z}{(z-0.5)(10-z)}$$

6-13 对于下列差分方程所表示的离散系统,$y(n)+y(n-1)=x(n)$。

(1) 求系统函数 $H(z)$ 及单位样值响应 $h(n)$,并说明系统的稳定性;

(2) 若系统起始状态为零,如果 $x(n)=10u(n)$,求系统的响应。

6-14 已知某离散时间 LTI 系统在阶跃信号 $u(n)$ 的作用下,产生的阶跃响应为 $g(n)=\left(\dfrac{1}{2}\right)^n u(n)$,试求:

(1) 该系统的系统函数 $H(z)$ 和单位样值响应 $h(n)$;

(2) 在 $x(n)=\left(\dfrac{1}{3}\right)^n u(n)$ 激励下产生的零状态响应 $y_{zi}(n)$。

6-15 描述某离散时间 LTI 系统的差分方程为

$$y(n)+3y(n-1)+2y(n-2)=x(n),\quad n\geqslant 0$$

已知 $x(n)=u(n),y(-1)=-2,y(-2)=3$,由 Z 域求解:

(1) 零输入响应 $y_{zi}(n)$,零状态响应 $y_{zs}(n)$,完全响应 $y(n)$;

(2) 该系统的系统函数 $H(z)$ 和单位样值响应 $h(n)$。

6-16 已知离散系统差分方程表示式为

$$y(n)-\frac{1}{3}y(n-1)=x(n)$$

(1) 求系统函数 $H(z)$ 和单位样值响应 $h(n)$;

(2) 若系统的零状态响应为 $y(n)=3\left[\left(\dfrac{1}{2}\right)^n-\left(\dfrac{1}{3}\right)^n\right]u(n)$,求激励信号 $x(n)$;

(3) 画系统函数的零、极点分布图;

(4) 粗略画出幅频响应特性曲线;

(5) 画出系统的结构框图。

6-17 离散系统如题图 6-17 所示。

(1) 写出系统的差分方程;

(2) 求系统函数 $H(z)$,画系统函数的零、极点分布图,判断系统的稳定性;

(3) 求单位样值响应 $h(n)$;

(4) 若激励 $x(n)=50\cos\left(n\pi-\dfrac{\pi}{2}\right)$,求系统的正弦稳态响应 $y_{ss}(n)$。

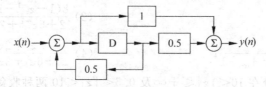

题图 6-17

6-18 已知离散系统如题图 6-18 所示,且 $H_1(z)=\dfrac{2}{2-z^{-1}}$,$H_2(z)=1-az^{-1}$。

(1) 求系统函数 $H(z)$,画系统函数的零、极点分布图;

(2) 为使系统稳定,求实数 a 的取值范围;

(3) 设 $a=0.5$,求系统的频率特性 $H(e^{j\omega})$,并大致画

出幅频特性曲线和相频特性曲线。

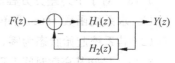

题图 6-18

6-19 根据 Z 变换和拉氏变换之间的关系,

(1) 由 $f(t)=e^{-2t}u(t)$ 的 $F(s)=\dfrac{1}{s+2}$,求 $f(n)=e^{-2n}u(n)$ 的 Z 变换;

(2) 由 $f(t)=te^{-2t}u(t)$ 的 $F(s)=\dfrac{1}{(s+2)^2}$,求 $f(n)=ne^{-2n}u(n)$ 的 Z 变换。

6-20 利用 MATLAB 的 ztrans 函数,求下列离散序列的 Z 变换。

(1) $x(n)=n^2u(n)$; (2) $x(n)=0.8^n[u(n-1)-u(n-8)]$;

(3) $x(n)=ne^{-2n}u(n)$; (4) $x(n)=\sqrt{2}\cos\left(\dfrac{3n\pi}{4}+\dfrac{\pi}{4}\right)u(n)$。

6-21 利用 MATLAB 的 iztrans 函数求下列表达式的逆 Z 变换。

(1) $\dfrac{z+1.5}{3z^2+0.9z-1.2}$; (2) $\dfrac{2z^2-z+1}{z^3+z^2+0.5z}$;

(3) $\dfrac{z^2}{z^2-\sqrt{3}z+1}$; (4) $\dfrac{z^2+0.5z}{(z-0.5)^3}$。

6-22 利用 MATLAB 的 zplane 函数,画出下列系统函数 $H(z)$ 的零极点分布图,并判断其稳定性。

(1) $H(z)=\dfrac{2z^4+16z^3+44z^2+56z+32}{3z^4+3z^3-15z^2+18z-12}$;

(2) $H(z)=\dfrac{4z^4-8.68z^3-17.98z^2+26.74z-8.04}{z^4-2z^3+10z^2+6z+65}$。

6-23 M 点滑动平均系统的 $h(n)$ 定义为

$$h(n) = \begin{cases} \dfrac{1}{M}, & 0 \leqslant n \leqslant M-1 \\ 0, & \text{其他} \end{cases}$$

利用 freqz,abs,angle 函数画出 $M=9$ 时该系统的幅度响应曲线和相位响应曲线。

6-24 已知离散系统的系统函数分别如下所示：

(1) $H(z) = \dfrac{z^2 - 2z - 1}{2z^3 - 1}$； (2) $H(z) = \dfrac{z^3}{3z^3 + 0.2z^2 + 0.3z + 0.4}$。

试求出系统函数 $H(z)$ 的零极点，并画出零极点分布图；求出系统单位样值响应并画出其波形。

6-25 已知描述离散系统的差分方程为

$$y(n) + 0.35y(n-1) - 0.12y(n-2) = x(n) - x(n-1)$$

试用 MATLAB 求出系统的系统函数和单位样值响应，绘出系统的幅频和相频响应曲线，分析该系统的频率特性。

6-26 已知离散时间 LTI 系统的单位样值响应 $h(n) = a^n[u(n) - u(n-N)]$，$a > 0$，求 $H(z)$，画出系统的零极点分布图，画出系统的幅频和相频响应曲线。

6-27 已知离散系统的框图如题图 6-27 所示，试用 MATLAB 绘出当 $N=2$，$N=6$ 和 $N=9$ 时系统的幅频特性和相频特性曲线，并分析系统的频率特性，说明该系统的作用，并分析 N 的取值不同会对系统产生什么影响？

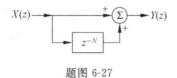

题图 6-27

数字信号处理基础

随着计算机技术和电子技术的快速发展,数字信号处理技术越来越广泛地应用于信息、通信、网络技术、自动控制、电气工程、生物医学等领域,逐渐发展成为一门独立的学科并成为信息科学的重要组成部分。在离散时间信号与系统的研究过程中,如何将计算机与信号的分析与处理联系起来成为了一个重要的问题。离散傅里叶变换(DFT)是解决这一问题的一种方法,但是使用的时候计算量太大,不利于实时处理信号,因此出现了快速傅里叶变换(FFT),FFT 为利用计算机处理信号以及离散时间信号与系统的应用走向实际开辟了道路。同时,在工程实际当中,滤波器在信号传输与信号处理中发挥着巨大的作用,而如何根据工程实际的具体要求设计出满足条件的模拟或者数字滤波器的结构及参数,是信号处理中要解决的另一个问题。DFT 和 FFT 理论以及滤波器的设计这两部分内容构成了数字信号处理的基本内容。

本章介绍数字信号处理的基本理论和算法、分析方法和设计方法,结合 MATLAB 软件给出了重点内容的仿真例子。本章共四小节,前两节讨论数字信号处理的基本理论和算法——离散傅里叶变换和快速傅里叶变换,后两节讨论滤波器的设计方法——模拟滤波器的设计和数字滤波器的设计。

7.1 离散傅里叶变换

前面在研究离散时间系统的频率响应时,我们提到了离散时间傅里叶变换,知道离散时间傅里叶变换在频域是频率的连续函数,在时域是一个有限长序列。要想用计算机来研究信号频谱,就必须得到频域也是有限长离散信号的变换。

由于傅里叶变换就是以时间为自变量的"信号"与以频率为自变量的"频谱"之间的一种变换关系,当自变量"时间"和"频率"取连续值或离散值时,就形成不同形式的傅里叶变换对。我们首先研究傅里叶变换在时域和频域的几种情况。

7.1.1 傅里叶变换的几种形式

1. 非周期的连续时间、连续频率——傅里叶变换

非周期的连续时间信号 $x(t)$ 和它的频谱密度函数 $X(f)$ 构成的傅里叶变换对为

$$\text{正变换} \quad X(f) = \int_{-\infty}^{+\infty} x(t)\mathrm{e}^{-\mathrm{j}2\pi ft}\,\mathrm{d}t$$

$$\text{逆变换} \quad x(t) = \int_{-\infty}^{+\infty} X(f)\mathrm{e}^{\mathrm{j}2\pi ft}\,\mathrm{d}f$$

这种时间函数及其变换函数的形式如图 7-1(a)所示,这里的时域连续函数 $x(t)$ 造成频谱的非周期,而时域的非周期造成频域是连续的非周期函数 $X(f)$。

2. 周期的连续时间、离散频率——傅里叶级数

周期为 T_1 的连续时间函数 $x(t)$ 的傅里叶级数展开的系数写作 $X(kf_1)$,构成的傅里叶变换对是

$$\text{正变换} \quad X(kf_1) = \frac{1}{T_1}\int_{T_1} x(t)\mathrm{e}^{-\mathrm{j}2\pi kf_1 t}\,\mathrm{d}t$$

$$\text{逆变换} \quad x(t) = \sum_{k=-\infty}^{\infty} X(kf_1)\mathrm{e}^{\mathrm{j}2\pi kf_1 t}$$

傅里叶级数展开将连续时间周期信号分解为无穷多个频率为 f_1 整数倍的谐波,k 为谐波序号。$X(kf_1)$ 是以频率 f_1 为间隔的离散频谱,f_1 与时间信号的周期之间的关系为 $f_1 = \frac{1}{T_1}$,两函数特性示于图 7-1(b),结果表明,时域的连续函数在频域形成非周期的频谱,而时域的周期性对应于频域的离散性。

3. 非周期的离散时间、连续频率——序列的傅里叶变换

非周期离散时间信号的傅里叶变换就是前面提到的序列的傅里叶变换,其变换对为:

$$\text{正变换} \quad X(f) = \sum_{n=-\infty}^{\infty} x(nT_s)\mathrm{e}^{-\mathrm{j}2\pi nT_s f} \tag{7-1}$$

$$\text{逆变换} \quad x(nT_s) = \frac{1}{f_s}\int_{f_s} X(f)\mathrm{e}^{\mathrm{j}2\pi nfT_s}\,\mathrm{d}f \tag{7-2}$$

非周期的离散函数 $x(nT_s)$ 的变换式是周期性的连续函数,写作 $X(f)$,如图 7-1(c)所示。如果序列 $x(nT_s)$ 是模拟信号 $x(t)$ 经过抽样得到,抽样的时间间隔为 T_s 与频率特性的重复周期 f_s 之间满足 $f_s = \frac{1}{T_s}$,这种情况的特性与第 2 种情况呈对偶关系:非周期的离散时间函数对应于周期性的连续频率函数。

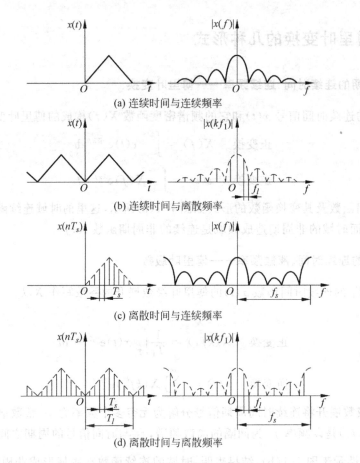

图 7-1　傅里叶变换的各种形式

4. 离散时间，离散频率——离散傅里叶变换

图 7-1(d)所示周期性离散时间函数 $x(nT_s)$ 的傅里叶变换是周期性离散频率函数 $X(kf_1)$，可从上述非周期离散时间函数推得，借助序列的傅里叶变换对(式(7-1)和式(7-2))，由于时间函数也呈周期性，故级数取和应限制在一个周期之内，序号 n 从 0 到 $N-1$，于是有

$$X(kf_1) = \sum_{n=0}^{N-1} x(nT_s)\mathrm{e}^{-\mathrm{j}2\pi nkT_s f_1} \tag{7-3}$$

注意，时间函数的周期性导致频率函数的离散性，故变量 f 代之以 kf_1，式(7-2)中的符号随之作如下演变：

$$\mathrm{d}f \to f_1 = \frac{f_s}{N}, \quad f \to kf_1, \quad \int_{f_s} \to \sum_{k=0}^{N-1}$$

于是得到

$$x(nT_s) = \frac{1}{f_s}\sum_{k=0}^{N-1}X(kf_1)e^{j2\pi nkT_sf_1}\frac{f_s}{N} = \frac{1}{N}\sum_{k=0}^{N-1}X(kf_1)e^{j2\pi nkT_sf_1} \qquad (7\text{-}4)$$

这里,离散时间函数的时间间隔 T_s 与频率函数的重复周期 f_s 之间满足 $f_s = \dfrac{1}{T_s}$,而离散频率函数的间隔 f_1 与时间函数周期 T_1 的关系是 $f_1 = \dfrac{1}{T_1}$。此外,在时域、频域各自的一个周期内分别有如下关系:

$$\frac{T_1}{T_s} = N \quad 或者 \quad \frac{f_s}{f_1} = N \qquad (7\text{-}5)$$

即每个周期有 N 个样点。容易求得

$$T_sf_1 = \frac{1}{N} \qquad (7\text{-}6)$$

或

$$T_1f_s = N \qquad (7\text{-}7)$$

将式(7-6)代入式(7-3)和式(7-4)得到

$$X(kf_1) = \sum_{n=0}^{N-1}x(nT_s)e^{-j\left(\frac{2\pi}{N}\right)nk} \qquad (7\text{-}8)$$

$$x(nT_s) = \frac{1}{N}\sum_{k=0}^{N-1}X(kf_1)e^{j\left(\frac{2\pi}{N}\right)nk} \qquad (7\text{-}9)$$

式(7-8)和式(7-9)构成级数形式的变换对。它们是图 7-1(d)所示函数图形的数学描述。

以上四种情况讨论的结果概括于表 7-1。其中最后一种情况,也即式(7-8)和式(7-9)组成的变换对正是离散傅里叶变换的雏形,我们后面会继续讨论。

表 7-1 四种傅里叶变换形式的归纳

时 域	频 域
连续性和非周期性	非周期性和连续性
连续性和周期性(T_1)	非周期性和离散性 $f_1 = \dfrac{1}{T_1}$
离散性(T_s)和非周期性	周期性 $f_s = \dfrac{1}{T_s}$ 和连续性
离散性(T_s)和周期性(T_1)	周期性 $f_s = \dfrac{1}{T_s}$ 和离散性 $f_1 = \dfrac{1}{T_1}$

7.1.2 离散傅里叶级数(DFS)

在前面分析的基础上,把离散傅里叶级数作为一个过渡,由此引出离散傅里叶变换。离散傅里叶级数用于分析周期序列,而离散傅里叶变换则是针对有限长序列。

为便于在以后的讨论中区分周期序列和有限长序列,用带有下标 p 的符号来表示周期序列,例如 $x_p(n)$,$y_p(n)$ 等。

若周期序列 $x_p(n)$ 的周期为 N,那么 $x_p(n) = x_p(n+rN)$(r 为任意整数)。周期序列不能进行双边 Z 变换,这正如在离散时间系统中周期信号不存在双边拉氏变换,然而连续时间周期信号可以用傅里叶级数来表达,与此相应,周期序列也可以用离散傅里叶级数来表示,定义如下的离散傅里叶变换对:

$$\begin{cases} X_p(k) = \sum_{n=0}^{N-1} x_p(n) e^{-j\left(\frac{2\pi}{N}\right)nk} & (7\text{-}10) \\ x_p(n) = \frac{1}{N} \sum_{k=0}^{N-1} X_p(k) e^{j\left(\frac{2\pi}{N}\right)nk} & (7\text{-}11) \end{cases}$$

这就是式(7-8)和式(7-9),只是这里取时间变量的离散间隔 T_s 以及频率变量的离散间隔 f_1 都等于 1,使表达式简化。在式(7-11)中,$e^{j\left(\frac{2\pi}{N}\right)n}$ 是周期序列的基频成分,$e^{j\left(\frac{2\pi}{N}\right)nk}$ 就是 k 次谐波分量,各次谐波的系数为 $X_p(k)$,全部谐波成分中只有 N 个是独立的,因为

$$e^{j\left(\frac{2\pi}{N}\right)n(k+N)} = e^{j\left(\frac{2\pi}{N}\right)nk} \qquad (7\text{-}12)$$

所以级数取和的项数是从 $k=0$ 到 $N-1$,共 N 个独立谐波分量。而式(7-10)正是由 $x_p(n)$ 决定 $X_p(k)$ 的求和公式。由于时域、频域的双重周期性,就使两个式子具有对称的形式,都是 N 项级数求和再构成 N 个样点的序列。

为今后研究的方便,引入符号 $W_N = e^{-j\left(\frac{2\pi}{N}\right)}$,如果在所讨论的问题中不涉及 N 的变动,可省略下标,简写做 $W = e^{-j\left(\frac{2\pi}{N}\right)}$。此外,用英文缩写字母 DFS[·] 表示取离散傅里叶级数的正变换(求谐波系数),以 IDFS[·] 表示取离散傅里叶级数的逆变换(求时间序列)。这样把离散傅里叶级数的变换对写作

$$\text{DFS}[x_p(n)] = X_p(k) = \sum_{n=0}^{N-1} x_p(n) W^{nk} \qquad (7\text{-}13)$$

$$\text{IDFS}[X_p(k)] = x_p(n) = \frac{1}{N} \sum_{k=0}^{N-1} X_p(k) W^{-nk} \qquad (7\text{-}14)$$

7.1.3 离散傅里叶变换(DFT)

离散傅里叶级数 DFS 是周期序列,只有 N 个独立的数值,只要知道一个周期的内容,其他的内容也就知道了。长度为 N 的有限长序列可以看做是周期为 N 的周期序列的一个周期,因此利用 DFS 计算周期序列的一个周期,就可以得到有限长序列的离散傅里叶变换(DFT)。

设 $x(n)$ 是长度为 N 的有限长序列,即

$$x(n) = \begin{cases} x(n), & 0 \leqslant n \leqslant N-1 \\ 0, & N \text{ 取其他值} \end{cases}$$

假定一个周期序列 $x_p(n)$，它是以 N 为周期将有限长序列 $x(n)$ 周期延拓而成，因此 $x(n)$ 与 $x_p(n)$ 之间的关系可表示为

$$x_p(n) = \sum_r x(n+rN) \quad (r \text{ 取整数})$$

或者

$$x(n) = \begin{cases} x_p(n), & 0 \leqslant n \leqslant N-1 \\ 0, & N \text{ 取其他值} \end{cases}$$

图 7-2 表明了 $x(n)$ 与 $x_p(n)$ 之间的对应关系。

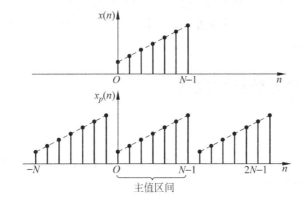

图 7-2　有限长序列的周期延拓

对于周期序列 $x_p(n)$，定义它的第一个周期 $n=0$ 到 $N-1$ 的范围为"主值区间"。于是 $x(n)$ 与 $x_p(n)$ 之间的关系可以解释为：$x_p(n)$ 是 $x(n)$ 的周期延拓，$x(n)$ 是 $x_p(n)$ 的主值区间序列（简称主值序列）。为书写简便，将 $x(n)$ 与 $x_p(n)$ 之间的关系改用以下符号表示：

$$x_p(n) = x((n))_N \tag{7-15}$$

$$x(n) = x_p(n)R_N(n) \tag{7-16}$$

这里式(7-15)中的符号 $((n))_N$ 表示"n 对 N 取模值"，或称"余数表达运算式"。若

$$n = n_1 + rN, \quad 0 \leqslant n_1 \leqslant N-1, \quad r \text{ 取整数}$$

则 $((n))_N = (n_1)$；$x((n))_N = x(n_1)$。显然，对于周期序列有 $x_p(rN+n_1) = x_p(n_1)$，因此

$$x_p(n_1) = x(n_1)$$

$$x_p(n) = x((n))_N$$

由于 $x_p(n)$ 的变换式 $X_p(k)$ 也呈周期性，因此可以得出

$$X(k) = X_p(k)R_N(k) \tag{7-17}$$

$$X_p(k) = X((k))_N \tag{7-18}$$

考察式(7-13)和式(7-14),容易看出,这两个公式的求和都只局限于主值区间,因而这种变换方法可以引申到与主值序列相应的有限长序列。

现在给出有限长序列离散傅里叶变换的定义,设有限长序列 $x(n)$ 长度为 N(在 $0 \leqslant n \leqslant N-1$ 范围内),它的离散傅里叶变换 $X(k)$ 仍然是一个长度为 N(在 $0 \leqslant k \leqslant N-1$ 范围内)的频域有限长序列,正、逆变换的关系式为

$$X(k) = \mathrm{DFT}[x(n)] = \sum_{n=0}^{N-1} x(n) W^{nk} \quad (0 \leqslant k \leqslant N-1) \tag{7-19}$$

$$x(n) = \mathrm{IDFT}[X(k)] = \frac{1}{N} \sum_{n=0}^{N-1} X(k) W^{-nk} \quad (0 \leqslant n \leqslant N-1) \tag{7-20}$$

离散傅里叶变换的(DFT)实际上来自于离散傅里叶级数,只不过仅在时域和频域对周期序列 $x_p(n)$ 和 $X_p(k)$ 各取一个周期而已,$x_p(n)$ 和 $X_p(k)$ 都有 N 个独立的数值,故其信息量是相等的。凡是再用到 DFT 的地方,有限长序列都是作为周期序列的一个周期来表示的,都隐含有周期性因素。

7.1.4　离散傅里叶变换的性质

1. 线性

若 $X(k) = \mathrm{DFT}[x(n)]$,$Y(k) = \mathrm{DFT}[y(n)]$,则 $\mathrm{DFT}[ax(n) + by(n)] = aX(k) + bY(k)$,式中 a,b 为任意常数。

2. 时移特性

为便于研究有限长序列的位移特性,建立"圆周移位"的概念。有限长序列 $x(n)$ 的圆周移位是以它的长度 N 为周期,将其拓展成周期序列 $x_p(n)$,并将周期序列进行移位,然后取主值区间($n=0$ 到 $N-1$)上的序列值。因而一个有限长序列 $x(n)$ 的右圆周移位定义为

$$x((n-m))_N R_N(n) = x_p(n-m) R_N(n) \tag{7-21}$$

式中 $x((n-m))_N$ 表示 $x(n)$ 的周期延拓序列 $x_p(n)$ 的右移位。而 $x((n-m))_N R_N(n)$ 得到的是周期延拓并移位后的周期序列的主值序列,因而仍是长度为 N 的有限长序列。移位的过程如图 7-3 所示,当只观察 $n=0$ 到 $N-1$ 这一区间时,某样值点从此区间的一端移出,而与它相同值的样点值又从这个区间的另一端移进来,因此可以看成 $x(n)$ 排列在一个 N 等分的圆周上,圆周移位就相当于 $x(n)$ 在此圆周上旋转,故称为圆周移位或循环移位。

现说明时移特性的内容:

若 $\mathrm{DFT}[x(n)] = X(k)$,$y(n) = x((n-m))_N R_N(n)$(圆周移位 m 位),则

$$\mathrm{DFT}[y(n)] = W^{mk} X(k) \tag{7-22}$$

这表明,时移 $-m$ 位,其 DFT 将乘以相移因子 W^{mk}。

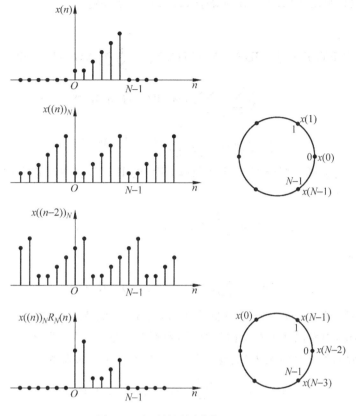

图 7-3 序列的圆周移位($N=6$)

3. 频移特性

若 $\mathrm{DFT}[x(n)]=X(k)$，$Y(k)=X((k-l))_N R_N(k)$，则

$$\mathrm{IDFT}[Y(k)] = x(n)W^{-ln} \tag{7-23}$$

此定理表明若时间函数乘以指数项 W^{-ln}，则离散傅里叶变换就向右圆周移位 l 单位，这可以看做调制信号的频谱搬移，也称"调制定理"。

4. 时域圆周卷积（圆卷积）

若 $Y(k)=X(k)H(k)$，则

$$y(n) = \mathrm{IDFT}[Y(k)] = \sum_{m=0}^{N-1} x(m)h((n-m))_N R_N(n)$$

$$- \sum_{m=0}^{N-1} h(m)x((n-m))_N R_N(n) \tag{7-24}$$

其中 $Y(k),X(k),H(k)$ 的 IDFT 分别等于 $y(n),x(n),h(n)$。

证明

$$\text{IDFT}[Y(k)] = \text{IDFT}[X(k)H(k)] = \frac{1}{N}\sum_{k=0}^{N-1}X(k)H(k)W^{-nk}$$

$$= \frac{1}{N}\sum_{k=0}^{N-1}\left[\sum_{m=0}^{N-1}x(m)W^{mk}\right]H(k)W^{-nk}$$

$$= \sum_{m=0}^{N-1}x(m)\left[\frac{1}{N}\sum_{k=0}^{N-1}H(k)W^{mk}W^{-nk}\right]$$

上式最后一行方括号部分相当于求 $H(k)W^{mk}$ 的 IDFT,引用时移定理,这部分可写作 $h((n-m))_N R_N(n)$,于是得到

$$y(n) = \sum_{m=0}^{N-1}x(m)h((n-m))_N R_N(n)$$

同理也可证明

$$y(n) = \sum_{m=0}^{N-1}h(m)x((n-m))_N R_N(n)$$

此卷积过程只在 $0 \leqslant m \leqslant N-1$ 区间内进行,若 $x(m)$ 保持不动,则 $h((n-m))_N$ 相当于 $h(-m)$ 的圆移位,因而把这种卷积称作"圆周卷积"或"圆卷积"。显然,此前介绍的卷积是做平移,而非圆移,称那种情况为"线卷积"。圆卷积的符号以 ⊛ 表示

$$x(n) \circledast h(n) = \sum_{m=0}^{N-1}x(m)h((n-m))_N R_N(n)$$

$$= \sum_{m=0}^{N-1}h(m)x((n-m))_N R_N(n) \tag{7-25}$$

圆卷积的图解分析可按照反褶、圆移、相乘、求和的步骤进行。

例 7-1 已知两个有限长序列 $x(n)$ 和 $h(n)$ 分别为 $x(n)=(n+1)R_4(n)$,$h(n)=(4-n)\cdot R_4(n)$,试求其圆周卷积 $y(n)=x(n)\circledast h(n)$。

解 用作图法,将 $x(n),h(n)$ 变量置换,分别写作 $x(m),h(m)$。

由 $h(m)$ 作出 $h((0-m))_4 R_4(m),h((1-m))_4 R_4(m),h((2-m))_4 R_4(m)$ 以及 $h((3-m))_4 R_4(m)$,绘于图 7-4 中。

依次将 $h((n-m))_4$ 与 $x(m)$ 相乘、求和得到

$$y(0) = (1 \times 4) + (2 \times 1) + (3 \times 2) + (4 \times 3) = 24$$

$$y(1) = (1 \times 3) + (2 \times 4) + (3 \times 1) + (4 \times 2) = 22$$

$$y(2) = (1 \times 2) + (2 \times 3) + (3 \times 4) + (4 \times 1) = 24$$

$$y(3) = (1 \times 1) + (2 \times 2) + (3 \times 3) + (4 \times 4) = 30$$

最后写出

$$y(n) = 24\delta(n) + 22\delta(n-1) + 24\delta(n-2) + 30\delta(n-3)$$

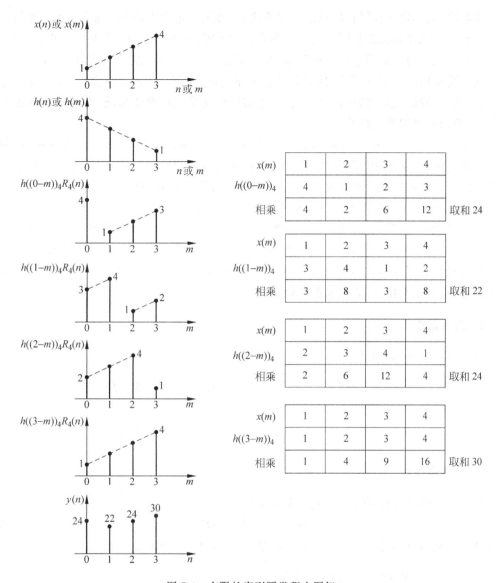

图 7-4　有限长序列圆卷积之图解

下面讨论有限长序列线卷积和圆卷积的区别与联系。

设有限长序列 $x(n), h(n)$ 的长度分别为 N 和 M，它们的线卷积 $y(n) = x(n) * h(n)$ 也应当是有限长序列。由定义知

$$y(n) = \sum_{m=-\infty}^{\infty} x(m) h(n-m)$$

则 $y(n)$ 是一个长度为 $N + M - 1$ 的有限长序列。

再看圆卷积,两个有限长序列进行圆卷积时,必须规定它们的长度相等,经圆卷积后所得序列长度与原序列长度相同。如果两序列长度不等,可将较短的一个补一些零点,构成两个长度相同的序列再做圆卷积。很明显,圆卷积的结果与线卷积完全不同,出现这种差异的实质是:线卷积过程中,经反褶再向右平移的序列,在左端将依次留出空位,而圆卷积过程中,经反褶再做圆周移位的序列,向右移出去的样值又从左端循环出现,这样就使两种情况下相乘、叠加而得的数值截然不同。

如果把序列 $x(n)$,$h(n)$ 都适当的补一些零值,以扩展其长度,那么在做圆卷积时,向右移出去的是零值,从左端出现仍然是零值,这样就与线卷积的情况相同,两种卷积的结果有可能一致。补零扩展以后的长度 L 不应小于前面求得的线卷积序列长度 $M+N-1$,也即满足 $L \geqslant N+M-1$ 的条件下,圆卷积与线卷积结果一致。

一般情况下,信号 $x(n)$ 通过单位样值响应为 $h(n)$ 的系统,其响应是线卷积 $y(n)=x(n)*h(n)$。然而在卷积的计算方面,圆卷积可以借助快速傅里叶变换(FFT)技术,以较高的速度完成运算。因此,对于有限长序列求线卷积的问题,可以按上面的分析,把线性卷积转化为圆卷积,以便利用 FFT 技术提高运算速度。

5. 频域圆卷积

若 $y(n)=x(n)h(n)$,则

$$Y(k) = \mathrm{DFT}[y(n)] = \frac{1}{N} \sum_{l=0}^{N-1} X(l) H((k-l))_N R_N(k)$$

$$= \frac{1}{N} \sum_{l=0}^{N-1} H(l) X((k-l))_N R_N(k) = \frac{1}{N} X(k) \circledast H(k)$$

6. 奇偶虚实性

设 $x(n)$ 为实序列,$\mathrm{DFT}[x(n)]=X(k)$,令

$$X(k) = X_r(k) + \mathrm{j} X_i(k) \tag{7-26}$$

这里 $X_r(k)$ 是 $X(k)$ 的实部,$X_i(k)$ 是 $X(k)$ 的虚部,由 DFT 的定义写出

$$X(k) = \sum_{n=0}^{N-1} x(n) \mathrm{e}^{-\mathrm{j}\left(\frac{2\pi}{N}\right)nk}$$

$$= \sum_{n=0}^{N-1} x(n) \cos\left[\left(\frac{2\pi}{N}\right)nk\right] - j \sum_{n=0}^{N-1} x(n) \sin\left[\left(\frac{2\pi}{N}\right)nk\right] \tag{7-27}$$

式(7-27)与式(7-26)的实部、虚部对应相等,于是有

$$X_r(k) = \sum_{n=0}^{N-1} x(n) \cos\left(\frac{2\pi nk}{N}\right)$$

$$X_i(k) = -\sum_{n=0}^{N-1} x(n) \sin\left(\frac{2\pi nk}{N}\right)$$

显然，$X_r(k)$ 是 k 的偶函数，$X_i(k)$ 是 k 的奇函数。必须指出，这里的偶函数和奇函数都应理解为将 $X(k)$ 周期延拓而具有周期重复性，如果认为 DFT 的定义仅限于 0 到 $N-1$ 范围，那么它的奇、偶特性都是以 $\dfrac{N}{2}$ 为对称中心。在以下讨论中对奇、偶含义的理解都遵从此规律。

以上分析表明，实数序列的离散傅里叶变换为复数，其实部是偶函数，虚部是奇函数。

如果 $x(n)$ 为纯虚序列，$\text{DFT}[x(n)] = X(k)$，则 $X(k)$ 可分解为实部、虚部之和，仍以式(7-26)表示，容易证明，其实部是 k 的奇函数，虚部是 k 的偶函数，即纯虚数序列的离散傅里叶变换为复数，其实部是奇函数，虚部是偶函数。

同理，进一步分析可得，实偶函数的 DFT 也为实偶函数，虚奇函数的 DFT 为实奇函数。DFT 的奇偶虚实特性总结于表 7-2。

表 7-2　DFT 的奇偶虚实特性

$x(n)$	$X(k)$	$x(n)$	$X(k)$
实函数	实部为偶，虚部为奇	虚函数	实部为奇，虚部为偶
实偶函数	实偶函数	虚偶函数	虚偶函数
实奇函数	虚奇函数	虚奇函数	实奇函数

7. 帕塞瓦尔定理

若 $\text{DFT}[x(n)] = X(k)$，则

$$\sum_{n=0}^{N-1} |x(n)|^2 = \frac{1}{N} \sum_{k=0}^{N-1} |X(k)|^2$$

如果 $x(n)$ 为实序列，则有

$$\sum_{n=0}^{N-1} x^2(n) = \frac{1}{N} \sum_{k=0}^{N-1} |X(k)|^2 \qquad (7-28)$$

它的证明和物理解释都可仿照连续时间信号的有关分析给出。式(7-28)左端与有限时间内信号的能量成正比，而右端是从频域得到的同样的结果，即在一个频域带限之内，功率谱之和与信号的能量成正比例。

7.1.5　离散傅里叶变换的应用

离散傅里叶变换作为傅里叶变换的一种近似而得到了广泛的应用。离散傅里叶变换的定义的确切性、性质的严格性，以及它的快速算法，保证了 DFT 在实时信号处理中的广泛应用。

1. 用 DFT 计算线性卷积

前面我们已经讨论过圆周卷积与线性卷积之间的关系,知道当满足 $L \geqslant N+M-1$ 时,圆周卷积与线性卷积的结果是相同的。因此,可用离散傅里叶变换(DFT)来计算两个序列的线性卷积。

用 DFT 计算线性卷积的具体步骤如下:

(1) 分别将长为 N 的序列 $x(n)$ 和长为 M 的序列 $h(n)$ 扩展成列长为 $L=N+M-1$ 的新序列 $x'(n)$ 和 $h'(n)$,即

$$x'(n) = \begin{cases} x(n), & n = 0,1,\cdots,N-1 \\ 0, & n = N,N+1,\cdots,N+M-2 \end{cases}$$

$$h'(n) = \begin{cases} h(n), & n = 0,1,\cdots,M-1 \\ 0, & n = M,M+1,\cdots,N+M-2 \end{cases}$$

(2) 直接计算 $x'(n)$ 和 $h'(n)$ 的圆周卷积 $y'(n) = x'(n) \circledast h'(n)$,即

$$y'(n) = x'(n) \circledast h'(n) = \sum_{m=0}^{N-1} x'(m)h'((n-m))_N R_N(n)$$

$$= \sum_{m=0}^{N-1} h'(m)x'((n-m))_N R_N(n)$$

则线性卷积 $y(n) = x(n) * h(n) = y'(n)$。

(3) 若用 DFT 求 $y(n)$,则

$$y(n) = y'(n) = \text{IDFT}[X(k)H(k)]$$

式中 $X(k)$ 和 $H(k)$ 分别是 $x'(n)$ 和 $h'(n)$ 的 DFT。

用圆周卷积计算线性卷积的流程图如图 7-5 所示。

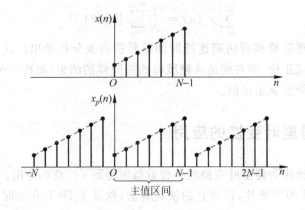

图 7-5　有限长序列的周期延拓

对于周期序列 $x_p(n)$，定义它的第一个周期 $n=0$ 到 $N-1$ 的范围为"主值区间"。于是 $x(n)$ 与 $x_p(n)$ 之间的关系可以解释为：$x_p(n)$ 是 $x(n)$ 的周期延拓，$x(n)$ 是 $x_p(n)$ 的主值区间序列（简称主值序列）。为书写简便，将 $x(n)$ 与 $x_p(n)$ 之间的关系改用以下符号表示：

$$x_p(n) = x((n))_N \qquad (7\text{-}29)$$

$$x(n) = x_p(n)R_N(n) \qquad (7\text{-}30)$$

这里式(7-29)中的符号 $((n))_N$ 表示"n 对 N 取模值"，或称"余数表达运算式"。若

$$n = n_1 + rN \qquad (0 \leqslant n_1 \leqslant N-1, r \text{ 取整数})$$

则 $((n))_N = (n_1)$，$x((n))_N = x(n_1)$。

显然，对于周期序列有 $x_p(rN+n_1) = x_p(n_1)$，因此

$$x_p(n_1) = x(n_1)$$

$$x_p(n) = x((n))_N$$

由于 $x_p(n)$ 的变换式 $X_p(k)$ 也呈周期性，因此可以得出

$$X(k) = X_p(k)R_N(k) \qquad (7\text{-}31)$$

$$X_p(k) = X((k))_N \qquad (7\text{-}32)$$

考察式(7-31)和式(7-32)，容易看出，这两个公式的求和都只局限于主值区间，因而这种变换方法可以引申到与主值序列相应的有限长序列。

现在给出有限长序列离散傅里叶变换的定义，设有限长序列 $x(n)$ 长度为 N（在 $0 \leqslant n \leqslant N-1$ 范围内），它的离散傅里叶变换 $X(k)$ 仍然是一个长度为 N（在 $0 \leqslant k \leqslant N-1$ 范围内）的频域有限长序列，正、逆变换的关系式为

$$\begin{cases} X(k) = \text{DFT}[x(n)] = \displaystyle\sum_{n=0}^{N-1} x(n)W^{nk} (0 \leqslant k \leqslant N-1) & (7\text{-}33) \\ \\ x(n) = \text{IDFT}[X(k)] = \dfrac{1}{N}\displaystyle\sum_{n=0}^{N-1} X(k)W^{-nk} (0 \leqslant n \leqslant N-1) & (7\text{-}34) \end{cases}$$

离散傅里叶变换的(DFT)实际上来自于离散傅里叶级数，只不过仅在时域和频域对周期序列 $x_p(n)$ 和 $X_p(k)$ 各取一个周期而已，$x_p(n)$ 和 $X_p(k)$ 都有 N 个独立的数值，故其信息量是相等的。凡是再用到 DFT 的地方，有限长序列都是作为周期序列的一个周期来表示的，都隐含有周期性因素。

2. 用 DFT 计算圆周卷积

在许多实际问题中常需要计算线性卷积，我们经常用线性卷积来求系统的响应。如果能将线性卷积转化为圆周卷积，那么根据 DFT 的圆周卷积特性，就能够用圆周卷积来计算线性卷积，而圆周卷积可以用 FFT 进行快速计算。

前面我们已经讨论过圆周卷积与线性卷积之间的关系，知道当满足 $L \geqslant N+M-1$ 时，

圆周卷积与线性卷积的结果是相同的。因此,可用离散傅里叶变换(DFT)来计算两个序列的线性卷积。

用 DFT 计算线性卷积的具体步骤如下:

(1) 分别将长为 N 的序列 $x(n)$ 和长为 M 的序列 $h(n)$ 扩展成列长为 $L=N+M-1$ 的新序列 $x'(n)$ 和 $h'(n)$,即

$$x'(n) = \begin{cases} x(n), & n=0,1,\cdots,N-1 \\ 0, & n=N,N+1,\cdots,N+M-2 \end{cases}$$

$$h'(n) = \begin{cases} h(n), & n=0,1,\cdots,M-1 \\ 0, & n=M,M+1,\cdots,N+M-2 \end{cases}$$

(2) 直接计算 $x'(n)$ 和 $h'(n)$ 的圆周卷积 $y'(n)=x'(n) \circledast h'(n)$,即

$$y'(n) = x'(n) \circledast h'(n) = \sum_{m=0}^{N-1} x'(m)h'((n-m))_N R_N(n)$$

$$= \sum_{m=0}^{N-1} h'(m)x'((n-m))_N R_N(n)$$

则线性卷积 $y(n)=x(n)*h(n)=y'(n)$

(3) 若用 DFT 求 $y(n)$,则

$$y(n) = y'(n) = \text{IDFT}[X(k)H(k)]$$

式中 $X(k)$ 和 $H(k)$ 分别是 $x'(n)$ 和 $h'(n)$ 的 DFT。

用圆周卷积计算线性卷积的流程图如图 7-6 所示。

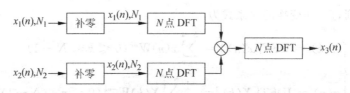

图 7-6　用圆周卷积计算线性卷积的流程图

3. 用 DFT 来进行频谱分析

所谓谱分析就是计算信号的频谱,包括幅度谱、相位谱和功率谱。

最初引入 DFT 的目的就是为了使计算机能够帮助分析连续时间信号的频谱,而快速傅里叶变换的出现使这种分析方法的实用价值更加突出。当不知道连续时间信号的数学表达式时,可以用数值计算法做近似分析。实际上,通过计算机利用 DFT 对连续时间信号进行分析与合成是当前主要的应用方法。

利用 DFT 对连续时间信号进行频谱分析的全过程如图 7-7 所示。

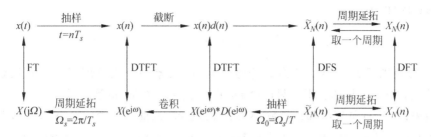

图 7-7 利用 DFT 对连续时间信号傅里叶变换对逼近的全过程

4. 用 DFT 做谱分析的参数选择原则

根据前面的讨论可以归纳出利用离散傅里叶变换做谱分析时参数选择的原则如下:

(1) 采样频率 f_s 应满足奈奎斯特采样定理,即 $f_s \geqslant 2f_h$,也就是 $T \leqslant \dfrac{1}{2f_h}$。

(2) 采样间隔 T_0 必须按所需的频率分辨率来选择,即

$$T_0 = \frac{1}{F_0} = \frac{N}{f_s} = NT$$

(3) 在保持分辨率 F_0 不变的情况下,若希望增加所分析的信号的最高频率,或在保持信号最高频率 f_h 不变的情况下,希望提高分辨率,唯一的办法是增加 $x(n)$ 的采样点数。

(4) 如果分辨率 F_0 和信号的最高频率 f_h 给定,那么 N 必须满足 $N \geqslant 2f_h/F_0$。

7.2 快速傅里叶变换(FFT)

在信号处理中,DFT 的计算具有举足轻重的地位,信号的相关、滤波、谱估计等都要通过 DFT 来实现,然而,当 N 很大的时候,求一个 N 点的 DFT 要完成 $N \times N$ 次复数乘法和 $N(N-1)$ 次复数加法,其计算量相当大。1965 年,库利和图基巧妙地利用了 w_N 因子的周期性和对称性,构造了一个 DFT 快速算法,即快速傅里叶变换(FFT),从而使 DFT 真正得到了广泛应用。

7.2.1 直接计算 DFT 的问题及改进途径

1. DFT 的运算特点

由前面可知,对于一个长为 N 的序列 $x(n)$,其 DFT 变换为

$$X(k) - \sum_{n=0}^{N-1} x(n) W_N^{nk} \quad (0 \leqslant k \leqslant N-1) \tag{7-35}$$

其逆变换(IDFT)为

$$x(n) = \frac{1}{N} \sum_{n=0}^{N-1} X(k) W_N^{-nk} \quad (0 \leqslant n \leqslant N-1) \tag{7-36}$$

二者的差别只在于 W_N 的指数符号不同,以及差一个比例因子 $1/N$,故式(7-35)、式(7-36)运算量是一样的。下面只讨论 DFT 正变换式(7-35)的运算量。

一般来说, $x(n)$ 和 W_N^{nk} 都是复数, $X(k)$ 也是复数,因此计算每一个 $X(k)$ 值,需要 N 次 $x(n)W_N^{nk}$ 形式的复数乘法和 $N-1$ 次复数加法运算。而 $X(k)$ 共有 N 个点(k 为 $0 \sim N-1$),所以完成全部 DFT 运算总共需要 N^2 次复数乘法和 $N(N-1)$ 次复数加法。

由此可见,直接计算 DFT 时,乘法次数与加法次数都与 N^2 成正比, N 越大,运算工作量将显著增加。为此,需要对 DFT 的计算方法进行改进,以减少总的运算次数。

2. 改善 DFT 运算效率的基本途径

由于系数 W_N^{nk} 具有以下特性:

对称性　$(W_N^{nk})^* = W_N^{-nk}$

周期性　$W_N^{nk} = W_N^{(n+N)k} = W_N^{n(k+N)}$

则有 $W_N^{n(N-k)} = W_N^{(N-n)k} = W_N^{-nk}$

$$W_N^{\frac{N}{2}} = e^{-\frac{2\pi}{N} \cdot \frac{N}{2}} = -1$$

$$W_N^{(nk+\frac{N}{2})} = -W_N^{nk}$$

因此利用 W_N^{nk} 的特性可对 DFT 的运算进行如下改进:①利用 W_N^{nk} 的对称性使 DFT 中有些项合并;②利用 W_N^{nk} 的对称性和周期性使长序列的 DFT 分解为更小点数的 DFT。

7.2.2　FFT 算法

1. 时间抽取基-2FFT 算法原理

设序列 $x(n)$ 的长度 $N = 2^M$, M 为正整数。如果不满足这个条件,可以人为地在 $x(n)$ 中加上若干个零值点,达到这一要求。这种 N 为 2 的正整数次幂的 FFT,也称基-2FFT。

序列 $x(n)$ 的离散傅里叶变换为

$$X(k) = \sum_{n=0}^{N-1} x(n) W_N^{nk}, \quad 0 \leqslant k \leqslant N-1$$

将 $x(n)$ 按 n 为奇数、偶数分成两组,得到

$$X(k) = \sum_{n \text{为偶数}} x(n) W_N^{nk} + \sum_{n \text{为奇数}} x(n) W_N^{nk} \tag{7-37}$$

令偶数 $n = 2r$,奇数 $n = 2r+1$, $0 \leqslant r \leqslant \frac{N}{2}-1$,这样

$$X(k) = \sum_{r=0}^{\frac{N}{2}-1} x(2r)W_N^{2rk} + \sum_{r=0}^{\frac{N}{2}-1} x(2r+1)W_N^{(2r+1)k}$$

$$= \sum_{r=0}^{\frac{N}{2}-1} x(2r)(W_N^2)^{rk} + \sum_{r=0}^{\frac{N}{2}-1} x(2r+1)(W_N^2)^{rk}W_N^k$$

因为 $W_N^2 = e^{-j\frac{2\pi}{N}\times 2} = e^{-j\frac{2\pi}{N/2}} = W_{N/2}$，所以

$$X(k) = \sum_{r=0}^{\frac{N}{2}-1} x(2r)W_{\frac{N}{2}}^{rk} + W_N^k \sum_{r=0}^{\frac{N}{2}-1} x(2r+1)W_{\frac{N}{2}}^{rk} \tag{7-38}$$

设

$$X_1(k) = \sum_{r=0}^{\frac{N}{2}-1} x(2r)W_{\frac{N}{2}}^{rk} \tag{7-39}$$

$$X_2(k) = \sum_{r=0}^{\frac{N}{2}-1} x(2r+1)W_{\frac{N}{2}}^{rk} \quad 0 \leqslant k \leqslant \frac{N}{2}-1 \tag{7-40}$$

注意 $X_1(k)$ 和 $X_2(k)$ 都是 $\frac{N}{2}$ 点 DFT。这样，式(7-38)改写为

$$X(k) = X_1(k) + W_N^k X_2(k), \quad 0 \leqslant k \leqslant \frac{N}{2}-1 \tag{7-41}$$

由于 $0 \leqslant k \leqslant \frac{N}{2}-1$，因此上式仅能表示 $\frac{N}{2}$ 点 $X(k)$。对于 $X(k)$，$\frac{N}{2} \leqslant k \leqslant N-1$ 的一半可以利用 DFT 隐含的周期性来获得。因为 $X_1(k)$ 和 $X_2(k)$ 都是周期为 $\frac{N}{2}$ 的周期序列，所以

$$X_1\left(\frac{N}{2}+k\right) = X_1(k)$$

$$X_2\left(\frac{N}{2}+k\right) = X_2(k)$$

而 $W_N^{(k+\frac{N}{2})} = -W_N^k$，所以将 $k = \frac{N}{2}+k$ 代入式(7-38)得

$$X\left(k+\frac{N}{2}\right) = X_1(k) - W_N^k X_2(k), \quad 0 \leqslant k \leqslant \frac{N}{2}-1$$

因此，可将整个 $X(k)$ 用 $N/2$ 点 DFT $X_1(k)$ 和 $X_2(k)$ 表示为

$$X(k) = X_1(k) + W_N^k X_2(k) \tag{7-42}$$

$$X\left(k+\frac{N}{2}\right) = X_1(k) - W_N^k X_2(k), \quad 0 \leqslant k \leqslant \frac{N}{2}-1 \tag{7-43}$$

对于 $N=4$ 的有限长序列将其按上述算法展开，由式(7-36)、式(7-37)得（注 $W_{\frac{N}{2}}^{rk} = W_N^{2rk}$，$W_4^2 = -W_4^0$）

$$\begin{cases} X_1(0) = x(0) + W_4^0 x(2) \\ X_1(1) = x(0) + W_4^2 x(2) = x(0) - W_4^0 x(2) \end{cases} \tag{7-44}$$

$$\begin{cases} X_2(0) = x(1) + W_4^0 x(3) \\ X_2(1) = x(1) + W_4^2 x(3) = x(1) - W_4^0 x(3) \end{cases} \tag{7-45}$$

由式(7-42)、式(7-43)得

$$\begin{cases} X(0) = X_1(0) + W_4^0 X_2(0) \\ X(2) = X_1(0) - W_4^0 X_2(0) \end{cases} \tag{7-46}$$

$$\begin{cases} X(1) = X_1(1) + W_4^1 X_2(1) \\ X(3) = X_1(1) - W_4^1 X_2(1) \end{cases} \tag{7-47}$$

注意观察上述方程结构,用"{"括起来的两个方程运算结构相同,称之为蝶形运算。它们的运算关系如图 7-8 所示。图中从左向右计算,左面两点为输入,右上支路为相加输出,右下支路为相减输出,线旁数字为加权值,图 7-8 表示的正是方程组中的计算,将图 7-9 称为一个基本蝶形计算。可见每一个蝶形运算需要一次复乘,两次复加。

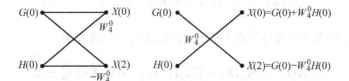

图 7-8　蝶形运算单元

对于 $N=4$ 点的全部 DFT 计算,用式(7-44)~式(7-47)的方程组表示,这些方程组的运算又可以用图 7-9 所示的蝶形流程图表示。图中共分两级进行计算,左边一半为第一级,完成式(7-44)和式(7-45)方程组的计算;右边一半为第二级,完成式(7-46)和式(7-47)方程组的计算。

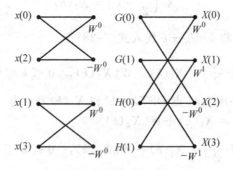

图 7-9　$N=4$ 的 FFT 流程图

全图共需要完成 4 个基本蝶形运算,因此完成全图共计需要 4 次复乘、8 次复加。而直接计算 4 点的 DFT 共需要 16 次复乘、12 次复加。这说明这种 FFT 算法对提高运算速度十分有效。

对于 $N=8$ 点的 DFT 的计算，还必须把每个 $N/2$ 点的 DFT 的计算进一步分解成两个 $N/4$ 点 DFT 来计算。其蝶形流程图如图 7-10 所示。对于 $N=2^M$ 的任意情况，需要把这种奇偶分解逐级进行下去。

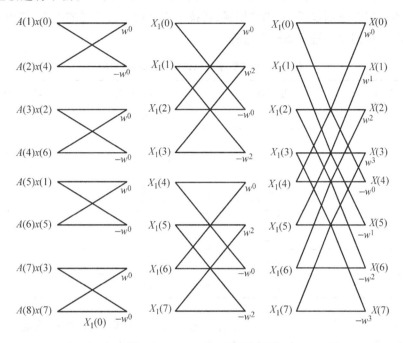

图 7-10　$N=8$ 的 FFT 流程图

2. 时间抽取基-2FFT 算法运算量估计

当 $N=2^M$ 时，全部 DFT 运算可分解为 M 级蝶形流程图，其中每级都包含 $N/2$ 次乘、N 次加减，快速算法的全部运算量为：

复数乘法：$\dfrac{N}{2} \cdot M = \dfrac{N}{2}\log_2 N$ 次

复数加法：$N \cdot M = N \cdot \log_2 N$ 次。

而原始的直接 DFT 方法需要：

复数乘法：N^2 次

复数加法：$N(N-1)$ 次。

当 N 较大时，FFT 算法得到的改善相当可观。

3. 时间抽取基-2FFT 算法的特点

(1) 码位倒读，从图 7-10 和图 7-11 可以看出，其输入序列 $x(n)$ 的排列不符合自然顺序,这是由于按 N 的奇偶分组进行 DFT 运算而造成的,这种排列方式称为"码位倒读"的顺序。所谓码位倒读,是将序号 n 写成二进制码,然后将二进制码首尾倒置,再将倒置的二进制码译成十进制数的排列顺序。

表 7-3 列出了 $N=8$ 时两种排列顺序的互换规律,表中最左端是自然顺序的十进制数字,把它们表示成二进制以后,将码位倒置,再按十进制读出已倒置的数字,即得最右端的码位倒读顺序,表中间是二进制数转换过程。

表 7-3　自然顺序与码位倒读顺序($N=8$)

自然顺序	二进制表示	码位倒置	码位倒读顺序
0	000	000	0
1	001	100	4
2	010	010	2
3	011	110	6
4	100	001	1
5	101	101	5
6	110	011	3
7	111	111	7

(2) 可以"即位运算","即位运算"是指当把数据存入存储器后,每一级运算的结果都存入相应的输入存储器中,直到计算出最终结果。图 7-10 首先将输入数据 $x(0)$、$x(4)$、$x(2)$、$x(6)$、$x(1)$、$x(5)$、$x(3)$、$x(7)$ 分别存入 $A(1) \sim A(8)$ 存储单元中,在第一级运算中,首先将 $A(1)$、$A(2)$ 中的数 $x(0)$、$x(4)$ 送入运算器,进行蝶形运算,蝶形运算后,$x(0)$、$x(4)$ 的数据不需要保留了,因此蝶形运算结果 $X_1(0)$、$X_1(1)$ 就直接存储在 $A(1)$、$A(2)$ 单元中。同理其他的蝶形运算都可以这样进行,直到算完最后一级最后一个蝶图。这样完成三级运算后,$A(1) \sim A(8)$ 存储单元中存储的就是最后的计算结果 $X(0) \sim X(7)$。

"即位运算"也称"即位存储",其主要优点是占用计算机内部存储单元少,运算简单。

(3) 当 $N=2^M$ 时,输入序列码位倒读顺序,输出序列自然顺序的 FFT 流程图排列规律如下:

(1) 全部计算分解为 M 级(也称 M 次迭代)。

(2) 输入序列 $x(n)$ 按码位倒读顺序排列,输出序列 $X(k)$ 按自然顺序排列。

(3) 每级(每次迭代)都包含 $N/2$ 个蝶形单元,但其几何图形各不相同。自左至右第 1 级的 $N/2$ 个蝶形单元分布为 $N/2$ 个"群",第 2 级则分为 $N/4$ 个"群",…,第 i 级分为 $N/2^i$ 个"群",…,最末一级只有 $N/2^M$ 个也即一个"群"。所谓群,指蝶形图中任一级互相交叉在一起的蝶形。

（4）每个蝶形单元都包含乘 W_N^{nk} 与 W_N^{-nk} 的运算（简化为乘 W_N^{nk} 与加、减法各一次）。

（5）同一级中各个"群"的系数 W 分布规律完全一样。

（6）各级的 W 分布顺序自上而下按如下规律排列：

第 1 级：W_N^0

第 2 级：$W_N^0, W_N^{\frac{N}{4}}$

第 3 级：$W_N^0, W_N^{\frac{N}{8}}, W_N^{\frac{2N}{8}}, W_N^{\frac{3N}{8}}$

$\cdots$

第 i 级：$W_N^0, W_N^{\frac{N}{2^i}}, W_N^{\frac{2N}{2^i}}, \cdots, W_N^{(2^{i-1}-1)\frac{N}{2^i}}$

$\cdots$

第 M 级：$W_N^0, W_N^1, W_N^2, W_N^3, \cdots, W_N^{\frac{N}{2}-1}$

离散傅里叶变换快速算法的原理同样适用于逆变换（以 IFFT 表示），其差别仅在于，取 IFFT 时，加权系数改为 W_N^{-nk}（不是 W_N^{nk}）而且运算结果都应乘以系数 $1/N$。

4. 其他快速算法简介

前面我们讨论的只是按时间抽取基-2FFT 算法（简写为 DIT-FFT），这种快速算法也称为库利-图基 FFT 算法，它是按照输入序列在时域的奇偶顺序分组，与此对应的还有按照输出序列在频域的奇偶顺序分组的桑德-图基 FFT 算法，也称为按频率抽取的基-2FFT 算法（简写为 DIF-FFT）。同时还存在一些其他的 FFT 算法，这一节我们对这些算法做一个简单介绍。

（1）按频率抽取的基-2FFT 算法

在 DIF-FFT 中，我们假设输入序列长度为 $N=2^M$，M 为整数，则它的 DFT 结果 $X(k)$ 也是 N 点，我们将一个 N 点的 DFT 按频率 k 的奇偶分解为两个 $N/2$ 点的 DFT。由于 $N=2^M$，$N/2$ 仍然是一个偶数，因此可以将 $N/2$ 点的 DFT 的输出再分解为偶数组与奇数组，这就将 $N/2$ 点的 DFT 的输入上下对半分开，通过与 DIT 类似的蝶形运算而形成，这样的分解过程可以一直进行下去，直到分解 M 步后变成了 $N/2$ 个 2 点的 DFT 为止。而这 $N/2$ 个 2 点的 DFT 的计算结果（共 N 个值）就是 $x(n)$ 的 N 点 DFT 的结果 $X(k)$。

DIF 的输入是自然顺序，输出是码位倒读的顺序，所以运算完成后，需要经过重排变为自然顺序输出，其重排规律与 DIT 算法的规律一样。DIF 蝶形运算与 DIT 蝶形运算略有不同，其差别仅在于 DIF 中复数乘法出现于加减法运算之后。DIF 的运算量和 DIT 一样，而且也可以做即位运算，DIF 的流程图和 DIT 的流程图互为转置。

（2）按时域抽取的基-4FFT 算法

顾名思义，该算法在时域上按 n 的特征对序列 $x(n)$ 进行不断地分组及位序调整，进而通过逐级的蝶形复合处理，间接完成高点数 DFT 的计算，由此达到降低运算量及节约存储空间的目的。基-4 时域抽取算法和基-2 时域抽取算法具有完全相同的实质，两者的差异仅仅源于基选择的不同。

基-4时域抽取算法令序列长度为 $N=4^L$,按照 $((n))_4$ 的结果对序列 $x(n)$ 进行分组,将 N 点 DFT 分解成为 4 个 $N/4$ 点的 DFT 和一级蝶形复合,然后再对 $N/4$ 按照 $((N/4))_4$ 的结果进行分组,利用和基-2DIT 类似的蝶形图进行计算,将这种分组进行下去,直到分解 L 步结束。

基-4时域抽取算法中的蝶形运算需完成 3 次复乘和 12 次复加。基-4时域抽取算法的每一级都包含 $N/4$ 个 4 点的 DFT,因而每级总共需要 $3×N/4$ 次复乘,当 $N=4^L$ 时,共有 L 级,由于第一级不需要复乘,因而总的复乘次数为 $\frac{3}{4}N(L-1)=\frac{3}{4}N\left(\frac{1}{2}\log_2 N-1\right)\approx$ $\frac{3}{8}N\log_2 N(L\gg1)$。基-4FFT 比基-2FFT 的乘法运算量更少。

5. FFT 的 MATLAB 实现

MATLAB 信号处理工具箱提供了下面一些实现 FFT 的函数。

(1) fft 和 ifft

调用格式:

① Y=fft(X)

如果 X 是向量,则采用傅里叶变换来求解 X 的傅里叶变换;如果 X 是矩阵,则计算该矩阵每一列的傅里叶变换。

② Y=fft(X,N)

N 是进行傅里叶变换的 X 的数据长度,可以通过对 X 进行补零或截取来实现。

③ Y=fft(X,[],dim)或者 Y=fft(X,N,dim)

在参数 dim 指定的维上进行离散傅里叶变换;当 X 为矩阵时,dim 用来指定变换的实施方向;dim=1,表明变换按列进行;dim=2,表明变换按行进行。

函数 ifft 的参数应用与函数 fft 完全相同。

(2) fft2 和 ifft2

调用格式是:

① Y=fft2(X)

如果 X 是向量,则此傅里叶变换即成一维傅里叶变换 fft;如果 X 是矩阵,则是计算该矩阵的二维快速傅里叶变换;数据二维傅里叶变换 fft2(X)相当于 fft(fft(X)')',即先对 X 的列作一维傅里叶变换,然后再对变换结果作一维傅里叶变换。

② Y=fft2(X,M,N)

通过对 X 进行补零或截断,使得 X 成为 M×N 的矩阵。

函数 ifft2 的参数使用方法和 fft2 完全相同。

fftn,ifftn 是对数据进行多维快速傅里叶变换,其应用与 fft2 和 ifft2 类似,在此不再赘述。

（3）fftshift

调用格式：y＝fftshift(X)

用来重新排列 X＝fft(x)的输出，当 X 为向量时，把 X 的左右两半进行交换，从而将零频分量移至频谱中心；如果 X 为二维傅里叶变换的结果，它同时将 X 的左右和上下部分进行交换。

（4）fftfilt

调用格式：

① y＝fftfilt(b,x)

采用重叠相加法 FFT 对信号向量 x 快速滤波，得到输出序列向量 y，向量 b 为滤波器的单位脉冲响应，$h(n)＝b(n+1)$，$n＝0,1,\cdots,length(b)-1$。

② y＝fftfilt(b,x,N)

自动选取 FFT 长度 NF＝2^nextpow2(N)，输入数据 x 分段长度 M＝NF-length(b)+1，其中 nextpow2(N)函数求得一个整数，满足

$$2^{(nextpow2(n)-1)} \leqslant N \leqslant 2^{nextpow2(n)}$$

N 缺省时，fftfilt 自动选择合适的 FFT 长度 NF 和对 x 的分段长度 M。

7.2.3 快速傅里叶变换的应用

如前所述，DFT 之所以能够得到广泛的应用，不仅得益于严格的定义和明确的物理意义，还因为其成熟和完善的快速计算方法。本节介绍 FFT 算法的一些典型应用。

1. 快速卷积

前面讲到，若有限长序列 $x(n)$ 和 $h(n)$ 的长度分别为 L 点和 M 点，其线性卷积的结果 $y(n)$ 为

$$y(n) = \sum_{m=0}^{M-1} x(m)h(n-m) \quad 0 \leqslant n \leqslant L+M-1$$

用 FFT 方法也就是利用圆周卷积来代替这一线性卷积时，为了不产生混叠，其必要条件是使 $x(n),h(n)$ 都补零值点，补到至少 $N＝M+L-1$，即

$$x(n) = \begin{cases} x(n), & 0 \leqslant n \leqslant L-1 \\ 0, & L \leqslant n \leqslant N-1 \end{cases}$$

$$h(n) = \begin{cases} h(n), & 0 \leqslant n \leqslant M-1 \\ 0, & M \leqslant n \leqslant N-1 \end{cases}$$

然后计算圆周卷积 $y(n)＝x(n) \circledast h(n)$，这时 $y(n)$ 就能代表线性卷积的结果。

用 FFT 计算 $y(n)$ 的步骤如下：

① 求 $H(k)=\text{DFT}[h(n)]$，N 点。

② 求 $X(k)=\text{DFT}[x(n)]$，N 点。

③ 计算 $Y(k)=X(k)H(k)$。

④ 求 $y(n)=\text{IDFT}[y(n)]$，N 点。

步骤①、②、④都可以用 FFT 来完成。此时的工作量如下：三次 FFT 运算共需要 $\frac{3}{2}\log_2 N$ 次相乘，再加上步骤③的 N 次相乘，因此共需要的相乘次数为

$$m_f = N\left(1 + \frac{3}{2}\log_2 N\right)$$

当 L 太大时，圆周卷积的优点就表现不出来了，因此需要采用分段卷积或称分段过滤的方法。下面讨论一个短的有限长序列与一个长序列的卷积。例如，当 $x(n)$ 是很长的序列，利用圆周卷积时，$h(n)$ 必须补很多个零值点，很不经济。因而必须将 $x(n)$ 分成点数和 $h(n)$ 相仿的段，分别求出每段的卷积结果，然后用一定方式把它们合在一起，从而得出总的输出，对每一段的卷积都采用 FFT 方法处理。

2. FFT 工程实际应用举例

(1) 测量系统函数的振幅谱

设系统的单位冲激响应为 $h(n)$，由于

$$H(k) = \text{DFT}[h(n)] = \text{FFT}[h(n)]$$

$$H(z) = \frac{Y(z)}{X(z)}$$

如果 $H(z)$ 在单位圆上收敛，那么

$$H(k) = H(z)\big|_{z=W^{-k}} = \left|\frac{Y(z)}{X(z)}\right|_{z=W^{-k}} = \frac{Y(k)}{X(k)}$$

因此，测量 $H(k)$ 的原理框图如图 7-11 所示。

图 7-11 测量 $H(k)$ 的原理框图

例如，造纸厂纸浆机的振动对周围的影响就可以用测量 $H(k)$ 的方法进行检测。如图 7-12 所示，把纸浆机的振动作为激励，把纸浆机整体作为系统，把传到基础上的振动作为响应。因此，图 7-12 实质上是测量 $H(k)$。根据 $H(k)$ 可以分析系统对不同振动频率的衰减情况而采取必要的措施。

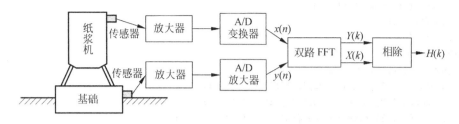

图 7-12 测量 $H(k)$ 的典型例子

这种方法广泛应用于旋转机械对基础的振动分析中。当然，对于测量电子系统的系统函数，这种方法也是可行的。

（2）测量相关函数（相关谱）

汽车行驶在路面上，前、后轮都可能产生振动。如果能测出人所感觉到的振动中，哪些成分是由前轮引起的，哪些成分是由后轮引起的，哪些部分是由前、后轮共同引起的，则对于汽车的减震设计是十分有用的。其互相关谱测试的基本原理如图 7-13 所示。

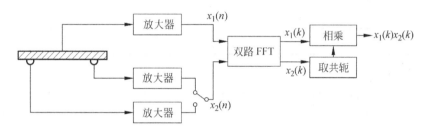

图 7-13 互相关谱测试的基本原理

将加速度传感器测出的座位振动信号 $x_1(n)$ 与前轮振动信号 $x_2(n)$ 送入双路 FFT，求出互相关谱 $R_{1,2}(k)$；再用加速度传感器测出后轮的振动信号 $x_2'(n)$ 与座位振动信号 $x_1(n)$ 送入双路 FFT，求得互相关谱 $R_{1,2}'(k)$。

从对互相关谱 $R_{1,2}(k)$ 和 $R_{1,2}'(k)$ 的分析中，可以得到前、后轮对人体振动的影响，互相关谱值越大，说明对人体振动的影响越大，由此分析改进措施。

3. FFT 的 MATLAB 应用

例 7-2 用快速卷积法计算下面两个序列的卷积：

$$x(n) = \sin(0.4n)R_{15}(n)$$
$$h(n) = 0.9^n R_{20}(n)$$

解 程序清单如下：

```
>> M = 15;N = 20;nx = 1:15;nh = 1:20;
>> xn = sin(0.4 * nx);hn = 0.9.^nh;
```

```
>> L = pow2(nextpow2(M + N - 1));
>> Xk = fft(xn,L);
>> Hk = fft(hn,L);
>> Yk = Xk. * Hk;
>> yn = ifft(Yk,L);ny = 1:L;
>> subplot(3,1,1);stem(nx,xn,'.');title('x(n)');
>> subplot(3,1,2);stem(nh,hn,'.');title('h(n)');
>> subplot(3,1,3);stem(ny,real(yn),'.');title('y(n)');
```

运行结果如图 7-14 所示。

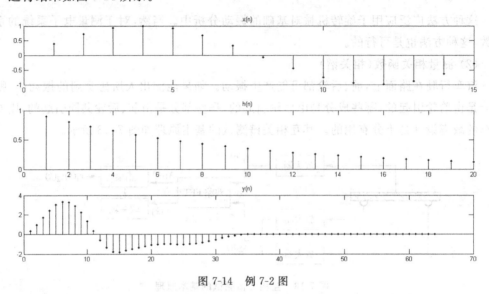

图 7-14　例 7-2 图

例 7-3　设 $x(n)$ 是由两个正弦信号及白噪声的叠加,试用 FFT 对其做频谱分析。

解　程序清单如下:

```
>> N = 256;
>> f1 = .1;f2 = .2;fs = 1;
>> a1 = 5;a2 = 3;
>> w = 2 * pi/fs;
>> x = a1 * sin(w * f1 * (0:N - 1)) + a2 * sin(w * f2 * (0:N - 1)) + randn(1,N);
>> subplot(2,2,1);plot(x(1:N/4));title('原始信号');
>> f = - 0.5:1/N:0.5 - 1/N;
>> X = fft(x);y = ifft(X);
>> subplot(2,2,2);plot(f,fftshift(abs(X)));title('频域信号');
>> subplot(2,2,3);plot(real(x(1:N/4)));title('时域信号');
```

运行结果如图 7-15 所示。

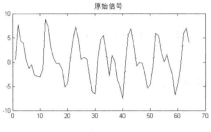
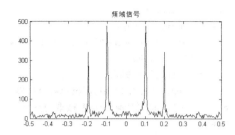
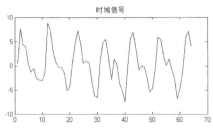

图 7-15　例 7-3 图

例 7-4　设 $x_a(t) = \cos(200\pi t) + \sin(100\pi t) + \cos(50\pi t)$,用 DFT 分析 $x_a(t)$ 的频谱结构,选择不同的截取长度 T_p,观察截断效应,试用加窗的方法减少谱间干扰。

选取的参数:

① 频率 $f_s = 400\mathrm{Hz}$,$T = 1/f_s$。

② 采样信号序列 $x(n) = x_a(nT)w(n)$,$w(n)$ 是窗函数,选取两种窗函数:矩形窗函数 $w(n) = R_N(n)$ 和 hamming 窗,后者在程序中调用函数 hamming 产生宽度为 N 的 hamming 窗函数列向量 wn。

③ 对 $x(n)$ 取 2048 点 DFT,作为 $x_a(t)$ 的近似连续谱 $X_a(jf)$。其中 N 为采样点数,$N = f_s T_p$,T_p 为截取时间长度,取三种长度 $0.04\mathrm{s}$,$4 \times 0.04\mathrm{s}$,$8 \times 0.04\mathrm{s}$。

解　程序清单如下:

```
>> clear;closeall
>> fs = 400;T = 1/fs;
>> Tp = 0.04;N = Tp * fs;
>> N1 = [N,4 * N,8 * N];
>> for m = 1:3
     n = 1:N1(m);
>> xn = cos(200 * pi * n * T) + sin(100 * pi * n * T) + cos(50 * pi * n * T);
>> Xk = fft(xn,4096);
>> fk = [0:4095]/4096/T;
   >> subplot(3,2,2 * m - 1);plot(fk,abs(Xk)/max(abs(Xk)));
>> if m == 1 title('矩形窗截取');end
>> end
>> for m = 1:3
```

```
        n = 1:N1(m);
>> wn = hamming(N1(m));
>> xn = cos(200 * pi * n * T) + sin(100 * pi * n * T) + cos(50 * pi * n * T). * wn';
>> Xk = fft(xn,4096);
>> fk = [0:4095]/4096/T;
        >> subplot(3,2,2 * m);plot(fk,abs(Xk)/max(abs(Xk)));
>> if m == 1 title('hamming 窗截取');end
>> end
```

程序运行结果见图 7-16。

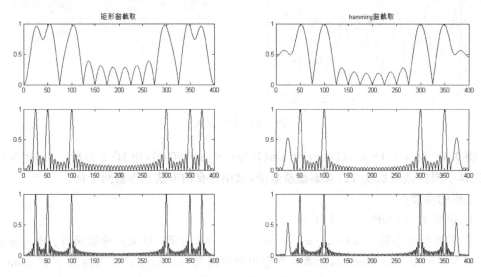

图 7-16 例 7-4 图

图 7-16 中从上到下截取的长度依次分别是 $N,4N,8N$,由于截断使原频谱中的单频谱线展宽(也称为"泄露"),截取的长度越长,泄露越少,频率分辨率越高。当截取长度为 N(T_p 为 0.04s 时),25Hz 和 50Hz 两根谱线已经分辨不清楚了。另外,在本来应该为零的频段上出现了一些参差不齐的小谱包,成为谱间干扰,其大小取决于加窗的类型。比较矩形窗和 hamming 窗的谱分析结果可见,用矩形窗比用 hamming 窗的频率分辨率高(泄露小),但是谱间干扰大,因此 hamming 窗是以牺牲分辨率来换取谱间干扰的降低。

7.3 模拟滤波器的设计

在信号处理过程中,所处理的信号往往混有噪声,从接收到的信号中消除或减弱噪声是信号传输与处理中十分重要的问题。根据有用信号和噪声的不同特性,消除或减弱噪声,提取有用信号的过程称为滤波,实现滤波功能的系统称之为滤波器。滤波器可以用各种标准来分类,按照信号的种类可以分为模拟滤波器和数字滤波器,按照频带来分可分为低通滤波器、高通滤波器和带通滤波器及带阻滤波器等。在实际应用中,往往借助数字滤波方法处理模拟信号,随着数字技术的发展,模拟滤波器的应用领域已逐步减少,然而,在有些情况下,模拟滤波器还有一定的应用场合(如工作频率在几十兆赫以上的中频或射频通信电路),也可以与数字滤波器混合应用。此外,数字滤波器的构成原理和设计方法往往要从模拟滤波器已经成熟的技术转换而来,因此,仍需适当学习模拟滤波器的基本知识。

模拟高通、带通、带阻滤波器的技术指标均可以通过频率转换关系转换成模拟低通滤波器的技术指标,并依据这些技术指标设计低通滤波器,得到低通滤波器的系统函数,最后再依据频率转换关系得到所设计的滤波器的系统函数。因此,本节着重以模拟低通滤波器为例说明模拟滤波器的设计。

7.3.1　模拟滤波器的逼近

本节介绍模拟滤波器的基本设计方法——根据一组设计规范来设计模拟系统函数 $H_a(s)$,使其逼近某个理想滤波器特性。

模拟滤波器幅度响应常用幅度平方函数 $|H_a(j\Omega)|^2$ 来表示,即

$$|H_a(j\Omega)|^2 = H_a(j\Omega)H_a^*(j\Omega)$$

由于滤波器冲激响应 $h(t)$ 是实函数,因而 $H(j\Omega)$ 满足

$$H^*(j\Omega) = H(-j\Omega)$$

因此

$$|H_a(j\Omega)|^2 = H_a(j\Omega)H_a(-j\Omega) = H_a(s)H_a(-s)|_{s=j\Omega} \tag{7-48}$$

式中,$H_a(s)$ 是模拟滤波器的系统函数,它是 s 的有理函数,$H_a(j\Omega)$ 是滤波器稳态响应即频率特性,$|H_a(j\Omega)|$ 是滤波器的稳态幅度特性。

由于 $H_a(-s)$ 的极点和零点是 $H_a(s)$ 的极点和零点的相反数,因此 $H_a(s)H_a(-s)$ 的极点和零点成对出现,关于原点对称。若冲激响应 $h_a(t)$ 是实函数,则 $H_a(-s)$ 和 $H_a(s)$ 的极点(或零点)必成共轭对存在,关于实轴对称。因此,$H_a(s)H_a(-s)$ 在虚轴上的零点(稳定系统在虚轴上没有极点,只有临界稳定才会在虚轴上出现极点)一定是二阶的。$H_a(s)H_a(-s)$ 的零极点分布如图 7-17 所示。

现在必须由式(7-48)求得 $H_a(s)$,即把 $H_a(-s)$ 和 $H_a(s)$ 分开。这种分解不唯一,但考虑到滤波器是一个稳定的系统,因此可以选择 s 平面左半平面的极点作为 $H_a(s)$ 的极点,其余极点是选定的 $H_a(s)$ 的极点的相反数,适合作为 $H_a(-s)$ 的极点。对于 $H_a(s)$ 的零点没有稳定性的限制,如果选择不在右半平面的零点作为 $H_a(s)$ 的零点,则这个选择产生最小相移特性,否则可将对称零点的任一半(应为共轭对)取为 $H_a(s)$ 的零点。

综上所述,由 $|H_a(j\Omega)|^2$ 确定 $H_a(s)$ 的方法如下。

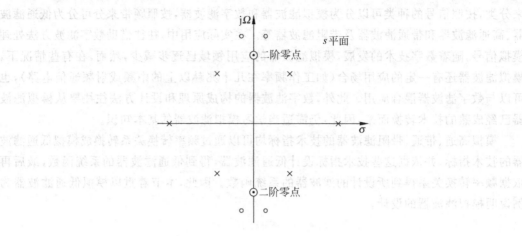

图 7-17 $H_a(s)H_a(-s)$ 的零极点分布

① $|H_a(j\Omega)|^2|_{\Omega^2=-s^2}=H_a(s)H_a(-s)$ 得到象限对称的 s 平面函数。

② 将 $H_a(s)H_a(-s)$ 因式分解,得到各零点和极点。将左半平面的极点归于 $H_a(s)$,若无特殊要求,可取 $H_a(s)H_a(-s)$ 以虚轴为对称轴的对称零点的任一半(若为复数零点,则应为共轭对)作为 $H_a(s)$ 的零点,若要求是最小相位延时滤波器,则应取左半平面零点作为 $H_a(s)$ 的零点。虚轴上的零点应该是偶次的,其中一半(应为共轭对)属于 $H_a(s)$。

③ 按照 $H_a(j\Omega)$ 与 $H_a(s)$ 的低频特性或高频特性的对比就可以确定出增益常数。

④ 由求出的 $H_a(s)$ 的零点、极点及增益常数,可完全确定系统函数 $H_a(s)$。

7.3.2 巴特沃斯低通滤波器的设计

巴特沃斯低通滤波器幅度平方函数定义为

$$|H_a(j\Omega)|^2 = \frac{1}{1+(\Omega/\Omega_c)^{2N}} \tag{7-49}$$

式中 N 为正整数,代表滤波器的阶次,Ω_c 称为截止频率。当 $\Omega=\Omega_c$ 时,有 $|H_a(j\Omega)|^2=\frac{1}{2}$,即

$$|H_a(j\Omega)| = \frac{1}{\sqrt{2}}, \quad \delta_1 = 20\lg\left|\frac{H_a(j0)}{H_a(j\Omega_c)}\right| = 3\text{dB}$$

所以又称 Ω_c 为巴特沃斯低通滤波器的 3dB 带宽。

巴特沃斯低通滤波器的特点:

① 当 $\Omega=0$ 时,$|H_a(j0)|^2=1$,即在 $\Omega=0$ 处无衰减。

② 当 $\Omega=\Omega_c$ 时,$|H_a(j\Omega)|^2=\frac{1}{2}$,$|H_a(jj)|=0.707$,或 $\delta_1=-20\lg|H_a(j\Omega_c)|=3\text{dB}$,$\delta_1$

为通带最大衰减。即不管 N 为多少,所有的曲线都通过 -3dB 点,或者说衰减 3dB,这就是 3dB 不变性。

③ 在 $\Omega<\Omega_c$ 的通带内,$|H_a(j\Omega)|^2$ 有最大平坦的幅度特性,即 N 阶巴特沃斯低通滤波器在 $\Omega=0$ 处,$|H_a(j\Omega)|^2\big|_{\Omega=0}$ 的前 $2N-1$ 阶导数为零,因而巴特沃斯滤波器又称为最平幅度特性滤波器。随着 Ω 由 0 变到 Ω_c,$|H_a(j\Omega)|^2$ 单调减小,N 越大,减小得越慢,通带内特性越平坦。

④ 当 $\Omega>\Omega_c$,即在过渡带及阻带中,$|H_a(j\Omega)|^2$ 也随 Ω 增加而单调减小,但是 $\Omega/\Omega_c>1$,故比通带内衰减的速度要快得多,N 越大,衰减速度越大。当 $\Omega=\Omega_{st}$,即频率为阻带截止频率时,衰减为 $\delta_2=-20\lg|H_a(j\Omega_{st})|$。

巴特沃斯低通滤波器的幅度特性如图 7-18 所示,由式(7-49)得

$$H_a(s)H_a(-s)=|H_a(j\Omega)|^2\big|_{\Omega=\frac{s}{j}}=\frac{1}{1+\left(\dfrac{s}{j\Omega_c}\right)^{2N}}$$

所以巴特沃斯低通滤波器的零点全部在 $s=\infty$ 处,在有限 z 平面内,只有极点,属于“全极点滤波器”,其幅度平方函数 $H_a(s)H_a(-s)$ 的 $2N$ 个极点为

$$s_k=(-1)^{2N}(j\Omega_c)=\Omega_c e^{j\left(\frac{1}{2}+\frac{2k-1}{2N}\right)\pi},\quad k=1,2,\cdots,2N$$

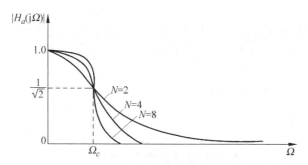

图 7-18　巴特沃斯低通滤波器的幅度特性

$H_a(s)H_a(-s)$ 在左半平面的极点即为 $H_a(s)$ 的极点,因而

$$H_a(s)=\frac{\Omega_c^N}{\displaystyle\prod_{k=1}^{N}(s-s_k)}$$

在一般统计中,把上式中的 Ω_c 选为 1rad/s,即将频率归一化,归一化后巴特沃斯低通滤波器的系统函数有如下形式:

$$H_a(s)=\frac{1}{s^N+a_1 s^{N-1}+\cdots+a_{N-1}s+a_N} \tag{7-50}$$

表 7-4 中列出了式(7-50)中分母多项式的系数。

表 7-4　阶数 1≤N≤8 归一化巴特沃斯滤波器系统函数的系数

N	a_1	a_2	a_3	a_4	a_5	a_6	a_7	a_8
1	1.0000							
2	1.4142	1.0000						
3	2.0000	2.0000	1.0000					
4	2.6131	3.4142	2.6131	1.0000				
5	3.2361	5.2361	5.2361	3.2361	1.0000			
6	3.8637	7.4641	9.1416	7.4641	3.8637	1.0000		
7	4.4940	10.0978	14.5918	14.5918	10.0978	4.4940	1.0000	
8	5.1258	13.1371	21.8462	25.6884	21.8462	13.1371	5.1258	1.0000

设计一个巴特沃斯滤波器的步骤如下：

① 根据滤波器技术指标，求选择性因子 k 和判别因子 d。

② 确定满足技术要求所需的滤波器阶数 N，$N \geqslant \dfrac{\lg d}{\lg k}$。

③ 设 3dB 截止频率为 Ω_c，Ω_c 可以是以下区间的任一个数值：

$$\Omega_p \left[(1-\delta_p)^{-2} - 1 \right]^{-\frac{1}{2N}} \leqslant \Omega_c \leqslant \Omega_s \left[\delta_s^{-2} - 1 \right]^{-\frac{1}{2N}}$$

④ 由式(7-50)并查表求出归一化的巴特沃斯滤波器的系统函数。

例 7-5　设计一个满足以下技术指标的巴特沃斯低通滤波器。

$$f_p = 6k\mathrm{Hz}, \quad f_s = 10k\mathrm{Hz}, \quad \delta_p = \delta_s = 0.1$$

解　先计算判别因子和选择性因子。

$$d = \left[\frac{(1-\delta_p)^{-2} - 1}{\delta_s^{-2} - 1} \right]^{-2} = 0.0487, \quad k = \frac{\Omega_p}{\Omega_s} = \frac{f_p}{f_s} = 0.6$$

由于 $N \geqslant \dfrac{\lg d}{\lg k} = 5.92$，得到最小的滤波器阶数是 $N=6$，而

$$f_p \left[(1-\delta_p)^{-2} - 1 \right]^{-\frac{1}{2N}} = 6770, \quad f_s \left[\delta_s^{-2} - 1 \right]^{-\frac{1}{2N}} = 6819$$

中心频率可以是以下区间的任何一个数

$$6770 \leqslant f_c \leqslant 6819$$

根据式(7-51)并查表求出归一化的巴特沃斯低通滤波器

$$H_a(s) = \frac{1}{s^6 + 3.8637s^5 + 7.4641s^4 + 9.1416s^3 + 7.4641s^2 + 3.8637s + 1}$$

若用 $s = s/\Omega_c$ 代入上式，即可得截止频率为 Ω_c 而非 1 的巴特沃斯滤波器。

7.3.3　切比雪夫 I 型滤波器的设计

切比雪夫 I 型滤波器的幅度平方函数为

$$| H_a(j\Omega) |^2 = \frac{1}{1 + \varepsilon^2 T_N^2\left(\dfrac{\Omega}{\Omega_c}\right)}$$

其中 ε 为小于 1 的正数,称为通带波纹参数,表示通带波动的程度,ε 值越大波动也越大;N 为正整数,表示滤波器的阶次,$\dfrac{\Omega}{\Omega_c}$ 可以看做以截止频率作为基准频率的归一化频率;$T_N^2(x)$ 为切比雪夫多项式,它的定义为

$$T_N(x) = \begin{cases} \cos(N\arccos x), & | x | \leqslant 1 \\ \cosh(N \operatorname{arccosh} x), & | x | > 1 \end{cases}$$

这些多项式可以通过迭代产生:

$$T_{k+1}(x) = 2x T_k(x) - T_{k-1}(x), \quad k \geqslant 1$$
$$T_0(x) = 1, \quad T_1(x) = x$$

切比雪夫滤波器幅度特性如图 7-19 所示,其特点如下:

① 所有曲线在 $\Omega = \Omega_c$ 时通过 $\dfrac{1}{\sqrt{1+\varepsilon^2}}$ 点,因而把 Ω_c 定义为切比雪夫滤波器的截止角频率。

② 在通带内 $\left|\dfrac{\Omega}{\Omega_c}\right| \leqslant 1$,$|H_a(j\Omega)|$ 在 1 和 $\dfrac{1}{\sqrt{1+\varepsilon^2}}$ 之间变化;在通带外,$\left|\dfrac{\Omega}{\Omega_c}\right| > 1$,特性呈单调下降,下降速度为 $20N\text{dB}/\sec$。

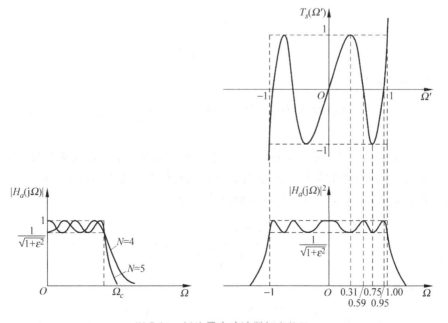

图 7-19 切比雪夫滤波器幅度特性

③ N 为奇数，$|H_a(\mathrm{j}0)|=1$；N 为偶数，$|H_a(\mathrm{j}0)|=\dfrac{1}{\sqrt{1+\varepsilon^2}}$。通带内误差分布是均匀的，实际上这种逼近称为最佳一致逼近。或者说通带等波纹滤波器是在通带内以最大误差最小化对理想滤波器的最佳一致逼近。

④ 与巴特沃斯滤波器定义的截止角频率 Ω_c（衰减 3dB 处）不同，切比雪夫滤波器的 Ω_c 是与 ε 有关的通带边缘频率值，其衰减之绝对值在 3dB 以内。一般情况下有 $\dfrac{1}{\sqrt{1+\varepsilon^2}}>\dfrac{1}{\sqrt{2}}$。

⑤ 由于滤波器通带内有起伏，因而使通带内的相频特性也有相应的起伏波动，即相位是非线性的。

通常称这种通带内具有等波纹特性，阻带为单调下降的滤波特性为切比雪夫Ⅰ型；若通带特性为单调下降，阻带内呈等波纹变化则称切比雪夫Ⅱ型；若通带和阻带都呈等波纹变化则称为椭圆滤波器。

切比雪夫Ⅰ型滤波器的系统函数为

$$H_a(s)=H_a(0)\prod_{k=0}^{N-1}\frac{-s_k}{s-s_k}$$

其中 N 为偶数时，$H_a(0)=(1-\varepsilon^2)^{-\frac{1}{2}}$，$N$ 为奇数时，$H_a(0)=1$。

给定通带和阻带的截止频率 Ω_p 和 Ω_s，通带和阻带波动 δ_p 和 δ_s（或参数 ε 和 A），设计一个切比雪夫Ⅰ型滤波器的步骤如下：

① 求选择性因子 k 和判别因子 d。

② 用下面的公式确定滤波器阶数 $N\geqslant\dfrac{\cosh^{-1}\left(\dfrac{1}{d}\right)}{\cosh^{-1}\left(\dfrac{1}{k}\right)}$

③ 组成有理函数

$$G_a(s)=H_a(s)H_a(-s)=\frac{1}{1+\varepsilon^2 T_N^2\left(\dfrac{s}{\mathrm{j}\Omega_p}\right)}$$

其中 $\varepsilon=\left[(1-\delta_p)^{-2}-1\right]^{\frac{1}{2}}$，取 N 个 $G_a(s)$ 在 s 左半平面的极点组成系统函数 $H_a(s)$。

例 7-6 设计一个切比雪夫Ⅰ型低通滤波器，满足例 7-6 给出的技术指标。

解 求得 $d=0.0487$，$k=0.6$ 时所需的滤波器阶数为

$$N\geqslant\frac{\cosh^{-1}\left(\dfrac{1}{d}\right)}{\cosh^{-1}\left(\dfrac{1}{k}\right)}=3.38$$

取 $N=4$，所以

$$\varepsilon=\left[(1-\delta_p)^{-2}-1\right]^{\frac{1}{2}}=0.4843$$

$$T_4(x)=4x^3-4x$$

$$T_4^2\left(\frac{\Omega}{\Omega_p}\right) = 16\left(\frac{\Omega}{\Omega_p}\right)^2\left[\left(\frac{\Omega}{\Omega_p}\right)^2 - 1\right]^2$$

这样

$$|H_a(\mathrm{j}\Omega_c)|^2 = \frac{1}{1 + 3.7527\left(\frac{\Omega}{\Omega_p}\right)^2\left[\left(\frac{\Omega}{\Omega_p}\right)^2 - 1\right]^2}$$

因为

$$H_a(s)H_a(-s) = |H_a(\mathrm{j}\Omega)|^2\Big|_{\Omega=\frac{s}{\mathrm{j}}}$$

将 $\Omega = \dfrac{s}{\mathrm{j}}$ 代入之后,取 s 左半平面的极点组成系统函数 $H_a(s)$ 即可。

模拟高通、带通及带阻滤波器的系数函数都可以先将要设计的滤波器的技术指标通过某种频率转换关系转换成模拟低通滤波器的技术指标,并依据这些技术指标设计出低通滤波器的系统函数,然后再依据频率转换关系转换成所要设计的滤波器的系统函数。

7.4 数字滤波器的设计

数字滤波器是数字信号处理的一个重要组成部分,数字滤波器实际上是一种运算过程,它是完成频率选择或频率分辨任务的线性时不变系统的通用名称。因此,离散时间 LTI 系统也称为数字滤波器。其功能是将一组输入的数字序列通过一定的运算后转变为另一组输出的数字序列,因此它本身就是一台数字式的处理设备。与模拟滤波器类似,数字滤波器按频率特性划分也有低通、高通、带通、带阻、全通等类型。由于频率响应的周期性,频率变量以数字频率 w 来表示,$w = \Omega T = \Omega/f_s$,$f_s$ 为模拟角频率,T 为抽样时间间隔,Ω 为抽样频率,所以数字滤波器设计中必须给出抽样频率。

数字滤波器一般可以用两种方法实现:一种是设计专用的数字硬件、专用的数字信号处理器或采用通用的数字信号处理器来实现;另一种是直接用计算机,将所需的运算编成程序让计算机来执行,这也就是用软件来实现数字滤波器。

数字滤波器的结构和设计方法有多种类型。如果按照系统冲激响应 $h(n)$ 之特征来划分,可以有以下两大类型:

① 无限冲激响应型(infinite impulse response,IIR),它的冲激响应 $h(n)$ 无限延长。

② 有限冲激响应型(finite impulse response,FIR),它的冲激响应 $h(n)$ 可以在有限长时间内结束。

线性时不变离散时间系统的系统函数 $H(z)$ 是 z^{-1} 的有理函数,即

$$H(z) = \frac{\displaystyle\sum_{r=0}^{M} b_r z^{-r}}{1 + \displaystyle\sum_{k=1}^{N} a_k z^{-k}} \tag{7-51}$$

根据 $H(z)$ 表达式中系数的特征即可对上述两种类型的数字滤波器进行区分。若式(7-51)中系数 $a_k \neq 0$,则构成 IIR 滤波器,与此相反,当 $a_k = 0$ 时,则对应 FIR 滤波器。

与模拟滤波器的情况类似,数字滤波器的设计过程也是先给出频响特性的容差图,然后选定 $H(z)$ 函数,也即先解决逼近问题,再研究滤波器电路结构的实现。

7.4.1　IIR 数字滤波器的设计

IIR 滤波器有以下几个特点:

① 系统的单位冲激响应 $h(n)$ 无限延长;

② 系统函数 $H(z)$ 在有限 z 平面($0 \leqslant |z| \leqslant +\infty$)有极点存在;

③ 结构上存在着输出到输入的反馈,也就是结构上是递归型的。

IIR 滤波器的构成方法需借助模拟滤波器已经成熟的技术和数据。在各种原型模拟滤波器的设计基础上,如果能建立模拟滤波器与数字滤波器的映射关系,则可以很好地利用模拟滤波器的研究成果来设计数字滤波器。

要建立模拟滤波器与数字滤波器的映射关系,就是要建立 s 平面与 z 平面的映射关系,即把 s 平面映射到 z 平面,使模拟系统函数 $H_a(s)$ 变换成所需的数字滤波器的系统函数 $H(z)$。这种由复平面 s 到复平面 z 的映射(变换)关系,必须满足两个基本要求:

① $H(z)$ 的频率响应要能模仿 $H_a(s)$ 的频率响应,即 s 平面的虚轴 $j\Omega$ 必须映射到 z 平面的单位圆 $e^{j\omega}$ 上。

② 变换前 $H_a(s)$ 是因果稳定的,变换后 $H(z)$ 也必须是因果稳定的。也就是说,s 平面的左半平面必须映射到 z 平面的单位圆内。

把模拟滤波器映射成数字滤波器后,就能使数字滤波器“模仿”模拟滤波器的特性,从而达到由模拟滤波器设计数字滤波器的目的。通常,有以下两种映射方法:冲激响应不变法、双线性变换法。

1. 冲激响应不变法

冲激响应不变法是使数字滤波器的单位冲激响应序列 $h(n)$ 模仿模拟滤波器的单位冲激响应 $h_a(t)$,将模拟滤波器的单位冲激响应加以等间隔抽样,使 $h(n)$ 正好等于 $h_a(t)$ 的抽样值,即满足

$$h(n) = h_a(nT) \quad (T \text{ 是抽样周期})$$

抽样序列的 Z 变换与模拟信号的拉普拉斯变换之间的关系为

$$H(z) \mid_{z=e^{st}} = \frac{1}{T} \sum_{k=-\infty}^{\infty} H_a\left(s - j\frac{2\pi}{T}k\right) \tag{7-52}$$

可以看出,冲激响应不变法将模拟滤波器的 s 平面变换到了数字滤波器的 z 平面,从 s 到 z 的变换关系为 $z = e^{sT}$,其映射关系如图 7-20 所示。

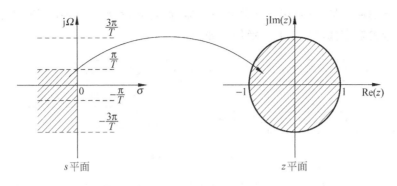

图 7-20 冲激响应不变法映射关系

图 7-20 中，s 平面每一条宽度为 $2\pi/T$ 的横条都将重叠地映射到整个 z 平面上，而每一横条的左半边映射到 z 平面单位圆以内，右半边映射到单位圆以外，而 s 平面虚轴（$j\Omega$ 轴）映射到单位圆上，虚轴上每一段长为 $2\pi/T$ 的线段都映射到 z 平面单位圆上一周。

由此可知，冲激响应不变法把稳定的 $H_a(s)$ 转换为稳定的 $H(z)$。由此方法可得到一阶系统的最基本的转换关系式为

$$\frac{1}{s+a} \Rightarrow \frac{1}{1-e^{-aT_s}z^{-1}}$$

即 s 平面的单极点 $s=-a$ 映射到 z 平面的单极点 $z=e^{-aT_s}$。

由式(7-55)可知，数字滤波器的频率响应与模拟滤波器的频率响应间的关系为

$$H(e^{-j\omega}) = \frac{1}{T}\sum_{k=-\infty}^{\infty} H_a\left(j\frac{\Omega-2\pi}{T}k\right)$$

即数字滤波器的频率响应是模拟滤波器频率响应的周期延拓。根据奈奎斯特抽样定理，只有当模拟滤波器的频率响应是严格限带的，且带限于折叠频率 $[-\Omega_s/2,\Omega_s/2]$ 以内时，才能使数字滤波器的频率响应在折叠频率以内重现模拟滤波器的频率响应而不产生混叠失真。但是，任何一个实际的模拟滤波器频率响应都不是严格限带的，变换后都会产生周期延拓分量的频谱交叠，即产生频率响应的混叠失真，因而模拟滤波器的频率响应在折叠频率以上衰减越大、越快，变换后频率响应混叠失真就越小。

综上所述，冲激响应不变法具有以下优缺点：冲激响应不变法使数字滤波器的冲激响应完全模仿模拟滤波器的冲激响应，即在时域逼近良好；模拟频率和数字频率之间呈线性关系，即 $w=\Omega T_s$，因而一个线性相位滤波器可以映射成一个线性相位的数字滤波器；由于有混叠效应，所以只适用于带限模拟滤波器，即只适用于低通滤波器和带通滤波器，对于高通和带阻滤波器不宜采用冲激响应不变法。

2. 双线性变换法

IIR 滤波器设计的另一简单、有效的方法就是双线性变换法。该方法与前述冲激响应

不变法的基本思路一样,不直接设计数字滤波器,而是先设计一个模拟 IIR 滤波器,然后映射成一个等效的数字滤波器。其变换原理如图 7-21 所示。

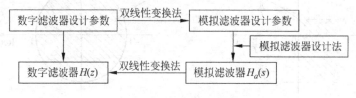

图 7-21 双线性变换法

这样,就可以把 z 平面的数字滤波器的设计转化为 s 平面的等效模拟滤波器的设计。s 平面和 z 平面的映射关系为

$$s = f(z) = \frac{1}{T_s} \frac{1 - z^{-1}}{1 + z^{-1}} \tag{7-53}$$

将 $s = j\Omega$ 及 $z = e^{j\omega}$ 代入式(7-53),得到数字频率与等效的模拟频率之间的映射关系为

$$\Omega = g(w) = \tan\left(\frac{w}{2}\right) \tag{7-54}$$

由于数字频率与模拟频率之间的变换关系不是线性关系,所以式(7-54)称为频率预畸变换法。

双线性变换法的设计步骤如下:

① 给定数字滤波器的幅度响应参数;

② 用频率预畸公式(7-54)将数字滤波器参数变换为相应的等效模拟滤波器参数。

③ 采用模拟滤波器设计方法设计等效模拟滤波器——$H_a(s)$。

④ 采用双线性变换法公式(7-53)把等效模拟滤波器逆映射为所期望的数字滤波器,即

$$H(z) = H_a(s)\,|_{s=f(z)} = H_a(f(z))$$
$$H(w) = H_a(\Omega)\,|_{\Omega=g(w)} = H_a(g(w))$$

综上所述,双线性变换法具有以下优缺点:避免了频率响应的混叠现象;模拟频率与数字频率不再是线性关系,所以一个线性相位模拟滤波器经双线性变换后所得到的数字滤波器不再保持原有的线性相位了。

3. 应用 MATLAB 设计 IIR 滤波器

目前,设计 IIR 滤波器的通用方法是先设计相应的低通滤波器,然后再通过双线性变换法和频率变换得到所需要的数字滤波器。下面给出与 IIR 滤波器设计有关的 MATLAB 指令。

(1) buttord

用来确定数字低通或模拟低通滤波器的阶次,其调用格式分别是

① >>[N,Wn] = buttord(Wp,Ws,Rp,Rs)

② >> [N,Wn] = buttord(Wp,Ws,Rp,Rs,'s')

格式①与数字滤波器对应,式中 Wp,Ws 分别是通带和阻带的截止频率,实际上它们是归一化频率,取值在 0～1 之间,1 对应抽样频率的一半。对低通和高通滤波器,Wp,Ws 都是标量,对带通和带阻滤波器,Wp,Ws 都是 1×2 的向量。Rp,Rs 分别是通带和阻带的衰减,单位为 dB。N 是输出的相应低通滤波器的阶数,Wn 是输出的 3dB 频率,它和 Wp 稍有不同。

格式②与模拟滤波器对应,式中各个变量及含义与 a 相同,但 Wp,Ws 及 Wn 的单位为 rad/s,因此,它们实际上是频率。

(2) buttap

用来设计低通原型滤波器 G(p),其调用格式是

>> [z,p,k] = buttap(N)

N 是预设计的低通原型滤波器的阶次,z,p,k 分别是设计出的 G(p) 的极点、零点及增益。

此外还有 lp2lp,lp2hp,lp2bp 和 lp2bs,这四个指令的功能是将模拟低通原型滤波器 g(p) 分别转换为实际的低通、高通、带通及带阻滤波器。其调用格式分别是:

① [B,A] = lp2lp(b,a,Wo) 或 [B,A] = lp2hp(b,a,Wo)

② [B,A] = lp2bp(b,a,Wo,Bw) 或 [B,A] = lp2bs(b,a,Wo,Bw)

式中②,①分别是模拟低通原型滤波器 G(p) 的分子、分母多项式的系数向量,B,A 分别是转换后的 $H(s)$ 的分子、分母多项式的系数向量;在格式①中,Wo 是低通或高通滤波器的截止频率;在格式②中,Wo 是带通或带阻滤波器的中心频率,Bw 是其带宽。

(3) bilinear.m

实现双线性变换,即由模拟滤波器 H(s) 得到数字滤波器 H(z)。其调用格式为

[Bz,Az] = bilinear(B,A,Fs)

式中 B,A 分别是 H(s) 的分子、分母多项式的系数向量,Bz,Az 分别是 H(z) 的分子、分母多项式的系数向量,Fs 是抽样频率。

(4) butter.m

用来直接设计巴特沃斯数字滤波器,实际上它把 buttord.m,buttap.m,lp2lp.m 及 bilinear.m 等文件都包含了进去,从而使设计过程更简捷,其调用格式为

① [B,A] = butter(N,Wn)

② [B,A] = butter(N,Wn,'high')

③ [B,A] = butter(N,Wn,'stop')

④ [B,A] = butter(N,Wn,'s')

格式①,②,③用来设计数字滤波器,B,A 分别是 H(z) 的分子、分母多项式的系数向量,Wn 是通带截止频率,范围在 0,1 之间,1 对应抽样频率的一半。若 Wn 是标量,则格

式①用来设计低通滤波器,若 Wn 是 1×2 的向量,则格式①用来设计数字带通滤波器;格式②用来设计数字高通滤波器,格式③用来设计数字带阻滤波器,显然,这时的 Wn 是 1×2 的向量;格式④用来设计模拟滤波器。

其他设计滤波器用到的指令如表 7-5 所示。

表 7-5　设计滤波器用到的指令

指　令	功　能
cheblord. m	求切比雪夫 I 型滤波器的阶次
cheblap. m	设计原型切比雪夫 I 型模拟滤波器
cheby1. m	直接设计切比雪夫 I 型滤波器
cheby2ord. m	求切比雪夫 II 型滤波器的阶次
ellipord. m	求椭圆滤波器的阶次
cheb2ap. m	设计原型切比雪夫 II 型模拟滤波器
ellipap. m	设计原型椭圆模拟滤波器
besselap. m	设计原型贝塞尔模拟滤波器
cheby2. m	直接设计切比雪夫 II 型滤波器
ellip. m	直接设计椭圆滤波器
besself. m	直接设计贝塞尔滤波器
impinvar. m	用冲激响应不变法实现 w 到 Ω 及 s 到 z 的转换
maxflat. m	设计广义巴特沃斯低通滤波器
yulewalk. m	利用最小平方方法设计 Yule-Walker 滤波器

例 7-7　一个数字系统的抽样频率 Fs＝2000Hz,试设计一个为此系统使用的带通数字滤波器 $H_{dbp}(z)$,希望采用巴特沃斯滤波器。要求:(1)通带范围为 $300\sim400\mathrm{Hz}$,在带边频率处的衰减不大于 3dB;(2)在 200Hz 以下和 500Hz 以上衰减不小于 18dB。

解　相应 MATLAB 程序如下:

```
>> clear all;
>> fp = [300 400];fs = [200 500];
>> rp = 3;rs = 18;
>> Fs = 2000;
>> wp = fp * 2 * pi/Fs;
>> ws = fs * 2 * pi/Fs;
>> wap = 2 * Fs * tan(wp./2)
>> was = 2 * Fs * tan(ws./2);
>> [n, wn] = buttord(wap, was, rp, rs, 's');
>> [z, p, k] = buttap(n);
>> [bp, ap] = zp2tf(z, p, k)
```

```
>> bw = wap(2) - wap(1)
>> w0 = sqrt(wap(1) * wap(2))
>> [bs,as] = lp2bp(bp,ap,w0,bw)
>> [h1,w1] = freqs(bp,ap);
>> figure(1)
>> plot(w1,abs(h1));grid;
>> ylabel('lowpass G(p)')
>> w2 = [0:Fs/2 - 1] * 2 * pi;
>> h2 = freqs(bs,as,w2);
>> [bz1,az1] = bilinear(bs,as,Fs)
>> [h3,w3] = freqz(bz1,az1,1000,Fs);
>> figure(2)
>> plot(w2/2/pi,20 * log10(abs(h2)),w3,20 * log10(abs(h3)));grid;
>> ylabel('bandpass AF and DF')
>> xlabel('Hz')
```

运行结果如下(见图 7-22):

```
wap =   1.0e + 003 *
     2.0381     2.9062
bp =      0          0          1
ap =   1.0000     1.4142     1.0000

bw =   868.0683
w0 =   2.4337e + 003
bs =   1.0e + 005 *
     7.5354     - 0.0000     0.0000
as =   1.0e + 013 *
     0.0000     0.0000     0.0000     0.0007     3.5083
bz1 =   0.0201     0.0000     - 0.0402     0.0000     0.0201
az1 =   1.0000     - 1.6368     2.2376     - 1.3071     0.6414
```

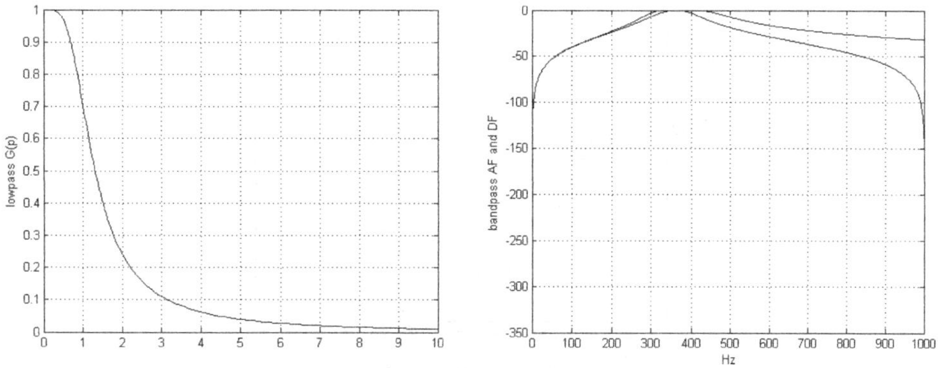

图 7-22 例 7.7 图

例 7-8 试用 MATLAB 设计一个低通数字滤波器,给定技术指标是 $f_p = 100\text{Hz}, f_s = 300\text{Hz}, \alpha_p = 3\text{dB}, \alpha_s = 20\text{dB}$,抽样频率 $F_s = 1000\text{Hz}$。

解 程序清单如下:

```
>> clear all
>> fp = 100;fs = 300;Fs = 1000;
>> rp = 3;rs = 20;
>> wp = 2 * pi * fp/Fs;
>> ws = 2 * pi * fs/Fs;
>> Fs = Fs/Fs;
>> wap = tan(wp/2);was = tan(ws/2);
>> [n,wn] = buttord(wap,was,rp,rs,'s')
>> [z,p,k] = buttap(n);
>> [bp,ap] = zp2tf(z,p,k)
>> [bs,as] = lp2lp(bp,ap,wap)
>> [bz,az] = bilinear(bs,as,Fs/2)
>> [h,w] = freqz(bz,az,256,Fs * 1000);
>> plot(w,abs(h));grid on ;
```

执行结果如下(见图 7-23):

```
n =     2
wn =    0.4363
bp =    0          0          1
ap =    1.0000     1.4142     1.0000
bs =    0.1056
as =    1.0000     0.4595     0.1056

bz =    0.0675     0.1349     0.0675
az =    1.0000    − 1.1430    0.4128
```

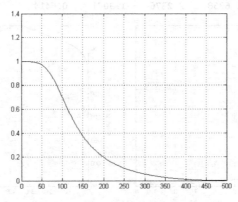

图 7-23　例 7-8 图

例7-9　采用 MATLAB 直接法设计一个巴特沃斯型数字带通滤波器,要求: $w_{p1} = 0.4\pi, w_{p2} = 0.6\pi, R_p = 1\text{dB}; w_{s1} = 0.2\pi, w_{s2} = 0.8\pi, A_s = 10\text{dB}$。描绘滤波器归一化的绝对和相对幅频特性,相频特性,零极点分布图,列出系统传递函数。

解　程序清单如下:

```
>> ws1 = 0.2;ws2 = 0.8;
>> ws = [ws1,ws2];
>> wp1 = 0.4;wp2 = 0.6;
>> wp = [wp1,wp2];
>> Rp = 1;As = 10;
>> [n,wc] = buttord(wp,ws,Rp,As)
>> [b,a] = butter(n,wc)
>> [H,w] = freqz(b,a);
>> dbH = 20 * log10((abs(H) + eps)/max(abs(H)));
>> subplot(2,2,1),plot(w/pi,abs(H));
>> title('幅度响应(dB)');
>> xlabel('w');
>> ylabel('幅度');
>> subplot(2,2,2),plot(w/pi,angle(H));
>> title('相位响应');
>> xlabel('w');
>> ylabel('相位');
>> subplot(2,2,3),plot(w/pi,dbH);
>> title('幅度响应(dB)');
>> xlabel('w');
>> ylabel('幅度/dB');
>> subplot(2,2,4);zplane(b,a);
>> title('零极点图');
>> xlabel('实部');
>> ylabel('虚部');
```

执行结果如下(见图7-24):

```
n =      2
wc =     0.2863    0.7137
b =      0.2292        0    - 0.4584        0    0.2292
a =      1.0000    - 0.0000    0.2675    0.0000    0.1843
```

因此传递函数为

$$H(z) = \frac{0.2292 - 0.4584z^{-2} + 0.2292z^{-4}}{1 + 0.2675z^{-2} + 0.1843z^{-4}}$$

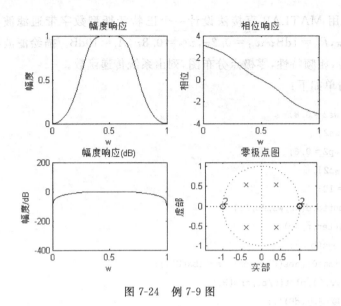

图 7-24   例 7-9 图

7.4.2   FIR 数字滤波器的设计

无限长单位冲激响应(IIR)数字滤波器的优点是可以利用模拟滤波器设计的结果,而模拟滤波器的设计有大量图表可查,方便简单。但是它也有明显的缺点,就是相位的非线性,在图像处理以及数据传输等要求信道具有线性相位特性的场合,IIR 滤波器就不太适用了。有限单位冲激响应(FIR)数字滤波器则可以做成具有严格的线性相位,同时又可以具有任意的幅度特性。此外,FIR 滤波器的单位抽样响应是有限长的,因而 FIR 滤波器一定是稳定的。再有,只要经过一定的延时,任何非因果有限长序列,都能变成因果的有限长序列,因而总能用因果系统来实现。最后,FIR 滤波器由于单位冲激响应是有限长序列,因而可以用快速傅里叶变换(FFT)算法来过滤信号,从而可以大大提高运算效率。但是,要取得很好的衰减特性,FIR 滤波器 H(z)的阶次比 IIR 滤波器的要高。

因为最感兴趣的是具有线性相位的 FIR 滤波器,对非线性相位的 FIR 滤波器,一般可以用 IIR 滤波器来代替,故我们只讨论线性相位滤波器的设计。

1. 线性相位 FIR 滤波器的特点

如果一个线性时不变系统的频率响应有如下形式:

$$H(e^{j\omega}) = H(\omega)e^{j\theta(\omega)} = |H(e^{j\omega})| e^{-j\alpha\omega} \tag{7-55}$$

则其具有线性相位。这里 α 是一个实数。因而,线性相位系统有一个恒定的群延时

$$\tau = \alpha$$

在实际应用中,有两类准确的线性相位,分别要求满足

$$\theta(w) = -\tau w \tag{7-56}$$

$$\theta(w) = \beta - \tau w \tag{7-57}$$

FIR 滤波器具有式(7-55)的线性相位的充分必要条件是,单位抽样响应 $h(n)$ 关于群延时 τ 偶对称,即满足

$$\tau = \frac{N-1}{2} \tag{7-58}$$

$$h(n) = h(N-1-n), \quad 0 \leqslant n \leqslant N-1 \tag{7-59}$$

由于 $h(n)$ 的点数 N 又分为奇数与偶数两种情况,因此把满足式(7-58)和式(7-59)的偶对称条件的 FIR 滤波器分别称为I型线性相位滤波器和II型线性相位滤波器,如图 7-25(a)和(b)所示。

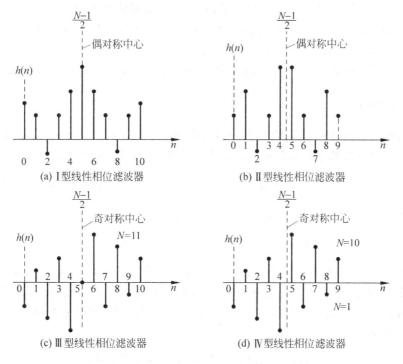

图 7-25 线性相位滤波器单位抽样响应的对称性

FIR 滤波器具有式(7-57)的线性相位的充分必要条件是,单位抽样响应 $h(n)$ 关于群延时 τ 奇对称,即满足

$$\tau = \frac{N-1}{2} \tag{7-60}$$

$$\beta = \pm \frac{\pi}{2} \tag{7-61}$$

$$h(n) = -h(N-1-n), \quad 0 \leqslant n \leqslant N-1 \tag{7-62}$$

同理,把满足式(7-60)、式(7-61)、式(7-62)的奇对称条件的 FIR 滤波器分别称为Ⅲ型线性相位滤波器和Ⅳ型线性相位滤波器,如图 7-23(c)和(d)所示。

从图 7-23 可以得出如下结论:Ⅰ型线性相位滤波器的幅度函数 $H(w)$ 也关于 $\tau = \frac{N-1}{2}$ 偶对称,同时关于 $w=0,\pi,2\pi$ 也呈偶对称;相位函数为准确的线性相位。Ⅱ型线性相位滤波器的幅度函数 $H(w)$ 有以下特点:当 $w=\pi$ 时,$H(\pi)=0$,也就是说 $H(z)$ 在 $z=-1$ 处必然有一个零点;$H(w)$ 关于 $w=\pi$ 呈奇对称,关于 $w=0,2\pi$ 呈偶对称;Ⅱ型线性相位滤波器的相位函数的特点与Ⅰ型线性相位滤波器相同。Ⅲ型线性相位滤波器的幅度函数 $H(w)$ 有下列特点:$H(w)$ 在 $w=0,\pi,2\pi$ 处必为零,也就是说 $H(z)$ 在 $z=\pm1$ 处都为零点;$H(w)$ 关于 $w=0,\pi,2\pi$ 均呈奇对称;相位函数既是准确的线性相位,又包括 $\pi/2$ 的相移,所以又称为 90°移相器,或称为正交变换网络,它和理想低通滤波器、理想微分器一样,有着极重要的理论和实际意义。Ⅳ型线性相位滤波器的幅度函数 $H(w)$ 有下列特点:$H(w)$ 在 $w=0,2\pi$ 处必为零,也就是说 $H(z)$ 在 $z=1$ 处为零点;$H(w)$ 在 $w=0,2\pi$ 呈奇对称,在 $w=\pi$ 处呈偶对称;Ⅳ型线性相位滤波器的相位函数的特点与Ⅲ型线性相位滤波器相同。

2. 窗函数设计法

FIR 滤波器的设计有很多方法,其中最经常使用的是窗函数设计法,其原理是:

一般是先给出所要求的理想低通滤波器频率响应 $H_d(e^{j\omega})$,要求设计一个 FIR 滤波器频率响应 $H(e^{j\omega}) = \sum\limits_{n=0}^{N-1} h(n)e^{-j\omega n}$ 来逼近 $H_d(e^{j\omega})$,由于设计是在时域进行的,因而先由 $H_d(e^{j\omega})$ 的傅里叶逆变换导出 $h_d(n)$,即

$$h_d(n) = \frac{1}{2\pi}\int_{-\pi}^{\pi} H_d(e^{j\omega})e^{jn\omega}\,dw = \frac{1}{2\pi}\int_{-w_c}^{w_c} e^{jn\omega}\,dw = \frac{\sin(w_c n)}{\pi n}$$

由于 $H_d(e^{j\omega})$ 是矩形频率特性,故 $h_d(n)$ 一定是无限长的序列,因而是非因果的,而要设计的是 FIR 滤波器,$h(n)$ 必然是有限长的,所以要用有限长的 $h(n)$ 来逼近无限长的 $h_d(n)$,最有效的方法是截断 $h_d(n)$,即用一个有限长度的窗函数序列 $w(n)$ 来截取 $h_d(n)$,并将截短后的 $h_d(n)$ 移位,得

$$h(n) = w\left(n - \frac{N-1}{2}\right)h_d\left(n - \frac{N-1}{2}\right) \tag{7-63}$$

由于 $w(n)$ 的长度为 N,所以 $h(n)$ 是因果的。因此窗函数序列 $w(n)$ 的形状及长度的选择就很关键。

现举例说明上述方法的应用及存在的问题。

例 7-10 设计一个低通滤波器,所希望的频率响应 $H_d(e^{j\omega})$ 在 $0\leqslant w\leqslant 0.25\pi$ 之间为 1,在 $0.25\pi\leqslant w\leqslant \pi$ 之间为 0,分别取 $N=11,21,41$,观察其频谱响应的特点。

解 $H_d(e^{j\omega}) = \begin{cases} 1, & 0\leqslant w\leqslant 0.25\pi \\ 0, & 0.25\pi\leqslant w\leqslant \pi \end{cases}$

取矩形窗

$$w(n) = \begin{cases} 1, & 0 \leqslant n \leqslant N-1 \\ 0, & \text{其他} \end{cases}$$

根据式(7-63),可知

$$h(n) = h_d\left(n - \frac{N-1}{2}\right) = \frac{\sin\left[0.25\pi\left(n - \frac{N-1}{2}\right)\right]}{\pi\left(n - \frac{N-1}{2}\right)}$$

当 $N=11$ 时,求得

$$H(0) = h(10) = -0.045, \quad h(1) = h(9) = 0, \quad h(2) = h(8) = 0.075,$$
$$h(3) = h(7) = 0.1592, \quad h(4) = h(6) = 0.2251, \quad h(5) = 0.25$$

显然 $\tau = (N-1)/2 = 5$,满足对称关系,如图 7-26(a)所示。

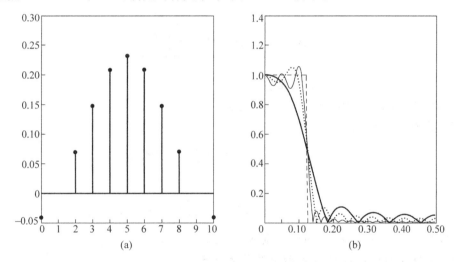

图 7-26 例 7-10 的设计结果

根据序列 $h(n)$,分别求得 $N=11,21,41$ 时的幅频特性 $|H_d(e^{j\omega})|$,如图 7-26(b)所示。

由图 7-26(b)可以看出,当 N 取值太小时,通频带过窄,且阻带内波纹较大,过渡带较宽,当 N 增大时,$H(e^{j\omega})$ 和 $H_d(e^{j\omega})$ 的近似程度越来越好。但当 N 增大时,通带内出现了波纹,而且随着 N 的增大,这些波纹并不消失,只是最大的尖峰越来越接近于间断点,这种现象称为吉布斯现象。

吉布斯现象的产生是对 $h_d(n)$ 突然截短的结果。在时域加窗,等于频域 $H_d(e^{j\omega})$ 与矩形窗频谱的卷积,由于矩形窗的频谱为 $\text{Sa}(w)$ 函数,它有着较大的旁瓣,正是这些旁瓣在和 $H_d(e^{j\omega})$ 卷积时产生了吉布斯现象。为了减弱吉布斯现象,应选取旁瓣较小的窗函数。

用窗函数法设计 FIR 滤波器的步骤如下:

① 给定 $H_d(e^{j\omega})$,求出相应的 $h_d(n)$;

② 根据允许的过渡带宽度及阻带衰减要求选择窗函数形状及滤波器长度 N；

③ 按所得窗函数求得 $h(n)=h_d(n)w(n)$；

④ 计算 $H(e^{j\omega})=\dfrac{1}{2\pi}[H_d(e^{j\omega})*W(e^{j\omega})]$，检验各项指标。

窗函数法设计简单实用，但缺点是过渡带及边界频率不容易控制，通常需要反复计算。

3. 常用窗函数介绍

常用窗函数有以下几种：

(1) 矩形窗

窗函数为

$$w(n)=R_n(n)$$

幅度函数为

$$W_R(w)=|W_R(e^{j\omega})|=\frac{\sin\left(\dfrac{Nw}{2}\right)}{\sin\left(\dfrac{w}{2}\right)}$$

主瓣宽度为 $4\pi/N=2\times2\pi/N$，过渡带宽 $\Delta w=0.9\times2\pi/N$。

(2) 汉宁(Hanning)窗(又称为升余弦窗)

窗函数为

$$w(n)=\left[0.5-0.5\cos\left(\frac{2\pi n}{N-1}\right)\right]R_n(n)$$

幅度函数为

$$W(w)=0.5W_R(w)+0.25\left[W_R\left(w-\frac{2\pi n}{N-1}\right)+W_R\left(w+\frac{2\pi n}{N-1}\right)\right]$$

主瓣宽度为 $4\times2\pi/N=8\pi/N$，过渡带宽 $\Delta w=3.1\times2\pi/N$。

(3) 汉明(Hamming)窗(又称改进的升余弦窗)

窗函数为

$$w(n)=\left[0.54-0.46\cos\left(\frac{2\pi n}{N-1}\right)\right]R_n(n)$$

幅度函数为

$$W(w)=0.54W_R(w)+0.23\left[W_R\left(w-\frac{2\pi n}{N-1}\right)+W_R\left(w+\frac{2\pi n}{N-1}\right)\right]$$

主瓣宽度为 $4\times2\pi/N=8\pi/N$，过渡带宽 $\Delta w=3.3\times2\pi/N$。

(4) 凯泽(Kaiser)窗

窗函数为

$$w(n)=\frac{I_0\left[\beta\sqrt{1-\left(1-\dfrac{2n}{N-1}\right)^2}\right]}{I_0(\beta)},\quad 0\leqslant n\leqslant N-1$$

其中 I_0 为第一类变形零阶贝塞尔函数，β 是一个可自由选择的参数，它可以同时调整主瓣宽度，β 越大，则 $w(n)$ 窗越窄，而频谱的旁瓣越小，但主瓣宽度相应增加。因而改变 β 值就可对主瓣宽度与旁瓣衰减进行选择，一般选择 $4<\beta<9$。过渡带宽 $\Delta w=5\times 2\pi/N$。

以上 4 种窗函数的主要性能列于表 7-6 中。

表 7-6 几种窗函数的基本参数比较

窗函数	窗谱性能指标		加窗后滤波器性能指标	
	旁瓣峰值	主瓣宽度	过渡带宽	阻带最小衰减
矩形窗	-13	2	0.9	-21
汉宁窗	-31	4	3.1	-44
汉明窗	-41	4	3.3	-53
凯泽窗	-57		5	-80

最小阻带衰减只由窗形决定，不受 N 的影响，而过渡带宽则随 N 的增加而减小。

4. 应用 MATLAB 设计 FIR 滤波器

与 FIR 数字滤波器设计有关的 MATLAB 文件主要分为两类。一类是用于产生各种窗函数，另一类是用于设计 FIR 滤波器。

用于产生窗函数的 MATLAB 文件如表 7-7 所示。

表 7-7 产生窗函数的 MATLAB 文件

指　令	功　能	指　令	功　能
bartlett.m	三角窗	triang.m	三角窗
blackman.m	布莱克曼窗	chebwin.m	切比雪夫窗
boxcar.m	矩形窗	kaiser.m	凯泽窗
hamming.m	汉明窗		

用于 FIR 滤波器设计的 MATLAB 文件有以下几种。

(1) fir1.m

本文件采用窗函数法设计 FIR 滤波器，其调用格式如下：

① b = fir1(N,Wn)

② b = fir1(N,Wn,'high')

③ b = fir1(N,Wn,'stop')

式中 N 为滤波器的阶次，因此滤波器的长度为 N+1；Wn 是通带截止频率，其值在 0,1 之间，1 对应抽样频率的一半；b 是设计好的滤波器系数 $h(n)$。

对于①格式：若 Wn 是一标量,则可以用来设计低通滤波器；若 Wn 是 1×2 的向量,则用来设计带通滤波器；若 Wn 是 $1\times L$ 的向量,则可以用来设计 L 带滤波器,此时,格式将变为

```
b = fir1(N,Wn,'DC - 1')或 b = fir1(N,Wn,'DC - 0')
```

其中前者保证第一个带为通带,后者保证第一个带为阻带。

②格式用来设计高通滤波器,③格式用来设计带阻滤波器。

值得注意的是,在上述所有格式中,若不指定窗函数的类型,则 fir1 自动选择汉明窗。

(2) fir2

本文件采用窗函数法设计具有任意幅频特性的 FIR 数字滤波器。其调用格式为

```
b = fir2(N,F,M)
```

其中 F 是频率向量,其值在 0,1 之间,M 是与 F 相对应的所希望的幅频响应。不指定窗函数的类型时,自动选择汉明窗。

(3) remez.m

文件用来设计采用切比雪夫最佳一致逼近 FIR 滤波器。同时,还可以用来设计希尔伯特变换器和差分器。其调用格式为

① b = remez(N,F,A)

② b = remez(N,F,A,W)

③ b = remez(N,F,A,W,'hilbert')

④ b = remez(N,F,A,W,'differentiator')

其中 N 是给定的滤波器的阶次；b 是设计的滤波器的系数,其长度为 N+1；F 是频率向量,其值在 $0\sim1$ 之间；A 是对应 F 的各频段上的理想幅频响应；W 是各频段上的加权系数。

值得注意的是,若 b 的长度为偶数,设计高通和带阻滤波器时有可能出现错误,因此,最好保证 b 的长度为奇数,即 N 应为偶数。

(4) remexord.m

本文件求出采用切比雪夫一致逼近设计 FIR 滤波器时所需要的滤波器阶次。其调用格式为：

```
[N,Fo,Ao,W] = remexord(F,A,DEV,Fs)
```

式中 F,A 的含义同文件 remez.m,是通带和阻带上的偏差；该文件输出的是符合要求的滤波器阶次 N、频率向量 Fo,幅度向量 Ao 和加权向量 W。若设计者事先不能确定自己要设计的滤波器的阶次,那么调用 remexord 后,就可利用这一组参数再调用 remez,即 b＝remez(N,Fo,Ao,W),从而设计出所需要的滤波器。因此,通常 remez 和 remexord 结合使用。

值得说明的是,remexord 给出的阶次 N 有可能偏低,这时适当增加 N 即可;另外,若 N 为奇数,就可令其加 1,使其变为偶数,这样 b 的长度为奇数。

(5) sgolay.m

本文件用来设计 Savitzky-Golay 平滑滤波器,其调用格式为

b = sgolay(k, f)

式中 k 是多项式的阶次,f 是拟合的双边点数。要求 k<f,且 f 为奇数。

(6) firls.m

本文件用最小平方法设计线性相位 FIR 数字滤波器。可设计任意给定的理想幅频特性。

(7) fircls.m

本文件用带约束的最小平方法设计线性相位 FIR 数字滤波器。可设计任意给定的理想幅频特性。

(8) fircls1.m

本文件用带约束的最小平方法设计线性相位 FIR 低通和高通数字滤波器。可设计任意给定的理想幅频特性。

(9) firrcos.m

本文件用来设计低通线性相位 FIR 数字滤波器,其过渡带为余弦函数形状。

例 7-11 利用切比雪夫最佳一致逼近法设计一个多阻带陷波器,数字系统的抽烟频率为 500Hz,去掉工频信号(50Hz)及二次、三次谐波的干扰。

解 程序清单如下:

```
>> clear all;
>> f = [0 0.14 0.18 0.22 0.26 0.34 0.38 0.42 0.46 0.54 0.58 0.62 0.66 1];
>> A = [1 1 0 0 1 1 0 0 1 1 0 0 1 1];
>> weigh = [8 1 8 1 8 1 8];
>> b = remez(64, f, A, weigh);
>> [h, w] = freqz(b, 1, 256, 1);
>> hr = abs(h);
>> h = abs(h);
>> h = 20 * log10(h);
>> subplot(1, 2, 1);
>> stem(b, '.'); grid;
>> subplot(1, 2, 2);
>> plot(w, h); grid;
```

程序执行结果如下:

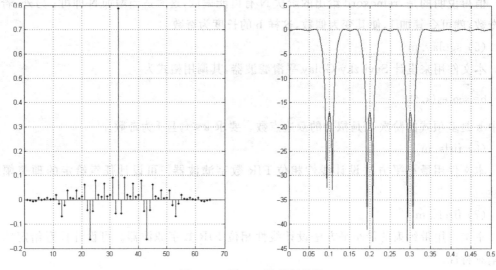

图 7-27　例 7-11 的执行结果

例 7-12　用矩形窗设计一个 FIR 滤波器,要求:$N=16$,截止频率 $\omega_c=0.5\pi$,绘制理想和实际滤波器的脉冲响应、窗函数及滤波器的幅频响应曲线。

解　程序清单如下:

```
>> wc = 0.4 * pi;
>> N = 16;n = 0:N - 1;
>> hd = fir1(N - 1,0.5);
>> windows = (boxcar(N))';
>> b = hd. * windows;
>> [H,w] = freqz(b,1);
>> dbH = 20 * log10((abs(H) + eps)/max(abs(H)));
>> subplot(2,2,1);stem(n,hd);
>> axis([0,N,1.1 * min(hd),1.1 * max(hd)]);title('理想脉冲响应');
>> xlabel('n');ylabel('hd(n)');
>> subplot(2,2,2);stem(n,windows);
>> axis([0,N,0,1.1]);title('窗函数特性');
>> xlabel('n');ylabel('wd(n)');
>> subplot(2,2,3);stem(n,b);
>> axis([0,N,1.1 * min(b),1.1 * max(b)]);title('实际脉冲响应');
>> xlabel('n');ylabel('h(n)');
>> subplot(2,2,4);plot(w/pi,dbH);
>> axis([0,1, - 80,10]);title('幅度频率响应');
>> xlabel('\omega');ylabel('H(e^{j\omega})');
>> set(gca,'XTickMode','manual','XTick',[0,wc/pi,1]);
>> set(gca,'YTickMode','manual','YTick',[ - 50, - 20, - 3,0]);grid;
```

程序运行结果见图 7-28。

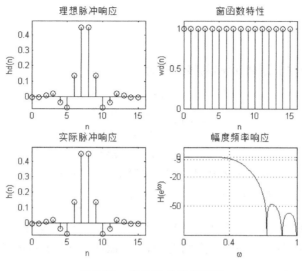

图 7-28 例 7-12 的运行结果

本章小结

本章主要介绍数字信号处理的基础内容,包含离散傅里叶变换,快速傅里叶变换,模拟滤波器的设计和数字滤波器的设计等四个部分。首先介绍了傅里叶变换的几种形式,离散傅里叶变换及其性质和应用,快速傅里叶变换的由来及其计算、应用和 MATLAB 实现,其次介绍了模拟滤波器的逼近,巴特沃斯滤波器和切比雪夫滤波器的设计及其 MATLAB 实现,最后介绍了 IIR 滤波器和 FIR 滤波器的设计及其 MATLAB 实现。本章的内容是一个简介,所介绍的内容只作简单介绍,不作深入分析,主要是开拓学生的视野,扩展知识结构。

课后思考讨论题

1. 总结傅里叶变换的四种形式。
2. DFS、DFT、FFT 三者之间有什么关系?
3. DFT 时域和频域之间有怎样的对称关系?(用 DFT 的性质说明)
4. 总结 DIF-FFT 的流程图排列规律。
5. 模拟高通、带通、带阻滤波器分别如何设计。
6. 冲激响应不变法和双线性变换法各自的优缺点是什么?分别适用于哪些地方?
7. 窗函数法设计 FIR 滤波器为什么最后要检验各项指标?

习题 7

7-1 若已知有限长序列 $x(n)$ 的表达式为

$$x(n) = \begin{cases} 1, & n=0 \\ 2, & n=1 \\ -1, & n=3 \\ 3, & n=3 \end{cases}$$

求 $\mathrm{DFT}[x(n)] = X(k)$，再由所得结果求 $\mathrm{IDFT}[X(k)] = x(n)$。

7-2 两个序列分别为 $x(n) = \{0,1,2,3,4,5\}$，$h(n) = \{0,0,1\}$，求其 6 点循环卷积的结果。

7-3 已知 $x(n) = \{0.5,1,1,0.5\}$，求：(1)$x(n)$ 与 $x(n)$ 的线卷积；(2)$x(n)$ 与 $x(n)$ 的 4 点圆卷积；(3)$x(n)$ 与 $x(n)$ 的 10 点圆卷积；(4)欲使 $x(n)$ 与 $x(n)$ 的线卷积和圆卷积相同，求长度 L 的最小值。

7-4 画出 $N=16$ 点的 DIT-FFT 流程图，输入序列码位倒读，输出序列自然顺序。

7-5 已知某信号最高频率不大于 2kHz，现用 DFT 分析其频谱，要求：①DFT 点数为 2 的整数次幂；②频率分辨率不大于 8Hz。求：(1)最大取样间隔；(2)窗函数的最小长度；(3)DFT 点数。

7-6 设计一个模拟巴特沃斯低通滤波器，给定的技术指标为：①通带最高频率 $f_p = 500\mathrm{Hz}$，通带衰减要不大于 3dB；②阻带起始频率 $f_s = 1\mathrm{kHz}$，阻带内衰减要不小于 40dB。

7-7 设计一个模拟切比雪夫低通滤波器，给定的技术指标为：①通带最高频率 $f_p = 500\mathrm{Hz}$，通带衰减要不大于 1dB；②阻带起始频率 $f_s = 1\mathrm{kHz}$，阻带内衰减要不小于 40dB。

7-8 用冲激不变求相应的数字滤波器系统函数 $H(z)$：

(1) $H_a(s) = \dfrac{s+3}{s^2+3s+2}$；   (2) $H_a(s) = \dfrac{s+1}{s^2+2s+4}$。

7-9 用双线性变换法将 $H_a(s) = \dfrac{s}{s+a}(a>0)$ 变换成数字滤波器的系统函数 $H(z)$，并求数字滤波器的单位样值响应。（设 $T=2$）

7-10 要求通过模拟滤波器设计数字低通滤波器，给定指标：$-3\mathrm{dB}$ 截止角频率 $w_c = \dfrac{\pi}{2}$，通带内 $w_p = 0.4\pi$ 处起伏不超过 $-1\mathrm{dB}$，阻带内 $w_s = 0.8\pi$ 处衰减不大于 $-20\mathrm{dB}$，用巴特沃斯滤波特性实现：(1)用冲激不变法，最少需要多少阶？(2)用双线性变换法，最少需要多少阶？

第 *8* 章

系统的状态变量分析

常用于描述系统的方法有两类：输入-输出法和状态变量法。前者也称端口法，主要关注的是输入系统的激励和系统输出的响应之间的关系，分析对象多为单输入-单输出系统，着重研究系统整体的输入-输出特性。这种方法在研究信号通过系统的变化时，把系统看作"黑箱"，而不涉及信号在系统内部的传输和变换情况，没有涉及系统本身的动态特性，前面几章讲述的时域及变换域分析，都属此类范畴。

到了 20 世纪 50～60 年代，为了研究多输入-多输出系统，也为了适应控制理论发展的需求，卡尔曼引入了状态变量分析法。该方法的主要特点是利用描述系统内部特性的状态变量，取代了只描述系统外部特性的系统函数，这对于要求实现最优控制来说是必不可少的。卡尔曼进一步提出了系统的"可观测性"和"可控制性"两个重要概念，从而完整地揭示出系统内部变量间的关系，改进了系统的分析方法。该方法不仅能够成功地描述非线性系统和时变系统，也使控制系统的分析和设计原则发生了根本性变化。概括地说，状态变量分析法具有如下的优点：

（1）不仅可以描述系统外部特性，而且可以描述系统内部特性；

（2）不仅适用于线性时不变系统（LTIS），也适用于非线性系统和时变系统；

（3）可以对多输入-多输出系统进行有效的分析；

（4）状态变量模型特别方便于用计算机进行分析和数值计算。

本章将介绍信号通过系统时的状态变量分析方法，从它的基本概念和分析方法出发，着重研究系统状态变量的选取、状态方程的建立以及求解方法，同时也介绍了系统的可观测性和可控制性——控制理论中的两个基本概念。

8.1 系统的状态变量和动态方程

在讨论系统响应时，常把它分成零输入响应和零状态响应。前者是指系统在没有输入激励时，仅由系统的初始状态，即非零初始条件引起的响应；后者是指系统处于零初始条件下仅由输入的激励引起的响应。可见,系统的状态反映了系统对其运行历史的记忆,对于无记忆能力的系统,则谈其状态是没有意义的。

任何能够表示系统状态的变量,都可以作为系统的状态变量。把描述一个系统所需要的一组最少独立变量,称为该系统的**"状态变量"**。例如,在 RLC 串联谐振电路中,通过电感的电流 $i_L(t)$ 和电容极板间的电压 $u_C(t)$,就是该系统的两个状态变量。因为电感和电容是记忆性元件,它们在某一时刻 t_0 的状态——电感电流和电容电压,包含着该系统过去历史上的所有内容,所以通常选它们为该系统的状态变量。若已知某系统在 t_0 时刻的状态变量取值,以及在 $t > t_0$ 时输入系统的激励信号,就能够唯一地确定该系统在 t_0 以后任意时刻 t 的状态变量,以及该系统输出的响应。

选定一个系统的状态变量后,还要建立起它们间的联系,就是系统的"动态方程"。

8.1.1　信号通过系统的动态方程

一个系统的状态变量选取并不唯一,而系统独立状态变量的数目却是确定的唯一的。连续信号通过系统时,其状态变量间有一定的联系,这种关系可以用状态方程和输出方程表示出来,把这两个方程合称**"连续动态方程"**或系统的状态空间表达式,它们的标准形式为

$$\begin{cases} \dfrac{\mathrm{d}\boldsymbol{x}(t)}{\mathrm{d}t} = \boldsymbol{A}\boldsymbol{x}(t) + \boldsymbol{B}\boldsymbol{f}(t) \\ \boldsymbol{y}(t) = \boldsymbol{C}\boldsymbol{x}(t) + \boldsymbol{D}\boldsymbol{f}(t) \end{cases}$$

方程中的矢量 $\boldsymbol{x}(t)$ 为状态变量,它是输入系统的激励信号;矢量 $\boldsymbol{y}(t)$ 为系统的输出变量,即响应;方程中的 $\boldsymbol{A},\boldsymbol{B},\boldsymbol{C},\boldsymbol{D}$ 是由系统结构和性质决定的数值矩阵。

若是离散信号通过系统,同样可用状态方程和输出方程表示出来,一般形式为

$$\begin{cases} \boldsymbol{x}(n+1) = \boldsymbol{A}\boldsymbol{x}(n) + \boldsymbol{B}\boldsymbol{f}(n) \\ \boldsymbol{y}(n) = \boldsymbol{C}\boldsymbol{x}(n) + \boldsymbol{D}\boldsymbol{f}(n) \end{cases}$$

把上述方程称为**离散动态方程**,其中

$$\boldsymbol{x}(n) = [x_1(n), x_2(n), \cdots, x_N(n)]^{\mathrm{T}}, \quad \boldsymbol{f}(n) = [f_1(n), f_2(n), \cdots, f_p(n)]^{\mathrm{T}}$$
$$\boldsymbol{y}(n) = [y_1(n), y_2(n), \cdots, y_N(n)]^{\mathrm{T}}$$

与连续动态方程相比,这时的状态变量是由前一时刻的状态变量和输入量表示的。

8.1.2　动态方程的建立

一般情况下动态方程可用下述几种方法建立。

1. 根据电路图建立动态方程

根据电路图建立动态方程的一般步骤如下:

（1）选定电路中的状态变量

在已知电路中,选取独立电容的端电压和流过电感的电流为状态变量,因为电容和电感都是储能元件,具有记忆能力。

（2）对电路中的电容写出 KCL 方程,对电感写出 KVL 方程

KCL 方程和 KVL 方程分别反映电路中各支路电流和电压间的约束关系,是电路所必须遵从的规律,又包含着具有记忆性的电容电压和电感电流。

最后经过化简消去多余变量,便可整理得出系统的动态方程。

例 8-1 写出图 8-1 所示 RLC 串并联电路的动态方程。

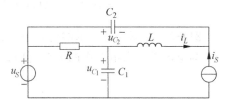

图 8-1 RLC 串并联电路

解 该电路的电容上的电压为 $u_{C_1}(t)$, $u_{C_2}(t)$ 和流过电感的电流为 $i_L(t)$,可选作系统的状态变量。根据电路原理,用它们和激励 $u_S(t)$, $i_S(t)$,可建立起描述该系统的动态方程

$$\begin{cases} C_1 \dfrac{\mathrm{d}u_{C_1}(t)}{\mathrm{d}t} + \dfrac{u_{C_1}(t) - u_S(t)}{R} + i_L(t) = 0 \\[2mm] C_2 \dfrac{\mathrm{d}u_{C_2}(t)}{\mathrm{d}t} + i_L(t) + i_S(t) = 0 \\[2mm] L \dfrac{\mathrm{d}i_L(t)}{\mathrm{d}t} - u_{C_2}(t) - u_{C_1}(t) + u_S(t) = 0 \end{cases}$$

整理得出

$$\begin{cases} \dfrac{\mathrm{d}u_{C_1}(t)}{\mathrm{d}t} = \dfrac{1}{C_1}\left[\dfrac{u_S(t)}{R} - \dfrac{u_{C_1}(t)}{R} - i_L(t) \right] \\[3mm] \dfrac{\mathrm{d}u_{C_2}(t)}{\mathrm{d}t} = \dfrac{1}{C_2}\left[-i_L(t) - u_S(t) \right] \\[3mm] \dfrac{\mathrm{d}i_L(t)}{\mathrm{d}t} = \dfrac{1}{L}\left[u_{C_2}(t) + u_{C_1}(t) - u_S(t) \right] \end{cases}$$

把这个方程组写成矩阵形式,则为

$$\begin{bmatrix} \dfrac{\mathrm{d}u_{C_1}(t)}{\mathrm{d}t} \\[3mm] \dfrac{\mathrm{d}u_{C_2}(t)}{\mathrm{d}t} \\[3mm] \dfrac{\mathrm{d}i_L(t)}{\mathrm{d}t} \end{bmatrix} = \begin{bmatrix} -\dfrac{1}{C_1 R} & 0 & -\dfrac{1}{C_1} \\[3mm] 0 & 0 & -\dfrac{1}{C_2} \\[3mm] \dfrac{1}{L} & \dfrac{1}{L} & 0 \end{bmatrix} \begin{bmatrix} u_{C_1}(t) \\[2mm] u_{C_2}(t) \\[2mm] i_L(t) \end{bmatrix} + \begin{bmatrix} \dfrac{1}{C_1 R} & 0 \\[3mm] 0 & -\dfrac{1}{C_2} \\[3mm] -\dfrac{1}{L} & 0 \end{bmatrix} \begin{bmatrix} u_S(t) \\[2mm] i_S(t) \end{bmatrix}$$

若以电阻 R 两端的电压为系统的输出量,则该系统的输出方程为

$$u_R(t) = u_S(t) - u_C(t)$$

如果令 $\boldsymbol{\lambda}(t) = \begin{bmatrix} u_{C_1}(t) \\ u_{C_2}(t) \\ i_L(t) \end{bmatrix}$, $A = \begin{bmatrix} -\dfrac{1}{C_1 R} & 0 & -\dfrac{1}{C_1} \\ 0 & 0 & -\dfrac{1}{C_2} \\ \dfrac{1}{L} & \dfrac{1}{L} & 0 \end{bmatrix}$, $B = \begin{bmatrix} \dfrac{1}{C_1 R} & 0 \\ 0 & -\dfrac{1}{C_2} \\ -\dfrac{1}{L} & 0 \end{bmatrix}$, 则动态方程为

$$\frac{\mathrm{d}}{\mathrm{d}t}\boldsymbol{\lambda}(t) = A\boldsymbol{\lambda}(t) + B\begin{bmatrix} u_S \\ i_S \end{bmatrix}, \quad u_R(t) = u_S(t) - u_C(t)$$

例 8-2 在图 8-2 所示的电路中,已知 $u_C(0^-) = i_{L_2}(0^-) = i_{L_3}(0^-) = 0$, $u_S(t)$ 为电压源, $i_S(t)$ 为电流源。求电路中的 $i_C(t)$ 和 $u_R(t)$。

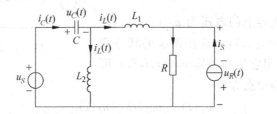

图 8-2 双输入-双输出电路

解 这个电路是双输入-双输出系统,含有三个储能元件,故可选三个状态变量:

$$x_1(t) = u_C(t), \quad x_2(t) = i_{L_2}(t), \quad x_3(t) = i_{L_3}(t)$$

根据电路理论,得出

$$\begin{cases} i_C(t) = C\dfrac{\mathrm{d}u_C(t)}{\mathrm{d}t} = i_{L_2}(t) + i_{L_3}(t) \\[2mm] u_S(t) = u_C(t) + L_2\dfrac{\mathrm{d}i_{L_2}(t)}{\mathrm{d}t} \\[2mm] u_S(t) = u_C(t) + L_3\dfrac{\mathrm{d}i_{L_3}(t)}{\mathrm{d}t} + [i_S + i_{L_3}(t)]R \end{cases}$$

对方程整理,可得出该系统状态方程的矩阵形式为

$$\frac{\mathrm{d}\boldsymbol{x}(t)}{\mathrm{d}t} = \boldsymbol{A}\boldsymbol{x}(t) + \boldsymbol{B}\boldsymbol{f}$$

其中变量 $\boldsymbol{x}(t)$ 和系数矩阵 $\boldsymbol{A}, \boldsymbol{B}$ 分别为

$$\boldsymbol{x}(t) = \begin{bmatrix} x_1(t) \\ x_2(t) \\ x_3(t) \end{bmatrix}, \quad A = \begin{bmatrix} 0 & \dfrac{1}{C} & \dfrac{1}{C} \\ -\dfrac{1}{L_2} & 0 & 0 \\ -\dfrac{1}{L_3} & 0 & -\dfrac{R}{L_3} \end{bmatrix}, \quad B = \begin{bmatrix} 0 & 0 \\ \dfrac{1}{L_2} & 0 \\ \dfrac{1}{L_3} & -\dfrac{R}{L_3} \end{bmatrix}$$

式中电压源 $u_S = u_S \varepsilon(t)$ 和电流源 $i_S = i_S \varepsilon(t)$ 都是有始信号,为书写简便,省去了 $\varepsilon(t)$。其中 $\dfrac{\mathrm{d}\boldsymbol{x}}{\mathrm{d}t}$ 和 $\boldsymbol{x}$ 是三矢量,$\boldsymbol{f}$ 是二列矢量;$\boldsymbol{A}$ 是 3×3 的系数矩阵,$\boldsymbol{B}$ 是 3×2 的控制矩阵。由此得到系统输出变量为

$$\begin{cases} i_C(t) = i_{L_2}(t) + i_{L_3}(t) \\ u_R(t) = [i_S(t) + i_{L_2}(t)]R \end{cases}$$

用 $y_1(t)$ 和 $y_2(t)$ 分别表示两个输出量 $i_C(t)$ 和 $u_R(t)$,对上式整理得出标准输出方程

$$\begin{bmatrix} y_1(t) \\ y_2(t) \end{bmatrix} = \begin{bmatrix} 0 & 1 & 1 \\ 0 & 0 & R \end{bmatrix} \begin{bmatrix} x_1(t) \\ x_2(t) \\ x_3(t) \end{bmatrix} + \begin{bmatrix} 0 & 0 \\ 0 & R \end{bmatrix} \begin{bmatrix} u_S \\ i_S \end{bmatrix}$$

输出方程的矢量形式为

$$\boldsymbol{y}(t) = \boldsymbol{C}\boldsymbol{x}(t) + \boldsymbol{D}\boldsymbol{f}(t)$$

其中 $\boldsymbol{C}$ 为 2×3 的数字矩阵,反映了系统中三个状态变量对响应的作用;$\boldsymbol{D}\boldsymbol{f}$ 表明输入的激励 $\boldsymbol{f}(t)$ 通过矩阵 $\boldsymbol{D}$ 影响着输出变量。显然 $\boldsymbol{D}$ 的行数决定着输出量的数目,其列数决定着输入量的数目。

例 8-3 已知电枢控制的直流伺服机的微分方程组为

$$U_a = R_a I_a + L_a \frac{\mathrm{d}i_a}{\mathrm{d}t} + E_b$$

其中 $E_b = K_b \dfrac{\mathrm{d}\theta_m}{\mathrm{d}t}$,$M_m = C_m i_a$,$M_m = J_m \dfrac{\mathrm{d}^2\theta_m}{\mathrm{d}t^2} + f_m \dfrac{\mathrm{d}\theta_m}{\mathrm{d}t}$

$$\frac{\theta_m(s)}{U_a(s)} = \frac{C_m}{s[L_a J_m s^2 + (L_a f_m + J_m R_a)s + (R_a f_m + K_b C_m)]}$$

(1) 设状态变量 $x_1 = \theta_m$,$x_2 = \dfrac{\mathrm{d}\theta_m}{\mathrm{d}t}$,$x_3 = \dfrac{\mathrm{d}^2\theta_m}{\mathrm{d}t^2}$ 及输出量 $y = \theta_m$,试建立其动态方程;

(2) 设状态变量 $\bar{x}_1 = i_a$,$\bar{x}_2 = \theta_m$,$\bar{x}_3 = \dfrac{\mathrm{d}\theta_m}{\mathrm{d}t}$ 及输出量 $y = \theta_m$,试建立其动态方程;

(3) 设 $\boldsymbol{x} = \boldsymbol{T}\bar{\boldsymbol{x}}$,确立两组状态变量间的变换矩阵。

解 (1) 由题意知

$$\begin{cases} x_1 = \theta_m, x_2 = \dfrac{\mathrm{d}x_1}{\mathrm{d}t} = \dfrac{\mathrm{d}\theta_m}{\mathrm{d}t}, x_3 = \dfrac{\mathrm{d}x_2}{\mathrm{d}t} = \dfrac{\mathrm{d}^2\theta_m}{\mathrm{d}t^2} \\ y = \theta_m = x_1 \end{cases}$$

根据已知 $U_a = R_a I_a + L_a \dfrac{\mathrm{d}^2 i_a}{\mathrm{d}t^2} + E_b$,其中

$$E_b = K_b \frac{\mathrm{d}\theta_m}{\mathrm{d}t}, \quad M_m = C_m i_a, \quad M_m = J_m \frac{\mathrm{d}^2\theta_m}{\mathrm{d}t^2} + f_m \frac{\mathrm{d}\theta_m}{\mathrm{d}t}$$

可推得

$$\frac{\mathrm{d}x_1}{\mathrm{d}t} = x_2, \quad \frac{\mathrm{d}x_2}{\mathrm{d}t} = x_3, \quad \frac{\mathrm{d}x_3}{\mathrm{d}t} = -\frac{f_m L_a + J_m R_a}{L_a J_m}x_3 - \frac{R_a f_m + K_b C_m}{L_a J_m}x_2 + \frac{C_m}{L_a J_m}U_a$$

于是可列出动态方程

$$\frac{\mathrm{d}}{\mathrm{d}t}\begin{bmatrix} x_1 \\ x_2 \\ x_3 \end{bmatrix} = \begin{bmatrix} 0 & 1 & 0 \\ 0 & 0 & 1 \\ 0 & -\dfrac{R_a f_m + K_b C_m}{L_a J_m} & -\dfrac{L_a f_m + J_m R_a}{L_a J_m} \end{bmatrix}\begin{bmatrix} x_1 \\ x_2 \\ x_3 \end{bmatrix} + \begin{bmatrix} 0 \\ 0 \\ \dfrac{C_m}{L_a J_m} \end{bmatrix}U_a,$$

$$y = \begin{bmatrix} 1 & 0 & 0 \end{bmatrix}\begin{bmatrix} x_1 \\ x_2 \\ x_3 \end{bmatrix}$$

(2) 由题意知 $\bar{x}_1 = i, \bar{x}_2 = \theta_m, \bar{x}_3 = \dfrac{\mathrm{d}\theta_m}{\mathrm{d}t}, y = \theta_m$,可推导出

$$\begin{cases} \dfrac{\mathrm{d}\bar{x}_1}{\mathrm{d}t} = \dfrac{\mathrm{d}i_a}{\mathrm{d}t} = -\dfrac{R_a}{L_a}i_a - \dfrac{K_b}{L_a}\dfrac{\mathrm{d}\theta_m}{\mathrm{d}t} + \dfrac{1}{L_a}U_a = -\dfrac{R_a}{L_a}\bar{x}_1 - \dfrac{K_b}{L_a}\bar{x}_3 + \dfrac{1}{L_a}U_a \\ \dfrac{\mathrm{d}\bar{x}_2}{\mathrm{d}t} = \dfrac{\mathrm{d}\theta_m}{\mathrm{d}t} = \bar{x}_3 \\ \dfrac{\mathrm{d}\bar{x}_3}{\mathrm{d}t} = \dfrac{\mathrm{d}^2\theta_m}{\mathrm{d}t^2} = \dfrac{C_m}{J_m}i_a - \dfrac{f_m}{J_m}\dfrac{\mathrm{d}\theta_m}{\mathrm{d}t} = \dfrac{C_m}{J_m}\bar{x}_1 - \dfrac{f_m}{J_m}\bar{x}_3 \\ y = \theta_m = \bar{x}_2 \end{cases}$$

于是可写出动态方程的矩阵形式为

$$\frac{\mathrm{d}}{\mathrm{d}t}\begin{bmatrix} \bar{x}_1 \\ \bar{x}_2 \\ \bar{x}_3 \end{bmatrix} = \begin{bmatrix} -\dfrac{R_a}{L_a} & 0 & -\dfrac{K_b}{L_a} \\ 0 & 0 & 1 \\ \dfrac{C_m}{J_m} & 0 & \dfrac{f_m}{J_m} \end{bmatrix}\begin{bmatrix} \bar{x}_1 \\ \bar{x}_2 \\ \bar{x}_3 \end{bmatrix} + \begin{bmatrix} \dfrac{1}{L_a} \\ 0 \\ 0 \end{bmatrix}U_a, \quad y = \begin{bmatrix} 0 & 1 & 0 \end{bmatrix}\begin{bmatrix} \bar{x}_1 \\ \bar{x}_2 \\ \bar{x}_3 \end{bmatrix}$$

(3) 根据 $\begin{cases} x_1 = \theta_m \\ x_2 = \dfrac{\mathrm{d}\theta_m}{\mathrm{d}t} \\ x_3 = \dfrac{\mathrm{d}^2\theta_m}{\mathrm{d}t^2} \end{cases}$ 和 $\begin{cases} \bar{x}_1 = i_a \\ \bar{x}_2 = \theta_m \\ \dfrac{\mathrm{d}\bar{x}_3}{\mathrm{d}t} = \dfrac{\mathrm{d}\theta_m}{\mathrm{d}t} \end{cases}$ 可得出 $\begin{cases} x_1 = \bar{x}_2 = \theta_m \\ x_2 = \bar{x}_3 = \dfrac{\mathrm{d}\theta_m}{\mathrm{d}t} \\ x_3 = \dfrac{\mathrm{d}^2\theta_m}{\mathrm{d}t^2} = \dfrac{C_m}{J_m}i_a - \dfrac{f_m}{J_m}\dfrac{\mathrm{d}\theta_m}{\mathrm{d}t} = \dfrac{C_m}{J_m}\bar{x}_1 - \dfrac{f_m}{J_m}\bar{x}_3 \end{cases}$

于是得出变换矩阵为

$$T = \begin{bmatrix} 0 & 1 & 0 \\ 0 & 0 & 1 \\ \dfrac{C_m}{J_m} & 0 & -\dfrac{f_m}{J_m} \end{bmatrix}$$

2. 根据模拟框图建立系统的动态方程

根据电路的模拟框图建立系统的动态方程较为直观,离散动态方程多数是根据模拟框

图建立的。建立动态方程时,经常选用其中延迟单元的输出为状态变量,一般步骤如下:

(1) 选积分器的输出或微分器的输入作为状态变量;

(2) 围绕加法器列出系统的动态方程。

对列出的方程经过整理,便可得出系统的动态方程。

例 8-4 已知一个系统的框图如图 8-3 所示,写出它的动态方程。

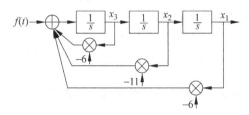

图 8-3 电路模拟框图

解 由系统框图可知,若选用 $x_1(t),x_2(t)$ 和 $x_3(t)$ 为状态变量,则可列出系统方程

$$\frac{\mathrm{d}x_1(t)}{\mathrm{d}t} = x_2(t), \quad \frac{\mathrm{d}x_2(t)}{\mathrm{d}t} = x_3(t),$$

$$\frac{\mathrm{d}x_3(t)}{\mathrm{d}t} = -6x_1(t) - 11x_2(t) - 6x_3(t) + f(t); \quad y(t) = x_1(t)$$

把上式写成方程组形式,则为

$$\frac{\mathrm{d}}{\mathrm{d}t}\begin{bmatrix} x_1(t) \\ x_2(t) \\ x_3(t) \end{bmatrix} = \begin{bmatrix} 0 & 1 & 0 \\ 0 & 0 & 1 \\ -6 & -11 & -6 \end{bmatrix}\begin{bmatrix} x_1(t) \\ x_2(t) \\ x_3(t) \end{bmatrix} + \begin{bmatrix} 0 \\ 0 \\ 1 \end{bmatrix}f(t); \quad y(t) = \begin{bmatrix} 1 & 0 & 0 \end{bmatrix}\begin{bmatrix} x_1(t) \\ x_2(t) \\ x_3(t) \end{bmatrix}$$

把它写成矩阵方程形式,即得出系统动的态方程为

$$\begin{cases} \dfrac{\mathrm{d}\boldsymbol{x}}{\mathrm{d}t} = \boldsymbol{A}\boldsymbol{x}(t) + \boldsymbol{B}\boldsymbol{f} \\ \boldsymbol{y}(t) = \boldsymbol{C}\boldsymbol{x}(t) \end{cases}$$

其中 $\dfrac{\mathrm{d}\boldsymbol{x}(t)}{\mathrm{d}t}$ 和 $\boldsymbol{x}(t)$ 都是三维列向量,而 $\boldsymbol{f}$ 和 $\boldsymbol{y}(t)$ 是一维列向量。方程系数分别为

$$\boldsymbol{A} = \begin{bmatrix} 0 & 1 & 0 \\ 0 & 0 & 1 \\ -6 & -11 & -6 \end{bmatrix}, \quad \boldsymbol{B} = \begin{bmatrix} 0 \\ 0 \\ 1 \end{bmatrix}, \quad \boldsymbol{C} = \begin{bmatrix} 1 & 0 & 0 \end{bmatrix}$$

例 8-5 根据图 8-4 所示的模拟框图,写出离散信号通过该系统的动态方程。

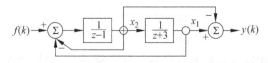

图 8-4 电路模拟框图

解 选框图中一阶子系统的输出信号 x_1, x_2 作为状态变量,可列出输入端的状态方程

$$\begin{cases} x_1(k+1) + 3x_1(k) = x_2(k) \\ x_2(k+1) - x_2(k) = -x_1(k) - 2x_2(k) + f(k) \end{cases}$$

输出方程为

$$y(k) = x_1(k) - x_2(k)$$

整理得出该系统矩阵形式的动态方程为

$$\begin{bmatrix} x_1(k+1) \\ x_2(k+1) \end{bmatrix} = \begin{bmatrix} -3 & 1 \\ -1 & -1 \end{bmatrix} \begin{bmatrix} x_1(k) \\ x_2(k) \end{bmatrix} + \begin{bmatrix} 0 \\ 1 \end{bmatrix} f(k); \quad y(k) = \begin{bmatrix} 1 & -1 \end{bmatrix} \begin{bmatrix} x_1(k) \\ x_2(k) \end{bmatrix}$$

3. 根据系统的微分(差分)方程或系统函数建立动态方程

如果已知信号通过系统的微分或差分方程,可以根据方程的基本原理写出系统的动态方程;也可以直接用 MATLAB 中的指令 tf2ss 把它们转换成动态方程;或者先用指令 printsys 把它们转换成系统函数,再用指令 tf2ss 或 zp2ss 把系统函数转换成动态方程。

例 8-6 已知连续信号通过某系统的微分方程为

$$y^{(3)}(t) + 8y''(t) + 19y'(t) + 12y(t) = 4f'(t) + 10f(t)$$

写出该系统的动态方程。

解 用 MATLAB 中的指令 tf2ss 把微分方程转换成动态方程。在指令窗中输入

```
>> num = [4,10];den = [1,8,19,12];      % 输入微分方程右端和左端的系数向量
>> [A,B,C,D] = tf2ss(num,den)           % 转换成动态方程的系数
   A =
                          -8     -19     -12
                           1       0       0
                           0       1       0
   B =
                           1
                           0
                           0
   C =
                           0       4      10
   D =
                           0
```

于是得出系统的动态方程为

$$\frac{\mathrm{d}x(t)}{\mathrm{d}t} = \begin{bmatrix} -8 & -19 & -12 \\ 1 & 0 & 0 \\ 0 & 1 & 0 \end{bmatrix} \begin{bmatrix} x_1(t) \\ x_2(t) \\ x_3(t) \end{bmatrix} + \begin{bmatrix} 1 \\ 0 \\ 0 \end{bmatrix} f(t), \quad y(t) = \begin{bmatrix} 0 & 4 & 10 \end{bmatrix} \begin{bmatrix} x_1(t) \\ x_2(t) \\ x_3(t) \end{bmatrix}$$

也可以先用指令 pritsys 把微分方程转换成系统函数,再用指令 tf2ss 把系统函数转换成状态方程。在指令窗中输入

```
>> printsys(num,den,'s')
    num/den =

                            4 s + 10
                   ---------------------
                   s^3 + 8 s^2 + 19 s + 12
```

再用指令 tf2ss 把它转换成动态方程。

例 8-7 已知某离散信号通过系统时的差分方程为
$$y(n) + a_2 y(n-1) + a_1 y(n-2) + a_0 y(n-3) = f(n)$$
写出该系统此时的离散动态方程。

解 根据差分方程的理论，如果 $y(-3), y(-2), y(-1)$ 均大于等于零时的 $f(n)$ 为已知，就能完全确定系统的未来状态。因此选取 $y(n-3), y(n-2)$ 和 $y(n-1)$ 作为状态变量，令
$$x_1(n) = y(n-3), \quad x_2(n) = y(n-2), \quad x_3(n) = y(n-1)$$
则有
$$x_1(n+1) = y(n-2) = x_2(n)$$
$$x_2(n+1) = y(n-1) = x_3(n)$$
$$x_3(n+1) = y(n) = -a_0 y(n-3) - a_1 y(n-2) - a_2 y(n-1) + f(n)$$
$$= -a_0 x_1(n-3) - a_1 x_2(n-2) - a_2 x_3(n-1) + f(n)$$
所以该系统动态方程的矩阵形式为
$$\begin{bmatrix} x_1(n+1) \\ x_2(n+1) \\ x_3(n+1) \end{bmatrix} = \begin{bmatrix} 0 & 1 & 0 \\ 0 & 0 & 1 \\ -a_0 & -a_1 & -a_2 \end{bmatrix} \begin{bmatrix} x_1(n) \\ x_2(n) \\ x_3(n) \end{bmatrix} + \begin{bmatrix} 0 \\ 0 \\ 1 \end{bmatrix} f(n)$$
$$y(n) = -a_0 x_1(n) - a_1 x_2(n) - a_2 x_3(n) + f(n)$$
$$= \begin{bmatrix} -a_0 & -a_1 & -a_2 \end{bmatrix} \begin{bmatrix} x_1(n) \\ x_2(n) \\ x_3(n) \end{bmatrix} + f(n)$$

例 8-8 根据下述两个系统函数写出它们所表示系统的动态方程：

(1) $H_1(s) = \dfrac{s^2 + 2s + 2}{s^2 + 4s + 3}$；　　　　(2) $H_2(z) = \dfrac{2z + 3}{z^2 + 4z + 3}$。

解 用 MATLAB 软件求解过程如下。

(1) $H_1(s)$ 是描述连续信号通过系统时的系统函数，可用 tf2ss 指令求出。在指令窗中输入

```
>> num = [1 2 2]; den = [1 4 3];
>> [A,B,C,D] = tf2ss(num,den)          % 把系统函数转换成动态方程系数
    A =
                  -4        3
                   1        0
```

```
       B =

                                    1
                                    0
       C =

                               - 2   - 1
       D =

                                    1
```

整理得出

$$\boldsymbol{A} = \begin{bmatrix} -4 & -3 \\ 1 & 0 \end{bmatrix}, \quad \boldsymbol{B} = \begin{bmatrix} 1 \\ 0 \end{bmatrix}, \quad \boldsymbol{C} = \begin{bmatrix} -2 & -1 \end{bmatrix}, \quad \boldsymbol{D} = 1$$

由此便可得出该系统的连续动态方程为

$$\frac{\mathrm{d}}{\mathrm{d}t}\begin{bmatrix} x_1(t) \\ x_2(t) \end{bmatrix} = \begin{bmatrix} -4 & -3 \\ 1 & 0 \end{bmatrix}\begin{bmatrix} x_1(t) \\ x_2(t) \end{bmatrix} + \begin{bmatrix} 1 \\ 0 \end{bmatrix}f(t), \quad y(t) = \begin{bmatrix} -2 & -1 \end{bmatrix}\begin{bmatrix} x_1(t) \\ x_2(t) \end{bmatrix} + f(t)$$

(2) $H_2(z)$ 是描述离散信号通过系统时的系统函数,同样用指令 tf2ss。在指令窗中输入

```
>> num = [2 3];den = [1 4 3];
>> [A,B,C,D] = tf2ss(num,den)          % 把系统函数转换成动态方程
       A =

                           - 4      - 3
                            1        0
       B =

                                    1
                                    0
       C =

                            2        3
       D =

                                    0
```

整理得出系统的离散动态方程

$$\begin{bmatrix} x_1(n+1) \\ x_2(n+1) \end{bmatrix} = \begin{bmatrix} -4 & -3 \\ 1 & 0 \end{bmatrix}\begin{bmatrix} x_1(n) \\ x_2(n) \end{bmatrix} + \begin{bmatrix} 1 \\ 0 \end{bmatrix}f(n), \quad y(n) = \begin{bmatrix} 2 & 3 \end{bmatrix}\begin{bmatrix} x_1(n) \\ x_2(n) \end{bmatrix}$$

8.1.3 描述系统的模型及其相互转换

描述一个信号通过系统时的方程,除了选定它的状态变量外,还需要确定联系这些状态变量间的关系,即建立动态方程。

例如,在一个 RC 串联电路中,各状态变量必须遵从的微分方程为

$$\frac{\mathrm{d}}{\mathrm{d}t}u_C(t) + \frac{1}{RC}u_C(t) = \frac{1}{RC}f(t)$$

如果已知激励函数 $f(t)$，要求出电容器 C 两端的电压 $u_C(t)$，还得知道电路的初始状态 $u_C(0^-)$。由于电路中电容器 C 是记忆元件，可选 $u_C(t)$ 作为状态变量，但并不唯一。对于一个系统来说，其状态变量的选取虽不唯一，但状态变量的总数是唯一的。由于所选状态变量的不同，描述系统的动态方程则不尽相同。

描述系统的模型，除了动态方程外，还常用系统函数，下面对它们作简单介绍。

1. 系统状态空间模型

一个系统各状态变量间的关系是用动态方程表述的，它包括：

(1) 状态方程，表示输入激励与系统状态变量间关系的方程组；

(2) 输出方程，表示输出响应与状态变量、输入激励间关系的方程组。

用状态变量描述系统时，把所有独立的状态变量看做一个抽象空间——状态空间的 "基"，由它们描述系统时，称为系统的**状态空间模型**，该模型由状态方程和输出方程，即动态方程表示：

$$\begin{cases} \dfrac{\mathrm{d}\boldsymbol{x}(t)}{\mathrm{d}t} = \boldsymbol{A}\boldsymbol{x}(t) + \boldsymbol{B}\boldsymbol{f}(t) \\ \boldsymbol{y}(t) = \boldsymbol{C}\boldsymbol{x}(t) + \boldsymbol{D}\boldsymbol{f}(t) \end{cases}$$

式中 $\boldsymbol{x}(t)$ 为状态变量；$\boldsymbol{f}(t)$ 为输入系统的激励信号；$\boldsymbol{y}(t)$ 是系统输出的响应信号。用动态方程描述系统就称为系统的**状态空间模型**。该模型不仅适用于 LTI 系统，也适用于时变系统和非线性系统，它不仅能给出系统的输出信息，还能提供系统的内部信息。

2. 系统的函数模型

系统函数是指联系该系统的输入量(激励)和输出量(响应)间关系的函数。它只适用于 LTI 系统，用它可以表征系统的特性，是一类描述系统的重要模型，称为系统的**函数模型**。

常用的系统函数有下述几种。

(1) 多项式型：$H(s) = \dfrac{b_1 s^m + b_2 s^{m-1} + \cdots + b_m s + b_{m+1}}{a_1 s^m + a_2 s^{m-1} + \cdots + a_n s + a_{n+1}}$。

其中变量 $s = \mathscr{L}[t]$ 为系统中时间变量 t 的拉氏变换。

(2) 零极点型：$H(s) = k\dfrac{(s-z_1)(s-z_2)\cdots(s-z_n)}{(s-p_1)(s-p_2)\cdots(s-p_m)}$

其中 $z_1, z_2, \cdots, z_n$ 是系统函数 $H(s)$ 的零点；$p_1, p_2, \cdots, p_m$ 是系统函数 $H(s)$ 的极点。

(3) 极点留数型：$H(s) = \dfrac{r_1}{s-p_1} + \dfrac{r_2}{s-p_2} + \cdots + \dfrac{r_n}{s-p_n} + k$

其中 $r_1, r_2, \cdots, r_n$ 为系统函数 $H(s)$ 在其极点 $p_1, p_2, \cdots, p_n$ 处的留数。若一个系统的极点都在复平面的左半平边，则该系统是稳定的。

3. 各类模型间的转换

表示一个系统的不同模型，其用途和应用范围不尽相同。不过因为它们都是对同一系统的描述,其间可以互相转换。MATLAB中设有进行各种模型间转换的指令,前面曾经用过几个,现将常用的一些转换指令一并列于表 8-1,以供参考和选用。

表 8-1 MATLAB 中对系统模型进行转换的指令

指令	使 用 格 式	功　　能
printsys	>>printsys(num,den,'s')	把微分方程转换成多项式型系统函数
ss	>>sys=ss(A,B,C,D)	把动态方程转换成系统模型 sys
ss2tf	>>[num,den]=ss2tf(A,B,C,D)	把动态方程转换成多项式型系统函数
tf2ss	>>[A,B,C,D]=tf2ss(num,den)	把系统的微分方程或多项式型系统函数转换成动态方程
tf2zp	>>[z,p,k]=tf2zp(num,den)	把系统函数由多项式型转换成零极点型
zp2tf	>>[num,den]=zp2tf(z,p,k)	把系统函数由零极点型转换成多项式型
zp2ss	>>[A,B,C,D]=zp2ss(z,p,k)	把零极点型系统函数转换成动态方程
ss2zp	>>[z,p,k]=ss2zp(A,B,C,D)	把动态方程转换成零极点型系统函数
residue	>>[r,p,k]=residue(num,den)	把系统函数由多项式型转换成极点留数型
	>>[num,den]=residue(r,p,k)	把系统函数由极点留数型转换成多项式型

注:表中参数 num 和 den 为系统微分方程右边和左边的系数向量,或者是系统函数 $H(s)$,$H(z)$ 的分子和分母多项式按降幂排列的系数向量;A,B,C,D 为系统动态方程的系数矩阵;z 为系统函数零点组成的向量,p 为系统函数极点构成的向量,k 为分式的余项;r 为系统函数在极点 p 处的留数。

例 8-9　已知连续信号通过某系统时的微分方程为

$$2y'''(t) + 3y''(t) + 5y'(t) + 9y(t) = 2f''(t) - 5f'(t) + 3f(t)$$

写出描述该系统的四种模型。

解　利用 MATLAB 中的模型转换指令转换。

(1) 转换成多项式型系统函数

用 MATLAB 中的指令 printsys 进行转换,在指令窗中输入

```
>> num = [2, - 5,3];den = [2,3,5,9];
>> printsys(num,den,'s')
    num/den =

                  2 s^2 - 5 s + 3
              ---------------------------
          (2) s^3 + 3 s^2 + 5 s + 9
```

(2) 转换成零极点型系统函数

用 MATLAB 中的指令 tf2zp 转换,在指令窗中输入

```
>> [z,p,k] = tf2zp(num,den)          % 转换成零极点型系统函数
     z =
                  1.5000
                  1.0000
```

```
    p =
                    - 1.6441
             0.0721 + 1.6528j
             0.0721 - 1.6528j
    k =
                       1
```

整理得出零极点型系统函数

$$H(s) = \frac{(s-1.5)(s-1)}{(s+1.6441)(s-0.721-1.6528j)(s-0.721+1.6528j)} + 1$$

（3）转换成极点留数型系统函数

用 MATLAB 中的指令 residue 转换，在指令窗中输入

```
>> [r,p,k] = residue(num,den)          %
    r =
                  - 0.2322 + 0.4716j
                  - 0.2322 - 0.4716j
                       1.4644
    p =
                  0.0721 + 1.6528j
                  0.0721 - 1.6528j
                  - 1.6441
    k =
                      []
```

整理得出极点留数型系统函数 $H(s) = \dfrac{r_1}{s-p_1} + \dfrac{r_2}{s-p_2} + \cdots + \dfrac{r_n}{s-p_n} + k$，即

$$H(s) = \frac{-0.2322+0.4716j}{s-0.0721-1.6528j} + \frac{-0.2322-0.4716j}{s-0.0721+1.6528j} + \frac{1.4644}{s+1.6441}$$

（4）转换成状态空间模型（动态方程）

用 MATLAB 中的指令 tf2ss 转换，在指令窗中输入

```
>> [A,B,C,D] = tf2ss(num,den)          % 若不写输出量则只得出系数 A
    A =
                  - 1.5000    - 2.5000    - 4.5000
                   1.0000          0           0
                        0     1.0000           0
    B =
                                            1
                                            0
                                            0
    C =
                   1.0000    - 2.5000     1.5000
    D =
                                            0
```

于是得出系统的动态方程

$$\frac{\mathrm{d}}{\mathrm{d}t}\begin{bmatrix} x_1(t) \\ x_2(t) \\ x_3(t) \end{bmatrix} = \begin{bmatrix} -1.5 & -2.5 & -4.5 \\ 1 & 0 & 0 \\ 0 & 1 & 0 \end{bmatrix}\begin{bmatrix} x_1(t) \\ x_2(t) \\ x_3(t) \end{bmatrix} + \begin{bmatrix} 1 \\ 0 \\ 0 \end{bmatrix}f(t),$$

$$y(t) = \begin{bmatrix} 1 & -2.5 & 1.5 \end{bmatrix}\begin{bmatrix} x_1(t) \\ x_2(t) \\ x_3(t) \end{bmatrix}$$

8.2 动态方程的求解

求解动态方程就是找出系统动态方程的解函数 $x(t)$ 和 $y(t)$,通常分为数值解和解析解。无论哪种都可以借助 MATLAB 求解。下面介绍运用 MATLAB 指令具体求解的方法。

8.2.1 动态方程的数值解

求解连续动态方程的数值解,可分两步进行:先用指令 ss 把动态方程转换成系统模型 sys(状态方程的系数样本点向量),再用指令 lsim 求得。调用格式为

```
>> sys = ss(A,B,C,D)   % ss 将动态方程转换成系统模型 sys
>> [y,t,x] = lsim(sys,f,u,x0)   % 得出当输入激励 f 时 u 点的响应 y(t)
```

上述指令中 ss 的输入参量 A,B,C,D 为动态方程系数矩阵,回车输出的 sys 为系统状态空间形式的系统函数;指令 lsim 中输入的参量 f 为输入系统的激励,其第 k 列是第 k 个输入激励的抽样值,u 为时间取值点,x0 为系统的初始状态,默认值为零;回车输出的 y 为系统的响应,其第 k 列为第 k 个输入的响应,t 为时间样本点,x 为系统的状态变量。

例 8-10 某系统的连续动态方程为

$$\frac{\mathrm{d}}{\mathrm{d}t}\begin{bmatrix} x_1(t) \\ x_2(t) \end{bmatrix} = \begin{bmatrix} 1 & 0 \\ 1 & -3 \end{bmatrix}\begin{bmatrix} x_1(t) \\ x_2(t) \end{bmatrix} + 15\sin(2\pi t)\varepsilon(t)\begin{bmatrix} 1 \\ 0 \end{bmatrix}, \quad y(t) = \begin{bmatrix} -\dfrac{1}{4} & 1 \end{bmatrix}\begin{bmatrix} x_1(t) \\ x_2(t) \end{bmatrix}$$

若系统的初始状态为 $\begin{bmatrix} x_1(0) \\ x_2(0) \end{bmatrix} = \begin{bmatrix} 1 \\ 2 \end{bmatrix}$,求状态变量 $x_1(t)$,$x_2(t)$ 和输出变量 $y(t)$ 的零输入响应、零状态响应和全响应的数值解,并绘出函数图。

解 用 MATLAB 求解,在指令窗中输入

```
>> A = [1 0;1 -3];B = [1;0];C = [-0.25 1];D = [0];   % 动态方程的系数矩阵
>> sys = ss(A,B,C,D);
>> u = 0:0.01:3;zi = [1,2];f = 15 * sin(2 * pi * u);   % 初始条件及输入信号
```

```
>> [y,t,x] = lsim(sys,f,u,zi);                    % 计算全响应
>> subplot(121),plot(t,x(:,1),' - ',t,x(:,2),' - .','linewidth',2),xlabel('t(秒)')
                                                  % 绘状态变量波形
>> legend('状态变量 x_1','状态变量 x_2'),title('状态变量波形')   % 显示图例和题名
>> f = zeros(1,length(t));                        % 令输入为零
>> yzi = lsim(sys,f,t,zi);
>> f = 15 * sin(2 * pi * t);zi = [0 0];           % 令初始条件为零
>> yzs = lsim(sys,f,t,zi);                        % 计算零状态响应
>> subplot(122),plot(t,y,t,yzi,' - .',t,yzs,':','linewidth',2),xlabel('t(秒)')
>> legend('全响应 y','零输入响应 y_z_i','零状态响应 y_z_s')
>> title('系统的全响应、零输入响应和零状态响应')
```

运行结果见图 8-5。

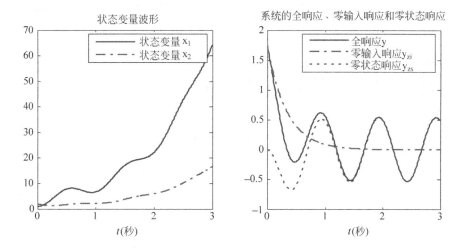

图 8-5 状态变量和响应图

例 8-11 已知系统的连续动态方程为

$$\frac{\mathrm{d}\boldsymbol{x}(t)}{\mathrm{d}t} = \begin{bmatrix} -8 & -19 & -12 \\ 1 & 0 & 0 \\ 0 & 1 & 0 \end{bmatrix} \begin{bmatrix} x_1(t) \\ x_2(t) \\ x_3(t) \end{bmatrix} + \begin{bmatrix} 1 \\ 0 \\ 0 \end{bmatrix} f(t), \quad y(t) = \begin{bmatrix} 0 & 4 & 10 \end{bmatrix} \begin{bmatrix} x_1(t) \\ x_2(t) \\ x_3(t) \end{bmatrix}$$

若输入激励信号 $f(t) = 5e^{-t}\varepsilon(t)$，初始状态为 $x_1(0) = x_2(0) = x_3(0) = 1$。画出状态变量 $x_1(t)$，$x_2(t)$，$x_3(t)$ 以及系统输出的全响应 $y(t)$ 和零输入响应、零状态响应的函数图。

解 用 MATLAB 求解，在指令窗中输入

```
>>                                                % 画状态变量波形
>> A = [ -8, -19, -12;1,0,0;0,1,0];B = [1;0;0];C = [0,4,10];D = [0];
>> zi = [1 1 1];u = 0:0.01:5;f = 5 * exp( - u);   % 初始条件和输入激励
>> sys = ss(A,B,C,D);
>> [y,t,x] = lsim(sys,f,u,zi);                    % 计算系统全响应
>> subplot(121),plot(t,x(:,1),t,x(:,2),' - .',t,x(:,3),':','linewidth',2)   % 画出状态变量波形
```

```
>> legend('x_1','x_2','x_3'),title('状态变量波形'),xlabel('时间(秒)')
>>     % 计算全响应、零输入和零状态响应并绘制其图形
>> f = zeros(1,length(t));                          % 令输入为零
>> yzi = lsim(sys,f,u,zi);                          % 计算零输入响应
>> f = 5 * exp( - u);zi = [ 0 0 0];                 % 令初始条件为零
>> yzs = lsim(sys,f,t,zi);                          % 计算零状态响应
>> subplot(122),plot(t,y,t,yzi,' - .',t,yzs,':','linewidth',2),xlabel('时间(秒)')
>> legend('全响应 y','零输入响应 y_z_i','零状态响应 y_z_s')
>> title('全响应、零输入响应和零状态响应')
```

运行结果如图 8-6 所示。

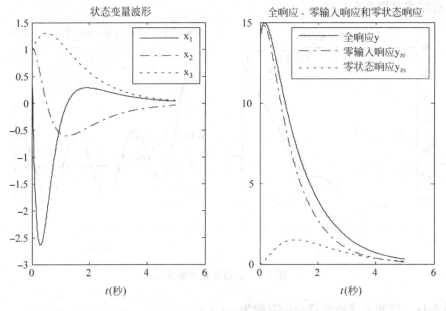

图 8-6　状态变量和响应图

上述程序中含有该系统状态变量 $x_1(t), x_2(t), x_3(t)$ 和输出变量 $y(t)$ 的数据,只要在指令窗中输入 x 和 y,回车就会显示出它们的数据。若在指令窗中输入 size(x) 或 size(y),回车可知它们都有 501×3 个数值,表明 x 和 y 都是三维向量,每个向量有 501 个数据点。

8.2.2　连续动态方程的拉氏变换法求解

对于连续动态方程可以在复频域中求解。下面介绍用拉氏变换法求解连续动态方程的原理。已知 n 阶系统的动态方程为

$$\frac{\mathrm{d}\boldsymbol{x}(t)}{\mathrm{d}t} = \boldsymbol{A}\boldsymbol{x}(t) + \boldsymbol{B}\boldsymbol{f}(t), \quad \boldsymbol{Y}(s) = \boldsymbol{C}\boldsymbol{X}(s) + \boldsymbol{D}\boldsymbol{F}(s)$$

对方程两边作拉氏变换，令 $\mathscr{L}[x(t)]=X(s),\mathscr{L}[f(t)]=F(s),\mathscr{L}[y(t)]=Y(s)$，则可得出

$$sX(s)-x(0^-)=AX(s)+BF(s) \quad Y(s)=CX(s)+DF(s)$$

对上式进行整理，令 $\boldsymbol{\Phi}(s)=(sI-A)^{-1}$，称其为系统的**特征矩阵**（或**状态转移矩阵**），其中 I 为单位矩阵。可求得

$$X(s)=\boldsymbol{\Phi}(s)x(0^-)+\boldsymbol{\Phi}(s)BF(s)$$

$$Y(s)=C\boldsymbol{\Phi}(s)x(0^-)+[C\boldsymbol{\Phi}(s)B+D]F(s)$$

显然，$Y(s)$ 式中第一项 $C\boldsymbol{\Phi}(s)x(0^-)=C(sI-A)^{-1}x(0^-)=Y_{zi}$ 是零输入响应的拉氏变换；第二项 $[C\boldsymbol{\Phi}(s)B+D]F(s)=[C(sI-A)^{-1}B+D]F(s)=Y_{zs}$ 是零状态响应的拉氏变换。

对 $X(s)$ 和 $Y(s)$ 表达式作拉氏逆变换，得出状态变量 $x(t)$ 和输出变量 $y(t)$ 的时域表达式

$$x(t)=\mathscr{L}^{-1}[X(s)]=\mathscr{L}^{-1}[\boldsymbol{\Phi}(s)x(0^-)]+\mathscr{L}^{-1}[\boldsymbol{\Phi}(s)BF(s)]$$

$$y(t)=\mathscr{L}^{-1}[Y(s)]=C\mathscr{L}^{-1}[\boldsymbol{\Phi}(s)x(0^-)]+\{C\mathscr{L}^{-1}[\boldsymbol{\Phi}(s)B+D]\}*f(t)$$

$y(t)$ 表达式中 $f(t)$ 前面的"$*$"为卷积运算符号。

例 8-12 已知连续状态方程为

$$\frac{\mathrm{d}}{\mathrm{d}t}\begin{bmatrix}x_1(t)\\x_2(t)\end{bmatrix}=\begin{bmatrix}-12 & \dfrac{2}{3}\\-36 & -1\end{bmatrix}\begin{bmatrix}x_1(t)\\x_2(t)\end{bmatrix}+\begin{bmatrix}\dfrac{1}{3}\\1\end{bmatrix}u(t)$$

若初始条件为 $\begin{bmatrix}x_1(0^-)\\x_2(0^-)\end{bmatrix}=\begin{bmatrix}2\\1\end{bmatrix}$，求该状态方程的解函数 $x(t)$。

解 由题设的状态方程可知，该状态方程的系数矩阵为

$$A=\begin{bmatrix}-12 & \dfrac{2}{3}\\-36 & -1\end{bmatrix},\quad B=\begin{bmatrix}\dfrac{1}{3}\\1\end{bmatrix}u(t)$$

对状态方程两边作拉氏变换，令 $\mathscr{L}[x(t)]=X(s),\mathscr{L}[u(t)]=F(s)$ 可得出

$$X(s)=\boldsymbol{\Phi}(s)x(0^-)+\boldsymbol{\Phi}(s)BF(s)$$

$$Y(s)=C\boldsymbol{\Phi}(s)x(0^-)+[C\boldsymbol{\Phi}(s)B+D]F(s)$$

用 MATLAB 求解 $\boldsymbol{\Phi}(s)=(sI-A)^{-1}$ 和 $x(t)=\mathscr{L}^{-1}X(s)$。在指令窗中输入（指令中用 F 和 Fa 分别代替 $F(s)$ 和 $\boldsymbol{\Phi}(s)$）

```
>> A = [ - 12 2/3; - 36  - 1];B = [1/3;1];x0 = [2;1];
>> syms s t,F = 1/s;Fa = (s * eye(2) - A)^ - 1;      % 输入 u(t) 的拉氏变换 F 并输入 Φ(s)
>> X = Fa * (x0 + B * F);                            % 算出 x(t) 的拉氏变换 X(s)
>> x = simple(ilaplace(X));                          % 算出系统的状态变量 x(t)
>> disp('x(t) = '),pretty(x)
```

```
x(t) =     +-                                      -+
           |    136           21          1        |
           | ---------  -  ---------  +  ---        |
           | 45 exp(9 t)   20 exp(4 t)    36        |
           |                                        |
           |    68            63                    |
           | ---------  -  ---------                |
           | 5 exp(9 t)    5 exp(4 t)               |
           +-                                      -+
```

整理得出状态变量 $x(t)$ 的时域表达式为

$$x(t) = \begin{bmatrix} x_1(t) \\ x_2(t) \end{bmatrix} = \begin{bmatrix} \dfrac{136}{45}e^{-9t} - \dfrac{21}{20}e^{-4t} + \dfrac{1}{36} \\ \dfrac{68}{5}e^{-9t} - \dfrac{63}{5}e^{-4t} \end{bmatrix} u(t), \quad u(t) = \begin{cases} 0, & t < 0 \\ 1, & t > 0 \end{cases}$$

例 8-13 已知系统的连续动态方程

$$\frac{d}{dt}\begin{bmatrix} x_1(t) \\ x_2(t) \end{bmatrix} = \begin{bmatrix} 1 & 0 \\ 1 & -3 \end{bmatrix}\begin{bmatrix} x_1(t) \\ x_2(t) \end{bmatrix} + \begin{bmatrix} 1 \\ 0 \end{bmatrix} u(t), \quad y(t) = \begin{bmatrix} -\dfrac{1}{4} & 1 \end{bmatrix}\begin{bmatrix} x_1(t) \\ x_2(t) \end{bmatrix}$$

初始条件为 $\begin{bmatrix} x_1(0^-) \\ x_2(0^-) \end{bmatrix} = \begin{bmatrix} 1 \\ 2 \end{bmatrix}$，求该系统的输出响应 $y(t)$。

解 由题设知该系统的动态方程系数及初始条件为

$$A = \begin{bmatrix} 1 & 0 \\ 1 & -3 \end{bmatrix}, \quad B = \begin{bmatrix} 1 \\ 0 \end{bmatrix}, \quad C = \begin{bmatrix} -\dfrac{1}{4} & 1 \end{bmatrix}, \quad D = 0; \quad x(0^-) = \begin{bmatrix} 1 \\ 2 \end{bmatrix}$$

对方程两边作拉氏变换,令 $Y(s) = \mathscr{L}[y(t)]$, $F(s) = \mathscr{L}[u(t)] = 1/s$,将它们代入 $Y(s)$ 的表达式 $Y(s) = C\boldsymbol{\Phi}(s)x(0^-) + [C\boldsymbol{\Phi}(s)B + D]F(s)$ 中,在指令窗中输入(指令中用 Fa 代替 $\boldsymbol{\Phi}(s)$)

```
>> A = [1,0;1, - 3];B = [1;0];C = [ - 1/4,1];x0 = [1;2];I = eye(2);
>> syms s,F = 1/s;Fa = (s * eye(2) - A)^ - 1;        % 输入u(t)的拉氏变换F和Φ(s)
>> Y = simple(C * Fa * x0 + (C * Fa * B) * F)
   Y =
                    (7 * s - 1)/(4 * s * (s + 3))
```

再对 $Y(s)$ 作拉氏逆变换。在指令窗中输入

```
>> y = ilaplace(Y);
>> disp('y(t) = '),pretty(simple(y))
   y(t) =

                 11            1
              ---------  -  ---
              6 exp(3 t)    12
```

整理得出该系统的响应为

$$y(t) = \left(\frac{11}{6}e^{-3t} - \frac{1}{12}\right)u(t)$$

例 8-14 已知连续动态方程为

$$\frac{\mathrm{d}}{\mathrm{d}t}\begin{bmatrix}x_1(t)\\x_2(t)\end{bmatrix}=\begin{bmatrix}1&0\\1&-3\end{bmatrix}\begin{bmatrix}x_1(t)\\x_2(t)\end{bmatrix}+\begin{bmatrix}1\\0\end{bmatrix}f(t),\quad y(t)=\begin{bmatrix}-\dfrac{1}{4}&1\end{bmatrix}\begin{bmatrix}x_1(t)\\x_2(t)\end{bmatrix}$$

系统的初始状态为 $\begin{cases}x_1(0)=1\\x_2(0)=2\end{cases}$,输入激励 $f(t)=0.5\sin(9t)\varepsilon(t)$。试求：

(1) 状态变量 $x_1(t)$,$x_2(t)$;

(2) 输出变量 $y(t)$ 的零输入响应、零状态响应和全响应。

解 用拉氏变换法求解,在 MATLAB 指令窗中输入

```
>> %(1)求状态变量
>> A = [1,0;1, - 3];B = [1;0];C = [ - 0.25,1];D = [0];
>> syms s t,F = laplace(0.5 * sin(9 * t));x0 = [1;2];    % 输入信号 f(t)的拉氏变换及初始条件
>> Q = s * eye(2) - A; Q = inv(Q);                      % 计算系统的特征矩阵(sI - A)⁻¹
>> X = Q * x0 + B * F;x = simple(ilaplace(X));          % 计算状态变量 x(t)
>> t = 0:0.01:3; x1 = subs(x);                          % 把符号量 x 转换成数值序列
>> subplot(121),plot(t,x1(1,:),t,x1(2,:),'- .')        % 画出状态变量 x(t)图线
>> legend('x_1','x_2'), title('状态变量波形'),xlabel('t(秒)')
>> %(2)求输出响应
>> Yzi = C * Q * x0;yzi = ilaplace(Yzi);                % 计算零输入响应 yzi
>> Yzs = (C * Q * B + D) * F;yzs = simple(ilaplace(Yzs)); % 计算零状态响应 yzs(t)
>> y = C * x; y1 = subs(y); % 计算系统的全响应 y(t)
>> yzi1 = subs(yzi);yzs1 = subs(yzs);                   % 把符号量 yzi 和 yzs 转换成数值序列
>> subplot(122),plot(t,y1,t,yzi1,'- .',t,yzs1,':')     % 画输出变量 y(t)曲线
>> legend('全响应 y','零输入响应 y_z_i','零状态响应 y_z_s')
>> title('全响应、零输入响应和零状态响应'),xlabel('t(秒)')
```

运行结果见图 8-7。

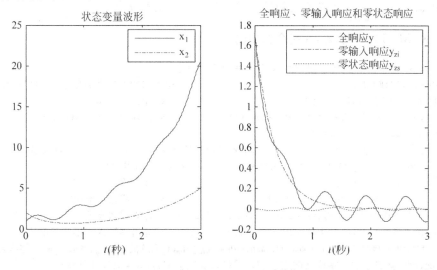

图 8-7 状态变量和响应图

上述程序中含有状态变量 $x(t)$ 和输出变量 $y(t)$，只要在指令窗中输入它们，便可得出

状态变量 $x(t)=$

$$\sin(9*t)/2 + \exp(t)$$
$$7/(4*\exp(3*t)) + \exp(t)/4$$

零输入响应 $y_{zi}=$

$$7/(4*\exp(3*t))$$

零状态响应 $y_{zs}=$

$$\cos(9*t)/80 - 1/(80*\exp(3*t)) - \sin(9*t)/240$$

全响应 $y(t)=$

$$7/(4*\exp(3*t)) - \sin(9*t)/8$$

整理得出

$$x(t)=\begin{cases} 0.5\sin(9t)+\mathrm{e}^t \\ \dfrac{7}{4\mathrm{e}^{3t}+\mathrm{e}^t}+\dfrac{1}{4}\mathrm{e}^t \end{cases}; \quad y_{zi}=\frac{7}{4s+12},$$

$$y_{zs}=\frac{\cos(9t)}{80}-\frac{1}{80}\mathrm{e}^{-3t}-\frac{\sin(9t)}{240}, \quad y(t)=\frac{7}{4}\mathrm{e}^{-3t}-\frac{1}{8}\sin(9t)$$

例 8-15 已知连续动态方程为

$$\frac{\mathrm{d}}{\mathrm{d}t}\begin{bmatrix} x_1(t) \\ x_1(t) \end{bmatrix}=\begin{bmatrix} -2 & 1 \\ 0 & -1 \end{bmatrix}\begin{bmatrix} x_1(t) \\ x_1(t) \end{bmatrix}+\begin{bmatrix} 1 \\ 0 \end{bmatrix}\varepsilon(t), \quad y(t)=\begin{bmatrix} 1 & 0 \end{bmatrix}\begin{bmatrix} x_1(t) \\ x_1(t) \end{bmatrix}$$

若初始状态 $\boldsymbol{x}(0)=\begin{bmatrix} 1 \\ 1 \end{bmatrix}$，用拉氏变换法求系统动态方程的解函数。

解 用 MATLAB 求解，在指令窗中输入

```
>> syms s t,A = [-2 1;0 -1];B = [1;0];C = [1 0];D = [0];
>> x0 = [1;1];F = 1/s;                    % 输入初始条件和激励信号 f(t)的拉氏变换 F
>> Q = s*eye(2) - A;Q = inv(Q);           % 计算(sI-A)⁻¹
>> X = Q*x0 + Q*B*F;x = simple(ilaplace(X));   % 计算状态变量 x(t)表达式
>> t = 0:0.01:3;x1 = subs(x);
>> subplot(121),plot(t,x1(1,:),'-.',t,x1(2,:),'linewidth',2)   % 画出状态变量 x(t)的波形
>> legend('x_1','x_2'),title('状态变量波形'),xlabel('时间(秒)')
>> y = C*x;y1 = subs(y);                   % 计算输出全响应
>> Yzi = C*Q*x0;yzi = ilaplace(Yzi);       % 计算零输入响应
>> Yzs = (C*Q*B + D)*F;yzs = simple(ilaplace(Yzs));   % 计算零状态响应
>> subplot(122),yzi1 = subs(yzi);yzs1 = subs(yzs);    % 算出零输入和零状态响应
>> plot(t,y1,t,yzi1,'-.',t,yzs1,':','linewidth',2),title('系统的全响应、零输入响应、零状态响应')
>> legend('全响应 y','零输入响应 yzi','零状态响应 yzs'),xlabel('时间(秒)')
```

运行结果见图 8-8。

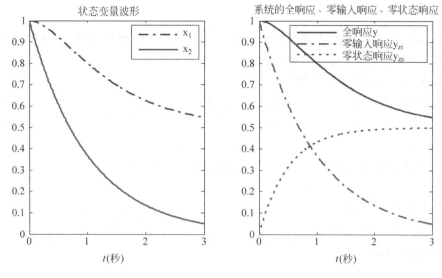

图 8-8 状态变量和响应图

8.2.3 离散动态方程的 Z 变换法求解

求解离散动态方程的方法有两种：Z 变换（Z 域）法和递推法，前者只适用于 LTI 系统，后者还可用于非线性系统、时变系统。但是，用 Z 变换法求解离散动态方程比用时域法简便，下面予以介绍。

已知离散动态方程为

$$x(n+1) = Ax(n) + Bf(n), \quad y(n) = Cx(n) + Df(n)$$

对方程两边作 Z 变换，设 $\mathscr{L}[x(n)] = X(z)$，$\mathscr{L}[f(n)] = F(z)$，$\mathscr{L}[x(0)] = \mathscr{L}[x_k(0)]^{\mathrm{T}}(k=1, 2, \cdots, n)$，可得

$$zX(z) - zx(0) = AX(z) + BF(z), \quad zX(z) - zx(0) = AX(z) + BF(z)$$

从上式求出 $X(n)$ 和 $Y(n)$，则可得出

$$X(z) = (zI - A)^{-1}zx(0) + (zI - A)^{-1}BF(z)$$

$$Y(z) = C(zI - A)^{-1}zx(0) + C(zI - A)^{-1}BF(z) + DF(z)$$

再对 $X(z)$ 和 $Y(z)$ 取 Z 逆变换，令 $\boldsymbol{\Phi}(z) = (zI - A)^{-1}$ 称为系统的特征矩阵，则得出动态方程的时域解

$$x(n) = \mathscr{Z}^{-1}[z\Phi(z)]x(0) + \mathscr{Z}^{-1}[\Phi(z)B] * f(n)$$

$$y(n) = \mathscr{Z}^{-1}[zC\Phi(z)]x(0) + \mathscr{Z}^{-1}[C\Phi(z)B + D] * f(n)$$

$y(n)$ 表示式中 $f(n)$ 前面的 * 为卷积符号。

实际解算中除了用上述的 Z 变换法外，经常直接使用 MATLAB 中的指令 dlsim 可求出离

散动态方程的数值解,该指令与求解连续动态方程时用的指令 lsim 相对应。其调用格式为

```
>> [y,x] = dlsim(A,B,C,D,f,x0)
```

输入参量 A,B,C,D 是离散动态方程的系数矩阵,f 是输入的冲激序列,x0 是初始状态,默认值为零;回车得出的 y 为 x 点处的响应。

例 8-16 已知离散动态方程为

$$\begin{bmatrix} x_1(n+1) \\ x_2(n+1) \end{bmatrix} = \begin{bmatrix} 1 & -0.24 \\ 1 & 0 \end{bmatrix} \begin{bmatrix} x_1(n) \\ x_2(n) \end{bmatrix} + \begin{bmatrix} 1 \\ 0 \end{bmatrix} f(n), \quad y(n) = \begin{bmatrix} 0.3 & 0 \end{bmatrix} \begin{bmatrix} x_1(n) \\ x_2(n) \end{bmatrix}$$

求系统的阶跃响应。

解 用 MATLAB 软件中的指令 dlsin 求解,在指令窗中输入

```
>> A = [1, -0.24;1,0];B = [1;0];C = [0.3,0];D = 0;
>> N = 20;f = ones(1,N);                    % 输入前 20 个冲激序列
>> [y,x] = dlsim(A,B,C,D,f);                % 算出系统响应
>> n = 0:N-1; stem(n,y,'fill'), axis([-0.5,20,-0.1,1.4])   % 作出阶跃响应图
>> title('阶跃响应')
```

运行结果见图 8-9。

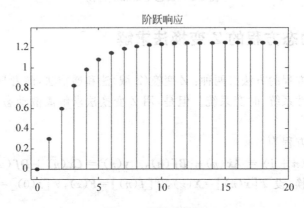

图 8-9　阶跃响应图

例 8-17 已知某离散动态方程为

$$\begin{bmatrix} x_1(k+1) \\ x_2(k+1) \end{bmatrix} = \begin{bmatrix} 0 & 1 \\ -1 & 1.9021 \end{bmatrix} \begin{bmatrix} x_1(k) \\ x_2(k) \end{bmatrix} + \begin{bmatrix} 1 \\ 0 \end{bmatrix} e(k), \quad y(k) = \begin{bmatrix} -1 & 1 \end{bmatrix} \begin{bmatrix} x_1(k) \\ x_2(k) \end{bmatrix}$$

(1) 若知 $\begin{bmatrix} x_1(0) \\ x_2(0) \end{bmatrix} = \begin{bmatrix} -11.7558 \\ -6.1803 \end{bmatrix}$,求零输入响应;

(2) 若知 $\begin{bmatrix} x_1(0) \\ x_2(0) \end{bmatrix} = \begin{bmatrix} -10 \\ -4 \end{bmatrix} \varepsilon(k)$,求全响应。

解 (1) 在 MATLAB 指令窗中输入

```
>> % 求零输入响应
>> A = [ 0 1; - 1 1.9021]; B = [1;0]; C = [ - 1 1]; D = [0];
>> x0 = [ - 11.7557; - 6.1803];                       % 初始状态
>> k = 0:40; x = k';                                   % 零输入
>>[y,x] = dlsim(A,B,C,D,k',x0); subplot(121),stem(k,y,'fill')
>> xlabel('k'),ylabel('y'),title('零输入响应')
```

（2）在 MATLAB 指令窗中输入

```
>> % 求全响应
>> x0 = [ - 10; - 4];                                  % 初始状态
>> x = [1 * ones(size(k))]';                           % 阶跃函数
>>[y,x] = dlsim(A,B,C,D,x,x0); subplot(122),stem(k,y),axis([ - 1,41, - 9,6.5])
>> xlabel('k'),ylabel('y'),title('全响应')
```

运行结果见图 8-10。

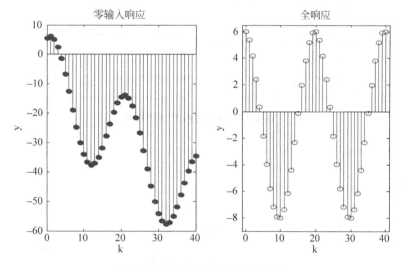

图 8-10 零输入响应和全响应图

例 8-18 已知某系统的离散动态方程为

$$\begin{bmatrix} x_1(k+1) \\ x_2(k+1) \end{bmatrix} = \begin{bmatrix} 0.5 & 0 \\ 0.25 & 0.25 \end{bmatrix} \begin{bmatrix} x_1(k) \\ x_2(k) \end{bmatrix} + \begin{bmatrix} 1 \\ 0 \end{bmatrix} \varepsilon(k), \quad \begin{bmatrix} y_1(k) \\ y_2(k) \end{bmatrix} = \begin{bmatrix} 1 & 0 \\ 1 & -1 \end{bmatrix} \begin{bmatrix} x_1(k) \\ x_2(k) \end{bmatrix}$$

若初始状态为 $\begin{bmatrix} x_1(0) \\ x_2(0) \end{bmatrix} = \begin{bmatrix} 1 \\ 2 \end{bmatrix}$，求该系统动态方程的解函数，并作出响应图。

解 用 MATLAB 求解，在指令窗中输入

```
>> A = [0.5,0;0.25,0.25]; B = [1;0]; C = [1 0;1 -1]; D = [0];    % 输入动态方程的系数
>> syms z k,x0 = [1;2]; F = [z/(z-1)];                % 初始条件和 ε(t) 的 Z 变换 F
>> Q = inv(z * eye(2) - A) * z;                       % 计算状态转移矩阵 (sI - A)⁻¹
>> X = Q * x0 + 1/z * Q * B * F;                      % 计算状态变量 x 的 Z 变换 X
```

```
>> x = iztrans(X,k);                              % 计算 X 的 Z 逆变换 x
>> y = C * x; k = 0:15;y1 = subs(y(1));y2 = subs(y(2));  % 计算输出响应
>> subplot(121), stem(k,y1,'fill'), axis([0,15, -0.5,2.1]),grid
>> title('系统输出响应 y_1'),xlabel('k')
>> subplot(122), stem(k,y2,'fill'), axis([0,15, -0.75,1.5]),grid
>> title('系统输出响应 y_2'),xlabel('k')
```

运行结果见图 8-11。

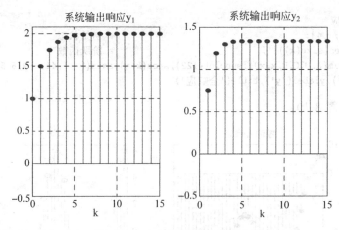

图 8-11　动态方程的解函数图

若在指令窗中输入

```
>> x,y
    x =

                    2 - (1/2)^k
        (7 * (1/4)^k)/3 - (1/2)^k + 2/3

    y =

                    2 - (1/2)^k
            4/3 - (7 * (1/4)^k)/3
```

整理得出

$$x(k) = \begin{cases} 2 - \dfrac{1}{2^k} \\ \dfrac{7}{3 \times 4^k} - \dfrac{1}{2^k} + \dfrac{2}{3} \end{cases}, \quad y(k) = \begin{cases} 2 - \dfrac{1}{2^k} \\ \dfrac{4}{3} - \dfrac{7}{3 \times 4^k} \end{cases}$$

8.2.4　动态方程的迭代法求解

无论连续还是离散动态方程,都可以用迭代法求解,下面以离散动态方程为例介绍这种

方法。若离散动态方程为

$$\boldsymbol{x}(k+1) = \boldsymbol{A}\boldsymbol{x}(k) + \boldsymbol{B}\boldsymbol{f}(k), \quad \boldsymbol{y}(k) = \boldsymbol{C}\boldsymbol{x}(k) + \boldsymbol{D}\boldsymbol{f}(k)$$

实际上这就是两个迭代公式,可按下述的迭代方法求出 $\boldsymbol{x}(k)$ 和 $\boldsymbol{y}(k)$。

$$\boldsymbol{x}(1) = \boldsymbol{A}\boldsymbol{x}(0) + \boldsymbol{B}\boldsymbol{f}(0)$$
$$\boldsymbol{x}(2) = \boldsymbol{A}\boldsymbol{x}(1) + \boldsymbol{B}\boldsymbol{f}(1) = \boldsymbol{A}^2\boldsymbol{x}(0) + \boldsymbol{A}\boldsymbol{B}\boldsymbol{f}(0) + \boldsymbol{B}\boldsymbol{f}(1)$$
$$\boldsymbol{x}(3) = \boldsymbol{A}\boldsymbol{x}(3) + \boldsymbol{B}\boldsymbol{f}(2) = \boldsymbol{A}^3\boldsymbol{x}(0) + \boldsymbol{A}^2\boldsymbol{B}\boldsymbol{f}(0) + \boldsymbol{A}\boldsymbol{B}\boldsymbol{f}(1) + \boldsymbol{B}\boldsymbol{f}(2)$$
$$\vdots$$
$$\boldsymbol{x}(k) = \boldsymbol{A}\boldsymbol{x}(k-1) + \boldsymbol{B}\boldsymbol{f}(k-1) = \boldsymbol{A}^k\boldsymbol{x}(0) + \sum_{j=0}^{k-1}\boldsymbol{A}^{k-1-j}\boldsymbol{B}\boldsymbol{f}(j)$$

上式中 $\boldsymbol{x}(k)$ 表达式的第一项 $\boldsymbol{A}^k\boldsymbol{x}(0)$ 是零输入响应,第 2 项 $\sum_{j=0}^{k-1}\boldsymbol{A}^{k-1-j}\boldsymbol{B}\boldsymbol{f}(j)$ 是零状态响应。

例 8-19 已知某离散动态方程为

$$\begin{bmatrix} x_1(k+1) \\ x_2(k+1) \end{bmatrix} = \begin{bmatrix} 0 & 1 \\ -1 & 1.9021 \end{bmatrix} \begin{bmatrix} x_1(k) \\ x_2(k) \end{bmatrix} + \begin{bmatrix} 1 \\ 0 \end{bmatrix} \varepsilon(k), \quad \begin{bmatrix} y(k) \end{bmatrix} = \begin{bmatrix} -1 & 1 \end{bmatrix} \begin{bmatrix} x_1(k) \\ x_2(k) \end{bmatrix}$$

若初始状态为 $\begin{bmatrix} x_1(0) \\ x_2(0) \end{bmatrix} = \begin{bmatrix} -10 \\ -4 \end{bmatrix}$,求全响应。

解 用 MATLAB 实现迭代法求解,在指令窗中输入

```
>> A = [0,1; -1,1.9021];B = [1;0];C = [-1,1];C = [-1,1];
>> x(:,10) = [-10 -4]';                        % 初始条件
>> for k = 1:50
  e(k) = 1;
  x(:,k + 1) = A * x(:,k) + B * e(k);          % 迭代公式
  y(k) = C * x(:,k);
end
>> stem(y,'fill'),xlabel('k');ylabel('y(k)'),title('全响应')     % 作出离散响应图
```

运行结果见图 8-12。

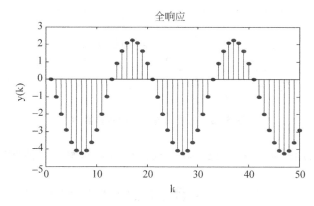

图 8-12 离散动态方程解

例 8-20 某系统的离散动态方程为

$$\begin{bmatrix} x_1(k+1) \\ x_2(k+1) \end{bmatrix} = \begin{bmatrix} 0.5 & 0 \\ 0.25 & 0.25 \end{bmatrix} \begin{bmatrix} x_1(k) \\ x_2(k) \end{bmatrix} + \begin{bmatrix} 1 \\ 0 \end{bmatrix} \sin\left(\frac{k\pi}{4}\right) \varepsilon(k), \quad \begin{bmatrix} y_1(k) \\ y_2(k) \end{bmatrix} = \begin{bmatrix} 1 & 0 \\ 1 & -1 \end{bmatrix} \begin{bmatrix} x_1(k) \\ x_2(k) \end{bmatrix}$$

若初始条件为 $\begin{bmatrix} x_1(0) \\ x_2(0) \end{bmatrix} = \begin{bmatrix} 1 \\ 2 \end{bmatrix}$,用迭代法求动态方程的解函数。

解 用 MATLAB 实现迭代法求解该动态方程,在指令窗中输入

```
>> A = [0.5 0;0.25 0.25];B = [1 0]';C = [1 0;1 -1];D = [0];
>> x0 = [1 2]';                              % 初始条件
>> n = 20;                                   % 设定计算步数
>> k = 1:n;f = sin(k * pi/4);               % 输入正弦波激励
>> x(:,1) = x0;                              % 状态变量初始值
>> for i = 1:n
    x(:,i + 1) = A * x(:,i) + B * f(i);      % 用迭代公式计算状态变量
end
>> subplot(221),stem([0:n],x(1,:),'fill')   % 绘制状态变量波形 x(1)
>> ylabel('x_1'),title('状态变量波形')
>> subplot(223),stem([0:n],x(2,:),'fill'),ylabel('x_2')   % 绘制状态变量波形 x(2)
>> y = C * x;                                % 计算输出响应
>> subplot(222),stem([0:n],y(1,:))          % 绘制输出响应
>> ylabel('y_1'),title('输出响应波形')
>> subplot(224),stem([0:n],y(2,:)),ylabel('y_2')
```

运行结果见图 8-13。

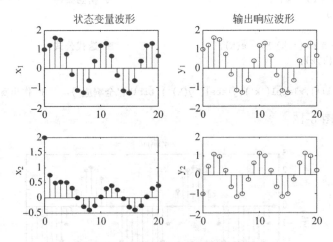

图 8-13 离散动态方程的解函数图

对于连续状态方程,可以考虑把它转化成差分方程求解。用前向欧拉法转化公式可写成

$$x(kT_s) \approx x(t)$$

$$\boldsymbol{x}\big[(k+1)T_s\big] \approx \boldsymbol{x}(kT_s) + T_s \frac{\mathrm{d}x(t)}{\mathrm{d}t}\bigg|_{t=kT_s}$$

于是连续动态方程可化成

$$\frac{\mathrm{d}\boldsymbol{x}(kT_s)}{\mathrm{d}t} = \boldsymbol{A}\boldsymbol{x}(kT_s) + \boldsymbol{B}e(kT_s)$$

$$\boldsymbol{x}\big[(k+1)T_s\big] \approx \boldsymbol{x}(kT_s) + T_s \frac{\mathrm{d}\boldsymbol{x}(kT_s)}{\mathrm{d}t}$$

输出方程的第 k 步到第 $k+1$ 步递推为

$$\boldsymbol{y}\big[(k+1)T_s\big] = \boldsymbol{C}\big[\boldsymbol{x}(k+1)T_s\big] + \boldsymbol{D}e\big[(k+1)T_s\big]$$

实用中经常直接用 MATLAB 中的指令求解：先用指令 c2d 把连续动态方程转换成离散动态方程，再用迭代法求解。转换指令 c2d 的使用格式为

```
>> [Ad,Bd] = c2d(A,B,ts)
```

其中，输入参数 A,B 是连续状态方程的系数矩阵，ts 是采样间隔；回车输出的 Ad 和 Bd 是离散化后的状态方程系数矩阵。

例 8-21 已知连续信号通过系统的动态方程为

$$\frac{\mathrm{d}}{\mathrm{d}t}\begin{bmatrix} x_1(t) \\ x_1(t) \end{bmatrix} = \begin{bmatrix} 1 & 0 \\ 1 & -3 \end{bmatrix}\begin{bmatrix} x_1(t) \\ x_1(t) \end{bmatrix} + \begin{bmatrix} 1 \\ 0 \end{bmatrix}f(t); \quad y(t) = \begin{bmatrix} -\dfrac{1}{4} & 1 \end{bmatrix}\begin{bmatrix} x_1(t) \\ x_1(t) \end{bmatrix}$$

初始条件为 $\boldsymbol{x}(0) = \begin{bmatrix} x_1(0) \\ x_2(0) \end{bmatrix} = \begin{bmatrix} 1 \\ 2 \end{bmatrix}$，输入信号 $f(t) = 15\sin(2\pi t)\varepsilon(t)$。用迭代法算出状态变量 $x(t)$ 和输出量 $y(t)$ 并画出其波形。

解 在 MATLAB 指令窗中输入

```
>> A = [1,0;1, -3];B = [1;0];C = [ -0.25,1];D = [0];
>> x0 = [1;2];ts = 0.01;nf = 301;t = 0:ts:3;          % 初始条件及时间离散化
>> f = 15 * sin(2 * pi * t);                           % 输入激励 f
>> x = zeros(2,nf);x(:,1) = x0;                        % 状态变量初始值
>> [Ad,Bd] = c2d(A,B,ts);                             % 把连续状态方程转成为离散状态方程
>> for i = 1:nf - 1
       x(:,i + 1) = Ad * x(:,i) + Bd * f(i);          % 用迭代公式算出状态变量
   end
>> t = (0:nf - 1) * ts;
>> subplot(121),plot(t,x(1,:),'--',t,x(2,:),':','linewidth',2)
>> legend('状态变量 x_1','状态变量 x_2'),title('输入激励的波形'),xlabel('t(秒)')
>> y = C * x;                                          % 输出响应
>> subplot(122),plot(t,y,'linewidth',2)
>> xlabel('t(秒)'),title('输出响应的波形')
```

运行结果见图 8-14。

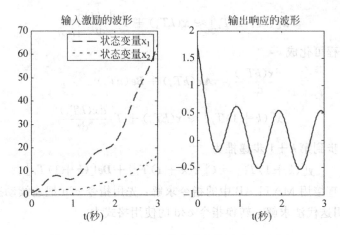

图 8-14　连续动态方程转化成离散动态方程求解

这时若在指令窗中输入状态变量 x 和输出量 y,回车则可得到它们的数值解。

8.3　系统的可控制性和可观测性

用状态变量法描述系统时,着眼于系统内部各状态变量的变化,外部的控制作用总是期望系统的状态达到预期目标,通过对系统的观测可以知道系统的状态。为了研究从系统外部控制和观测系统的能力,特别提出了系统的可控制性和可观测性。

系统的可控制性表征着输入系统的激励对内部状态的控制能力;系统的可观测性表征着通过观测到的结果推算出系统状态的能力。为了增加感性认识,下面先看一个例题。

若已知某系统的动态方程为

$$\frac{\mathrm{d}\boldsymbol{x}(t)}{\mathrm{d}t} = \begin{bmatrix} -1 & 0 & 0 \\ 0 & -2 & 0 \\ 0 & 0 & -3 \end{bmatrix} \boldsymbol{x}(t) + \begin{bmatrix} 0 \\ 1 \\ 1 \end{bmatrix} f(t), \quad y(t) = \begin{bmatrix} 1 & 1 & 0 \end{bmatrix} \boldsymbol{x}(t)$$

据此可知动态方程的系数矩阵分别为

$$\boldsymbol{A} = \begin{bmatrix} 1 & 0 & 0 \\ 0 & 2 & 0 \\ 0 & 0 & -3 \end{bmatrix}, \quad \boldsymbol{B} = \begin{bmatrix} 0 \\ 1 \\ 1 \end{bmatrix}, \quad \boldsymbol{C} = \begin{bmatrix} 1 & 1 & 0 \end{bmatrix}, \quad D = 0$$

由于系数矩阵 $\boldsymbol{A}$ 为对角阵,可知各状态变量 $\boldsymbol{x}(t) = [x_1(t), x_2(t), x_3(t)]^{\mathrm{T}}$ 对系统的作用是相互独立的。显然状态量 $x_2(t)$ 直接受到输入系统激励 $f(t)$ 的制约,而且可以从 $y(t)$ 观测到它的变化情况;而 $x_1(t)$ 不受 $f(t)$ 作用的影响,但可从 $y(t)$ 表达式知道它的输出变化;$x_3(t)$ 的情况则与此相反,它受 $f(t)$ 的制约,但不能从 $y(t)$ 观测到它对输出的影响。于是可

以认为在此系统中 $x_1(t)$ 是可观的,但不可控;而 $x_3(t)$ 是可控的,但不可观;只有 $x_2(t)$ 既可控又可观。

上述结论也可以借助矩阵 $\boldsymbol{A},\boldsymbol{B},\boldsymbol{C},\boldsymbol{D}$ 的参数识别:当 $\boldsymbol{A}$ 为对角阵时,$\boldsymbol{B}$ 中的零元素与不可控因素对应,而 $\boldsymbol{C}$ 中的零元素与不可观现象对应。

根据系统的动态方程,可以确定系统的可控制性和可观测性,它们是多输入-多输出系统的两个重要特性。

8.3.1 系统的可控制性

如果存在一个输入激励 $f(t)$,能在有限时间 $[t_0,t_f]$ 内,使系统的全部(或部分)初始状态 $x(t_0)$ 转移至任意的终端状态 $x(t_f)$,则称该系统是完全(或部分)可控制的,简称系统具有可控性。

不过仅根据可控性的定义判断一个系统的可控性是较为困难的,下面介绍一种简便的判断方法。为此,引入一个根据状态方程定义的可控性矩阵 $\boldsymbol{M}$:若一个 n 阶系统的状态方程为

$$\frac{\mathrm{d}\boldsymbol{x}(t)}{\mathrm{d}t} = \boldsymbol{A}\boldsymbol{x}(t) + \boldsymbol{B}\boldsymbol{f}(t) \quad 或 \quad \boldsymbol{x}(n+1) = \boldsymbol{A}\boldsymbol{x}(n) + \boldsymbol{B}\boldsymbol{f}(n)$$

则可定义系统的可控性判断矩阵(简称可控阵)$\boldsymbol{M}$ 为

$$\boldsymbol{M} = \begin{bmatrix} \boldsymbol{B} & \boldsymbol{A}\boldsymbol{B} & \boldsymbol{A}^2\boldsymbol{B} & \cdots & \boldsymbol{A}^{n-1}\boldsymbol{B} \end{bmatrix}$$

若可控阵 $\boldsymbol{M}$ 是满秩矩阵,则系统为完全可控的,否则为不完全可控。

用 MATLAB 中的指令 ctrb,可以方便地求出可控性判断矩阵 $\boldsymbol{M}$,其调用格式为

```
>> M = ctrb(A,B)                                    % 回车得出 M = [B,AB,A²B,..]
```

然后求出矩阵 $\boldsymbol{M}$ 的秩 $R = \mathrm{rank}(\boldsymbol{M})$,若 $R = \max\{\mathrm{size}(\boldsymbol{M})\}$,则系统为完全可控的。

例 8-22 已知系统的状态方程为

(1) $\dfrac{\mathrm{d}}{\mathrm{d}t}\begin{bmatrix} x_1(t) \\ x_2(t) \end{bmatrix} = \begin{bmatrix} 1 & 1 \\ 0 & -1 \end{bmatrix}\begin{bmatrix} x_1(t) \\ x_2(t) \end{bmatrix} + \begin{bmatrix} 2 \\ 0 \end{bmatrix}\boldsymbol{x}(t)$;

(2) $\dfrac{\mathrm{d}}{\mathrm{d}t}\begin{bmatrix} x_1(n+1) \\ x_2(n+1) \end{bmatrix} = \begin{bmatrix} 0 & 1 \\ -1 & 0 \end{bmatrix}\begin{bmatrix} x_1(t) \\ x_2(t) \end{bmatrix} + \begin{bmatrix} 1 \\ 2 \end{bmatrix}\boldsymbol{x}(n)$

判断这两个系统是否都完全可控?

解 用 MATLAB 软件计算这两个系统的可控性判断矩阵 $\boldsymbol{M}$。

(1) 在指令窗中输入

```
>> A = [1,1;0,1];B = [2,0]';
>> M = [B,A * B] 或输入 ctrb(A,B)
   M =

                2    2
                0    0
```

```
>> rank(M)
   ans =
                    1
```

可知二阶矩阵 M 的秩为 1,显然是不满秩矩阵,所以该系统不是完全可控的。

(2) 在指令窗中输入

```
>> A = [0 1; -1 0]; B = [1;2];
>> M = [B A * B] 或 M = ctrb(A,B)
   M =
                    1    2
                    2   -1
>> rank(M)
   ans =
                    2
```

这个二阶矩阵 M 的秩是 2,所以系统是完全可控的。

对于线性系统来说,可控性不仅意味着系统可以在激励信号作用下从任意一个初始状态回到零状态,而且意味着系统可以在激励信号的作用下从任意一个状态转移到另一个指定状态,这在卫星轨道控制中经常用到。

8.3.2　系统的可观测性

若给定系统的输入后,在有限时间内能够根据系统的输出量唯一地确定(或识别)出系统的全部(或部分)初始状态,则系统是完全(或部分)可观的。可观性反映了从输出量获得系统内部状态信息的功能。

对于一个由动态方程描述的 n 阶系统,其可观测性由可观测性判断阵 N 是否满秩来判断,N 由动态方程的系数矩阵 A 和 C 组成,其定义为

$$N = \begin{bmatrix} C & CA & CA^2 & \cdots & CA^{n-1} \end{bmatrix}^T$$

若 N 的秩 $\text{rank}(N) = n$,则系统是完全可观的,否则是不完全可观的。

用 MATLAB 中的指令 obsv 可以方便地求出 N,对于高阶矩阵特别方便。调用格式为

```
>> N = obsv(A,C)                              % 回车得出 N = [C CA C²A ..CAⁿ⁻¹]ᵀ
```

例 8-23 已知系统的动态方程为

(1) $\dfrac{d}{dt}\begin{bmatrix} \alpha_1(t) \\ \alpha_2(t) \end{bmatrix} = \begin{bmatrix} 1 & 1 \\ -2 & -1 \end{bmatrix}\begin{bmatrix} \alpha_1(t) \\ \alpha_2(t) \end{bmatrix} + \begin{bmatrix} 0 \\ 1 \end{bmatrix}\boldsymbol{\alpha}(t),\ y(t) = \begin{bmatrix} 1 & 1 \end{bmatrix}\begin{bmatrix} \alpha_1(t) \\ \alpha_2(t) \end{bmatrix}$;

(2) $\begin{bmatrix} \alpha_1(n+1) \\ \alpha_2(n+1) \end{bmatrix} = \begin{bmatrix} 0 & 1 \\ -1 & 0 \end{bmatrix}\begin{bmatrix} \alpha_1(n) \\ \alpha_2(n) \end{bmatrix} + \begin{bmatrix} 1 \\ 3 \end{bmatrix}x(n),\ y(n) = \begin{bmatrix} 1 & 0 \end{bmatrix}\boldsymbol{\alpha}(n)$.

判断该系统是否完全可观。

解 用 MATLAB 求出 $\boldsymbol{N} = \begin{bmatrix} \boldsymbol{C} & \boldsymbol{CA} \end{bmatrix}^{\mathrm{T}}$，根据其结果判断系统的可观性。

（1）由题设条件，在指令窗中输入

```
>> A = [1,1; -2, -1];C = [1,1];
>> N = [C;C * A] 或 N = obsv(A,C)
    N =
                1    -1
                1     0
>> rank(N)
    ans =
                2
```

可见这个二阶矩阵 $\boldsymbol{N}$ 是满秩的，所以该系统是完全可观的。

（2）由题设条件，在指令窗中输入

```
>> A = [0,1; -1,0];C = [1,0];
>> N = [C;C * A]'或 N = obsv(A,C)
N =
                1     0
                0     1
>> rank(N)
    ans =
                2
```

可见二阶矩阵 $\boldsymbol{N}$ 是满秩的，所以该系统是完全可观的。

例 8-24 一个 LTI 系统的动态方程为

$$\frac{\mathrm{d}}{\mathrm{d}t}\boldsymbol{x}(t) = \begin{bmatrix} -3 & 1 \\ 1 & -3 \end{bmatrix}\boldsymbol{x}(t) + \begin{bmatrix} 1 & 1 \\ 1 & 1 \end{bmatrix}f(t), \quad \boldsymbol{y}(t) = \begin{bmatrix} 1 & 1 \\ 1 & -1 \end{bmatrix}\boldsymbol{x}(t)$$

判断该系统的可控性和可观性。

解 用 MATLAB 求出判断矩阵 $\boldsymbol{M}$ 和 $\boldsymbol{N}$，在指令窗中

```
>> A = [-3 1;1 -3];B = [1 1;1 1];C = [1 1;1 -1];D = [0];
>> M = ctrb(A,B);N = obsv(A,C);
>> Ma = rank(M),Na = rank(N)                    % 得出判断矩阵 M 和 N 的秩
    Ma =
                1
    Na =
                2
```

由于 $\boldsymbol{M}$ 的秩 $\mathrm{rank}(\boldsymbol{M})$ 小于 $\boldsymbol{M}$ 的阶数 2，因此系统不可控；$\boldsymbol{N}$ 的秩 $\mathrm{rank}(\boldsymbol{N})$ 等于 $\boldsymbol{N}$ 的阶数，因此系统是可观测的。

一个系统的可观性和可控性，也可通过系统函数判定。如果系统函数中没有极点与零

点的相消现象,则系统一定是完全可控制与可观测的,否则系统就是不完全可控或可观的,具体情况视其变量的选择而定。

例 8-25 系统的动态方程为

$$\frac{d}{dt}\begin{bmatrix} x_1(t) \\ x_2(t) \end{bmatrix} = \begin{bmatrix} 0 & 1 \\ -2 & -3 \end{bmatrix}\begin{bmatrix} x_1(t) \\ x_2(t) \end{bmatrix} + \begin{bmatrix} 1 \\ 2 \end{bmatrix}e(t), \quad y(t) = \begin{bmatrix} 1 & 1 \end{bmatrix}\begin{bmatrix} x_1(t) \\ x_2(t) \end{bmatrix}$$

判断该系统的可控性和可观性。

解 用 MATLAB 判断,在指令窗中输入

```
>> A = [0 1; -2 -3];B = [1;2];C = [1 1];D = [0];
>> ct1 = rank(ctrb(A,B))                    % 判断可控性
   ct1 =
                              2
>> ob1 = rank(obsv(A,C))                    % 判断可观性
   ob1 =
                              1
```

ct1=2 表明可控阵满秩,ob1=1 表明可控阵不满秩。

本章小结

本章主要介绍系统的状态变量分析,包含系统的状态变量和动态方程,动态方程的求解,系统的可控制性和可观测性等三个部分的内容。介绍了信号通过系统的动态方程的建立以及描述系统的各种模型及其转换,动态方程的数值解,连续动态方程的拉氏变换求解,离散动态方程的 Z 变换求解和迭代求解,最后介绍了系统的可控制性和可观测性。本章在介绍各种方法的同时介绍了与它们相应的 MATLAB 实现方法。其中的重点是动态方程的建立和求解以及各种模型的转换。

课后思考讨论题

1. 系统的动态方程如何建立?动态方程模型和以前的系统函数模型有何区别?

2. 系统的各种模型之间如何转换?不用 MATLAB 如何转换?

3. 离散动态方程 Z 变换求解和迭代求解有何区别?

4. 如何用数学方法求解系统的可控制性判断矩阵和可观测性判断矩阵?

5. 如何用系统函数来判别系统的可控制性和可观测性?

习题 8

8-1 已知连续信号通过系统的动态方程为

$$\frac{d}{dt}\begin{bmatrix} x_1(t) \\ x_2(t) \end{bmatrix} = \begin{bmatrix} -2 & -2 \\ 1 & 0 \end{bmatrix}\begin{bmatrix} x_1(t) \\ x_2(t) \end{bmatrix} + \begin{bmatrix} 10 \\ 0 \end{bmatrix} t\varepsilon(t), \quad y(t) = \begin{bmatrix} 1 & 0 \end{bmatrix}\begin{bmatrix} x_1(t) \\ x_2(t) \end{bmatrix}$$

初始条件为 $\boldsymbol{x}(0) = \begin{bmatrix} x_1(0) \\ x_2(0) \end{bmatrix} = \begin{bmatrix} 5 \\ 0 \end{bmatrix}$，求系统的全响应。

8-2 列出题图 8-2 所示电路的系统方程。

8-3 某系统的系统函数为 $H(s) = \dfrac{s-2}{s\,(s+1)^3}$，写出该系

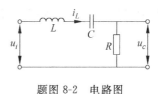

题图 8-2 电路图

统的系统方程；若输入信号 $f(t) = e^{-t}\varepsilon(t) + 3e^{-2t}\varepsilon(t)$，求系统
零状态响应的数值解。

8-4 已知刻画某系统的系统函数为

$$H(s) = \frac{s+1}{s^2+s+1}$$

求该系统的动态方程。

8-5 已知某系统的下述模型，用 MATLAB 将它们转换成其他三种模型。

(1) $H_1(s) = \dfrac{s^3+2s-2}{s^3+2s^2-s-2}$;   (2) $H_2(s) = \dfrac{s-2}{s\,(s+1)^3}$;

(3) $\boldsymbol{A} = \begin{bmatrix} 1 & 2 \\ -2 & -6 \end{bmatrix}, \boldsymbol{B} = \begin{bmatrix} -3 \\ 2 \end{bmatrix}, \boldsymbol{C} = \begin{bmatrix} 1 & 2 \end{bmatrix}, \boldsymbol{D} = \begin{bmatrix} 0 \end{bmatrix}.$

8-6 某系统的系统函数为 $H(s) = \dfrac{s^2+2s+2}{s^2+4s+3}$，求该系统的阶跃响应。

8-7 已知动态方程为

$$\frac{d}{dt}\begin{bmatrix} x_1(t) \\ x_2(t) \end{bmatrix} = \begin{bmatrix} 2 & 3 \\ 0 & -1 \end{bmatrix}\begin{bmatrix} x_1(t) \\ x_2(t) \end{bmatrix} + \begin{bmatrix} 0 & 1 \\ 1 & 0 \end{bmatrix}\begin{bmatrix} 1 \\ e^{-3t} \end{bmatrix}$$

$$\boldsymbol{y}(t) = \begin{bmatrix} 1 & 1 \\ 0 & -1 \end{bmatrix}\begin{bmatrix} x_1(t) \\ x_2(t) \end{bmatrix} + \begin{bmatrix} 1 & 0 \\ 1 & 0 \end{bmatrix}\begin{bmatrix} 1 \\ e^{-3t} \end{bmatrix}$$

且知 $\boldsymbol{x}(0) = \begin{bmatrix} 2 & 1 \end{bmatrix}$，求该方程的解。

8-8 已知连续信号通过系统的动态方程为

$$\frac{d}{dt}\begin{bmatrix} x_1(t) \\ x_2(t) \end{bmatrix} = \begin{bmatrix} -2 & -2 \\ 1 & 0 \end{bmatrix}\begin{bmatrix} x_1(t) \\ x_2(t) \end{bmatrix} + \begin{bmatrix} 10 \\ 0 \end{bmatrix} t\varepsilon(t), \quad y(t) = \begin{bmatrix} 1 & 0 \end{bmatrix}\begin{bmatrix} x_1(t) \\ x_2(t) \end{bmatrix}$$

若知初始条件为 $\begin{bmatrix} x_1(0) \\ x_2(0) \end{bmatrix} = \begin{bmatrix} 5 \\ 0 \end{bmatrix}$，求该系统的零输入响应、零状态响应和全响应。

8-9 某离散信号通过系统的动态方程为

$$\begin{cases} x_1(n+1) = -x_1(n) + 3x_2(n) + 11\delta(n) \\ x_2(n+1) = -2x_1(n) + 4x_2(n) + 6u(n) \end{cases}, \quad y(n) = x_1(n) - x_2(n) + u(n)$$

若系统的起始状态是静止的,求系统的响应。

8-10 连续信号通过某系统的动态方程为

$$\frac{\mathrm{d}}{\mathrm{d}t}\begin{bmatrix} x_1(t) \\ x_2(t) \end{bmatrix} = \begin{bmatrix} 1 & 0 \\ 1 & -3 \end{bmatrix}\begin{bmatrix} x_1(t) \\ x_2(t) \end{bmatrix} + \begin{bmatrix} 1 \\ 0 \end{bmatrix}f(t), \quad y(t) = \begin{bmatrix} -\frac{1}{4} & 1 \end{bmatrix}\begin{bmatrix} x_1(t) \\ x_2(t) \end{bmatrix}$$

系统的初始状态为 $\begin{cases} x_1(0) = 1 \\ x_2(0) = 2 \end{cases}$,输入信号 $f(t) = 0.5\sin(12t)\varepsilon(t)$。求状态变量 $x_1(t), x_2(t)$

和输出变量 $y(t)$ 的零输入响应、零状态响应及全响应。

部分习题参考答案

第 1 章

1-1　(1) 是,0.4;　(2) 是,$T=2\pi$;　(3) 不是;　(4) 是,$T=\dfrac{2\pi}{5}$;　(5) 不是;

(6) 不是。

1-2　(1) $f_1(t)=u(t+1)+\dfrac{1}{2}u(t)-\dfrac{5}{2}u(t-1)+u(t-3)$;

(2) $f_2(t)=\begin{cases} 2t+4, & t<-2 \\ -0.5t+1.5, & -1\leqslant t\leqslant 3; \\ 0, & \text{其他} \end{cases}$

(3) $f_3(t)=\mathrm{e}^{-t}u(t+2)$;　(4) $f_4(t)=\left(\mathrm{e}^{-t}\sin\dfrac{\pi}{2T}t\right)[u(t-2T)-u(t-8T)]$。

1-3　(1) $\sin\dfrac{\pi}{4}=\dfrac{\sqrt{2}}{2}$;　(2) e^{-3};　(3) $u\left(\dfrac{t_0}{2}\right)$;　(4) 1;

(5) 1;　(6) 0;　(7) 0;　(8) $\dfrac{1}{2}\mathrm{e}^{-1}$;　(9) 1。

1-5　(1) $x(t)=u(t)+u(t-1)-2u(t-2)$;

(2) $x(t)=(t-1)[u(t)-u(t-2)]$;

(3) $x(t)=(t-2)[u(t-1)-u(t-2)]$。

1-8　(1) $\delta'(t)$;　(2) $\delta(t)-\mathrm{e}^{-t}u(t)$;　(3) $1-\mathrm{e}^{-\mathrm{j}\omega t_0}$;　(4) $\delta(t)+2u(t)$;　(5) 22;

(6) 0;　(7) 2;　(8) 2。

1-11　(1) 线性、非时变、因果;　(2) 非线性、非时变、非因果;

(3) 线性、非时变、因果;　(4) 非线性、非时变、因果;

(5) 线性、非时变、非因果;　(6) 线性、非时变、非因果。

1-12　(1) 非线性系统;　(2) 非线性系统;　(3) 非线性系统;　(4) 线性系统;

(5) 线性系统。

1-13　(1) 时变系统;　(2) 时变系统;　(3) 非时变系统;　(4) 时变系统;

(5) 非时变系统。

1-14　(1) $y'(t)+3y(t)=f'(t)+2f(t)$;　(2) $y''(t)+3y'(t)+2y(t)=f(t)$。

1-15　(1) $f(-t_0)$;　(2) $f(t_0)$;　(3) 1;　(4) 0;　(5) $\mathrm{e}^{-4}+2\mathrm{e}^{-2}$;　(6) $-\dfrac{\pi}{4}+\dfrac{\sqrt{2}}{2}$;

(7) $-\dfrac{\sqrt{3}}{2e}$;　　(8) $e^{-j3\omega}$;　　(9) 2;　　(10) 5。

1-16　$2i''(t)+7i'(t)+5i(t)=2i_5''(t)+i_5'(t)+2i_5(t)$;

$2u''(t)+7u'(t)+5u(t)=6i_5(t)$。

1-17　$2i^{(3)}(t)+5i^{(2)}(t)+5i^{(1)}(t)+3i(t)=2u_5^{(2)}(t)+u_5^{(1)}(t)+u_5(t)$;

$2u^{(3)}(t)+5u^{(2)}(t)+5u^{(1)}(t)+3u(t)=2u_5^{(1)}(t)$。

第 2 章

2-1　$C=\dfrac{1}{2},r(0_-)=\dfrac{1}{2},r'(0_-)=\dfrac{1}{2}$;

$u_x(0_-)=u_x(0_+)=6-4=2\mathrm{V}$。

2-2　(1) $i(0_-)=i_x(0_+)=\dfrac{1}{6}(-18+16)+\dfrac{2}{1}=\dfrac{5}{3}\mathrm{A}$;

$u_x(0_-)=u_x(0_+)=2+0=2\mathrm{V}$。

(2) $i(0_-)=i_x(0_+)=0.1(-6+6)=0\mathrm{A},u(0_-)=2\mathrm{V}$;

$H(s)=-1+\dfrac{0.5}{s+0.5}+\dfrac{2}{s+2}$。

2-3　$h(t)=-\delta(t)+(0.5e^{-0.5t}+2e^{-2t})u(t)$;

$u_{zs}(t)=2(1-e^{-0.5t}-e^{-2t})u(t)$;

$u_{zi}(t)=e^{-0.5t}+e^{-2t}$;

$u(t)=u_{zs}(t)+u_{zi}(t)=1+(1-e^{-0.5t}-e^{-2t})u(t)$。

2-4　(1) $y(0_+)=0$;　　(2) $y(0_+)=3$;　　(3) $y(0_+)=0,y'(0_+)=2$。

2-5　$y(0^+)=2,y'(0^+)=2$。

2-6　(1) $r(t)=\left(e^{-t}-\dfrac{4}{3}e^{-3t}+\dfrac{4}{3}\right)u(t)$;　　(2) $r(t)=\left(\dfrac{7}{2}e^{-t}-\dfrac{5}{2}e^{-3t}\right)u(t)$。

2-7　$r_{zs}(t)=\left(-\dfrac{3}{2}e^{-t}+\dfrac{7}{5}e^{-2t}+\dfrac{1}{10}\cos t+\dfrac{13}{10}\sin t\right)u(t)$

$+\left[-\dfrac{3}{2}e^{-(t-\pi)}+\dfrac{7}{5}e^{-2(t-\pi)}+\dfrac{1}{10}\cos(t-\pi)+\dfrac{13}{10}\sin(t-\pi)\right]u(t-\pi)$。

2-8　$y_{zs}(t)=\left(-\dfrac{1}{6}e^{-4t}-\dfrac{1}{2}e^{-2t}+\dfrac{2}{3}e^{-t}\right)u(t)$;

$y_{zi}(t)=y(t)-y_{zs}(t)=(4e^{-t}-3e^{-2t})u(t)$。

2-9　$\begin{cases}2e^{-t}u(t)=r_1(t)=s(t)+r_{zi}(t), \\ u(t)=r_2(t)=s'(t)+r_{zi}(t)\end{cases}\Rightarrow s(t)=(e^{-t}-1)u(t)$

$\Rightarrow\begin{cases}h(t)=s(t)+(1-2e^{-t})u(t)=-e^{-t}u(t) \\ r_{zi}(t)=u(t)-h(t)=(1+e^{-t})u(t)\end{cases}$;

$r_3(t)=h(t)*e^{-t}u(t)+r_{zi}(t)=[1+(1-t)e^{-t}]u(t)$。

2-10　$r_{zi} = (2e^{-2t} - e^{-3t})u(t)$。

2-11　$a_0 = 4, a_1 = 3$；$\begin{cases} r_{zi}(t) = (e^{-t} + 3e^{-2t} - 2e^{-3t})u(t) \\ h(t) = (-2e^{-t} - e^{-3t})u(t) \end{cases}$；　$b_0 = -3$，　$b_1 = -7$。

2-12　$y_{zi}(t) = (6e^{-3t} - 5e^{-4t})u(t)$；

$h(t) = \left(\dfrac{5}{2}e^{-3t} - \dfrac{1}{2}e^{-4t}\right)u(t)$；

$y_{zs}(t) = (6e^{-3t} - 5e^{-4t} - e^{-2t})u(t)$；

$y(t) = (12e^{-3t} - 10e^{-4t} - e^{-2t})u(t)$。

2-13　(1) $r(t) = e^{-3t}[u(t) - e^2 u(t-1)]$；　(2) $A = \dfrac{1 - e^2}{2e^3}$。

2-14　(1) $h(t) = \dfrac{1}{2}\delta(t) - \dfrac{\sqrt{2}}{4}\sin\dfrac{t}{\sqrt{2}}u(t)$；

$g(t) = \dfrac{1}{2}\cos\dfrac{t}{\sqrt{2}}u(t)$。

(2) $h(t) = \dfrac{1}{2}\delta(t) + \dfrac{1}{4}e^{-\frac{1}{2}t}u(t)$；

$g(t) = \left(1 - \dfrac{1}{2}e^{-\frac{1}{2}t}\right)u(t)$。

2-15　$h(t) = e^{-3t}u(t), g(t) = \dfrac{1 - e^{-3t}}{-3}u(t), r(t) = (e^{-2t} - e^{-3t})u(t)$。

2-16　$u_c(t) = h(t) = e^{-t}\cos t u(t)$。

2-17　$\dfrac{1}{4}(e^{-t} + 7e^{-5t})u(t)$。

2-18　$y_{zs}(t) = f(t) * h(t) = \begin{cases} 0, & t < 0, t > 4 \\ \dfrac{t^2}{4}, & 0 \leqslant t < 2 \\ 1 - \dfrac{(t-2)^2}{4}, & 2 \leqslant t < 4 \end{cases}$。

2-19　(1) $r(t) = e^{-2t}(e^{-t} - 1)u(t) + e^{-2t}(\beta e^4 + e^2 - e^t)u(t)$；

(2) $\beta = -e^{-4}\displaystyle\int_0^2 e^{2\tau}x(\tau)d\tau$。

2-20　$h(t) = \dfrac{1}{2}e^{-2t}u(t)$。

2-21　$\dfrac{d}{dt}\left[\cos\left(t + \dfrac{\pi}{4}\right)\delta(t)\right] = \dfrac{\sqrt{2}}{2}\delta'(t)$。

2-22　$\displaystyle\int_{0^-}^{+\infty} f(6 - 4t)dt = \int_{0^-}^{+\infty}\delta(t-1) = 1$。

2-23　$f(t) = \displaystyle\int_{-\infty}^{+\infty}\delta(t^2 - 4) = \dfrac{1}{2}$。

2-24 $h(t)=t[u(t)-u(t-1)]+u(t)$。

2-26 $u_c(t)=\mathrm{e}^{-t}\cos t \cdot u(t)$。

2-27 $y=t\mathrm{e}^{2t}u(t)$。

2-28 $f_1(t)=\dfrac{1}{2}(t+2)u(t+2)-tu(t)+\dfrac{1}{2}(t-2)u(t-2)$;

$$f_1(t)*f_2(t)=\dfrac{1}{2}(t+4)u(t+4)-(t+2)u(t+2)+tu(t)$$
$$-(t-2)u(t-2)+\dfrac{1}{2}(t-4)u(t-4);$$

$$f_1(t)*f_3(t)=\dfrac{1}{2}tu(t)-\dfrac{1}{2}(t-1)u(t-1)-\dfrac{1}{2}(t-2)u(t-2)$$
$$+(t-3)u(t-3)-\dfrac{1}{2}(t-4)u(t-4)-\dfrac{1}{2}(t-5)u(t-5)$$
$$+\dfrac{1}{2}(t-6)u(t-6);$$

$$f_1(t)*f_4{}'(t)=\dfrac{1}{2}(t+3)u(t+3)-\dfrac{3}{2}(t+1)u(t+1)$$
$$+\dfrac{3}{2}(t-1)u(t-1)-\dfrac{1}{2}(t-3)u(t-3)。$$

2-29 $f_1(t)*f_2(t)=6\displaystyle\int_0^t \mathrm{e}^{-2\tau}\mathrm{d}\tau u(t)=-3(\mathrm{e}^{-2t}-1)u(t)$。

2-30 $e(t)*h(t)=t[u(t)-u(t-2)]-(t-1)[u(t-1)-u(t-3)]$
$$+2[u(t-2)-u(t-3)];$$
$$e(t)*h(t)=\dfrac{1}{2\pi}[1-\cos2\pi t][u(t)-u(t-1)];$$
$$e(t)*h(t)=(1-\mathrm{e}^{-(t-1)})u(t-1)。$$

2-31 $f(t)*h(t)=tu(t)-3(t-2)u(t-2)+2(t-3)u(t-3)$。

第 3 章

3-1 (1) $f(t)=\dfrac{a_0}{2}+\displaystyle\sum_{n=1}^{\infty}b_n\sin(n\pi t)=\left[\dfrac{1}{2}+\displaystyle\sum_{n=1}^{\infty}\dfrac{1-\cos(n\pi)}{n\pi}\sin(n\Omega t)\right]V$;

(2) $s_1=\dfrac{\pi}{4}$; (3) $P=\dfrac{1}{T}\displaystyle\int_{-\frac{T}{2}}^{\frac{T}{2}}f^2(t)\mathrm{d}t=\dfrac{1}{2}$; (4) $s_2=\dfrac{\pi^2}{8}$。

3-2 $F_n=\begin{cases}\dfrac{AT}{\mathrm{j}n\pi}, & n=\pm1,\pm3,\cdots\\[2mm]0, & n=\pm2,\pm4,\cdots\end{cases}$。

3-3 $F(n\omega_1)=\dfrac{E\tau}{T}\mathrm{Sa}\left(n\omega_1\dfrac{\tau}{2}\right)$。

3-4 $\mathscr{F}[f(t)]=\dfrac{16\sin\left(\dfrac{\omega}{2}\right)\cdot\sin\left(\dfrac{3\omega}{2}\right)}{4\omega^2}$。

3-5　$\dfrac{\omega_1}{\pi}\text{Sa}^2\left(\dfrac{\omega_1 t}{2}\right)\cdot\cos(\omega_0 t)$。

3-6　(1) $F(\omega)=\text{j}\dfrac{2}{\omega}[\cos\omega\tau-\text{Sa}(\omega\tau)]$；　(2) $F(\omega)=\dfrac{2}{\text{j}\omega}(\cos\omega\tau-1)$。

3-7　$\dfrac{\sin 2t}{\pi t}$。

3-8　$\dfrac{2\pi}{5}\displaystyle\sum_{k=-\infty}^{\infty}\delta\left(\omega-\dfrac{2\pi k}{5}\right)$。

3-9　(1) $\dfrac{\text{j}}{2}\cdot\dfrac{\text{d}X\left(\frac{\text{j}\omega}{2}\right)}{\text{d}\omega}$；　(2) $\text{j}\text{e}^{-\text{j}\omega}\dfrac{\text{d}[X(-\omega)]}{\text{d}\omega}$；　(3) $-X(\omega)-\omega\dfrac{\text{d}X(\omega)}{\text{d}\omega}$。

3-10　$2\text{j}\sin 2\omega+2\text{j}\omega\pi\delta(\omega)\cos(2\omega)$。

3-11　$\text{e}^{-2t}u(t)-\text{e}^{-3t}u(t)$。

3-12　(1) $\dfrac{\text{j}}{2}\cdot\dfrac{\text{d}}{\text{d}\omega}\left[F\left(\dfrac{\omega}{2}\right)\right]$；　(2) $\text{j}F'(\omega)-2F(\omega)$；

　　(3) $\text{j}\dfrac{\text{d}}{\text{d}\omega}\left[\dfrac{1}{2}F\left(-\dfrac{\omega}{2}\right)\right]-F\left(-\dfrac{\omega}{2}\right)$；　(4) $-\omega F'(\omega)-F(\omega)$；

　　(5) $F(-\omega)\text{e}^{-\text{j}\omega}$；　(6) $-\text{j}\dfrac{\text{d}F(-\omega)}{\text{d}\omega}\text{e}^{-\text{j}\omega}$；　(7) $\dfrac{1}{2}F\left(\dfrac{\omega}{2}\right)\text{e}^{-\text{j}\frac{5}{2}\omega}$。

3-13　(1) $F(\omega)=A\pi[\delta(\omega+\omega_0)+\delta(\omega-\omega_0)]-\dfrac{\omega_0 A}{\omega^2-\omega_0^2}\left[\pi\delta(\omega)+\dfrac{1}{\text{j}\omega}\right]$；

　　(2) $F(\omega)=A\pi\text{j}[\delta(\omega+\omega_0)-\delta(\omega-\omega_0)]$。

3-14　$f_s=2f_m=80\text{kHz}$，$T_s=\dfrac{1}{f_s}=\dfrac{1}{80\times10^3}=12.5\times10^{-6}\text{s}=12.5\mu\text{s}$。

3-15　$T_{\max}=\dfrac{1}{4}$。

3-16　$\dfrac{1}{3}fs$。

3-18　8rad/s。

3-19　(1) $X(\omega)=X_1(\omega)\text{e}^{-\text{j}\omega}$，$\varphi(\omega)=\begin{cases}-\omega, & X_1(\omega)\geqslant 0\\ \pi-\omega, & X_1(\omega)<0\end{cases}$；

　　(2) $X(0)=7$；　(3) 4π；　(4) 7π。

3-20　$y_1(t)=\dfrac{1}{2}$，　$y_2(t)=\dfrac{1}{2}+\dfrac{2}{\pi}\cos\dfrac{3}{2}\pi t$。

3-21　$y(t)=\dfrac{2}{\pi}\text{Sa}(t)\cos 5t$。

3-22　(1) $y(t)=0.8\cos(2t+36.9°)$；　(2) $y(t)=\sin 2t+3$。

第 4 章

4-1　(1) $\dfrac{2s+17}{s+7}$；　(2) $\dfrac{1-\text{e}^{-2s}}{s+1}$；　(3) $\dfrac{1}{s(s+1)}$　(4) $\dfrac{(1-\text{e}^{-s})^2}{s}$；

(5) $\dfrac{e^{-s}}{s^2}$;　(6) $\dfrac{1}{s+\beta}-\dfrac{s+\beta}{(s+\beta)^2+\alpha^2}$;　(7) $\dfrac{2s+1}{s^2+1}$;

(8) $\dfrac{1}{4}\left[\dfrac{s^2-81}{(s^2+81)^2}+\dfrac{3s^2-27}{(s^2+9)^2}\right]$;　(9) $-\ln\left(\dfrac{s}{s+a}\right)$;　(10) $\dfrac{\pi}{2}-\arctan\left(\dfrac{s}{a}\right)$;

(11) $\dfrac{2s^3-24s}{(s^2+4)^3}$;　(12) $\dfrac{\beta}{(s+a)^2-\beta^2}$;　(13) $\dfrac{2}{(s+1)^2}$;　(14) $\dfrac{2s^2}{(s+1)^2+4}$。

4-2　(1) $\delta(t)-e^{-t}u(t)+3e^{-2t}u(t)$;　(2) $(t-1+te^{-2t}+e^{-2t})u(t)$;

　　(3) $(t-1)u(t-1)$;　(4) $\displaystyle\sum_{n=0}^{\infty}\delta'(t-n)$;　(5) $\dfrac{A}{K}\sin Kt$;

　　(6) $\dfrac{1}{6}\left[\dfrac{1}{\sqrt{3}}\sin(\sqrt{3}t)-t\cos(\sqrt{3}t)\right]$;　(7) $\dfrac{1-e^{-t}}{t}$;

　　(8) $(1-e^{-t}\cos 2t)u(t)$;　(9) $\displaystyle\sum_{n=0}^{\infty}u(t-4n)-u(t-2-4n)$。

4-3　$(1-2e^{-s}+2e^{-3s}-e^{-4s})\dfrac{1}{s^2}$。

4-4　(1) $f(0_+)=1,f(\infty)=-1$;　(2) $f(0_+)=3,f(\infty)=0$。

4-5　$v_c(t)=(x_2-x_2 e^{-\frac{t}{c}}+x_1 e^{-\frac{t}{c}})u(t)$。

4-6　$v_2(t)=-0.1te^{-t}u(t)$。

4-7　$i(t)=\left(1-e^{-t}-\dfrac{1}{2}te^{-t}\right)u(t)-\dfrac{1}{2}(1-e^{-(t-1)})u(t-1)$。

4-8　$u_c(t)=\displaystyle\sum_{n=0}^{\infty}e^{-(t-n)}$。

4-9　(1) $H(s)=\dfrac{1}{2s^2+6s+5}$;　(2) $H(s)=\dfrac{2s+1}{s^2(6s^2+7s+2)}$。

4-10　(1) $H(s)=\dfrac{k}{s^2+(3-k)s+1}$;　(2) $v_3(t)=\left(\dfrac{1}{2}te^{-t}+\dfrac{1}{2}e^{-t}-\dfrac{1}{2}\cos t\right)u(t)$。

4-12　(1) $L[f_s(t)]=\displaystyle\sum_{n=0}^{\infty}f(nT)e^{-snT}$;　(2) $L[f_s(t)]=\dfrac{1}{1-e^{-(a+s)T}}$。

4-13　(1) $H(s)=\dfrac{C_1}{C_1+C_2}\cdot\dfrac{s+\dfrac{1}{RC_1}}{s+\dfrac{1}{R(C_1+C_2)}}$;　(2) $H(s)=\dfrac{s}{10s^2+s+10}$。

4-14　$Z(s)=Z_1+\cfrac{1}{Y_2+\cfrac{1}{Z_3+\cfrac{1}{Y_4+\cfrac{1}{Z_5+\cfrac{1}{Y_6+\cfrac{1}{Z_7+\cfrac{1}{Y_8}}}}}}}$。

4-15　$H(s)=\dfrac{2}{s(s+4)}$。

4-16　$e(t)=\left(1-\dfrac{1}{2}e^{-2t}\right)u(t)$。

4-17　$y_{zi}(t)=\dfrac{7}{2}e^{-t}-\dfrac{5}{2}e^{-3t}$;　　$y_{zs}(t)=-\dfrac{1}{2}e^{-t}+3e^{-2t}-\dfrac{5}{2}e^{-3t}$。

4-18　(1) $H(s)=\dfrac{s-1}{s+1}$;　　(2) $v_2(t)=(-10e^{-t}+10\cos t)u(t)$。

4-19　(1) $H(s)=\dfrac{5}{s^2+s+5}$;　　(2) 略;　　(3) $h(t)=\dfrac{10}{\sqrt{19}}e^{-\frac{1}{2}t}\sin\left(\dfrac{\sqrt{19}}{2}t\right)u(t)$;

　　　$g(t)=\left\{1-e^{-\frac{1}{2}t}\left[\cos\left(\dfrac{\sqrt{19}}{2}t\right)-\dfrac{1}{\sqrt{19}}\sin\left(\dfrac{\sqrt{19}}{2}t\right)\right]\right\}u(t)$。

4-20　$r_3(t)=u(t)-u(t-1)+2e^{-t}u(t)$。

4-21　(1) $H(s)=\dfrac{-2(s^2+4s+3)}{s^3+2s^2-s-2}$;　　(2) $H(s)=\dfrac{2(s^2+4s+3)}{s^3+2s^2-s-2}$。

4-22　(1) $H(s)=\dfrac{1}{2(s+1)(s^2+s+1)}$;

　　　(2) $g(t)=\dfrac{1}{2}\left[1-e^{-t}-\dfrac{2}{\sqrt{3}}e^{-\frac{t}{2}}\sin\left(\dfrac{\sqrt{3}}{2}t\right)\right]u(t)V$;

　　　(3) 三阶低通滤波器。

4-23　(1) $H_2(s)=\dfrac{5k-4s-12}{s+3-k}$;　　(2) $k<3$ 时,系统稳定。

4-24　(1) $k<4$ 时,系统稳定;

　　　(2) 当 $k=4$ 时,系统临界稳定;单位冲激响应 $h(t)=\cos(2t)u(t)$。

第 5 章

5-3　(1) $n[u(n)-u(n-5)]$;　　(2) $2u(n)-4u(n-4)+2u(n-8)$。

5-4　(1) $N=3$;　　(2) $N=16$;　　(3) 非周期序列。

5-5　$y(n)-(1+\alpha)y(n-1)=x(n)$,$y(12)=142.73$。

5-6　$y(n)=2\left(\dfrac{2}{3}\right)^n$。

5-8　(1) 非线性时不变因果稳定;　　(2) 线性时不变因果稳定;

　　　(3) 线性时变因果稳定;　　(4) 非线性时不变因果稳定;

　　　(5) 线性时不变非因果不稳定;　　(6) 非线性时不变因果不稳定。

5-9　当 $0\leqslant n\leqslant 7$ 时,$y(n)=b_r$(下标 $r=n$),当 $n<0,n>7$ 时,$y(n)=0$。

5-10　(1) $5(-1)^n-12(-2)^n$;　　(2) $-2(\sqrt{2})^n\cos\left(\dfrac{3\pi}{4}n\right)$;　　(3) $y(n)=-3n(-2)^n$;

(4) $y(n)=-3n(-2)^n+[(-2)^n+n(-2)^n]u(n)$。

5-11 (1) $y(n)-7y(n-1)+10y(n-2)=14x(n)-85x(n-1)+111x(n-2)$;

(2) $y(n)=2[2^n+3(5)^n+10]u(n)-2[2^{n-10}+3(5)^{n-10}+10]u(n-10)$。

5-12 (1) $y_{zi}(n)=2(-1)^n-2(-2)^n,n\geqslant0$;

(2) $h(n)=[2(-2)^n-(-1)^n]u(n)$;

(3) $y_{zs}(n)=\dfrac{1}{3}[2^n-(-1)^n+3(-2)^n]u(n),y(n)=\dfrac{1}{3}[2^n+5(-1)^n-3(-2)^n]u(n)$。

5-13 $y_{zs}(n)=n(0.5)^{n-1}u(n)$。

5-14 (1) $h(n)=\dfrac{1}{2}[(\sqrt{2}+1)^{n-2}-(\sqrt{2}-1)^{n-2}]u(n-1)+\delta(n-1)$;

(2) $h(n)=4(n-1)(0.5)^nu(n-1)$。

5-15 (1) $2^{n+1}u(n+1)-(2^n-1)u(n-1)$;

(2) $0.5^nu(n+1)+2u(-2-n)$。

5-16 (1) $(n+1)u(n)$; (2) $[2-(0.5)^n]u(n)$;

(3) $[3^{n+1}-2^{n+1}]u(n)$; (4) $(n-1)u(n-1)$。

5-17 $f(n)=[1,3,6,6,5,3]$。

5-18 $h(n)=5(1-0.8^{n+1})u(n)-5(1-0.8^{n-2})u(n-3)$。

第 6 章

6-1 (1) $\dfrac{4z}{4z+1}\left(|z|>\dfrac{1}{2}\right)$; (2) $\dfrac{z}{z-3}(|z|>3)$; (3) $\dfrac{1}{1-3z}\left(|z|<\dfrac{1}{3}\right)$;

(4) $\dfrac{2z}{2z-1}\left(|z|<\dfrac{1}{2}\right)$; (5) $\dfrac{1-\left(\dfrac{1}{2z}\right)^{10}}{1-\dfrac{1}{2z}}(|z|>0)$; (6) $1-\dfrac{1}{8}z^{-3}(|z|>0)$。

6-2 (1) $\dfrac{z-z^{-7}}{z-1}$; (2) $\dfrac{2z}{(z-1)^2}$; (3) $\left(\dfrac{z}{z-1}\right)^2$; (4) $\ln\dfrac{z-b}{z-a}$。

6-3 $\dfrac{-1.5z}{(z-0.5)(z-2)}(0.5<|z|<2)$。

6-4 (1) $a^{n-N}u(n-N)$; (2) $\left(\dfrac{a}{2}\right)^nu(n)$; (3) $\left(\dfrac{a}{2}\right)^{n-N}u(n-N)$;

(4) $-na^nu(n)$; (5) $\dfrac{1-a^{n+1}}{1-a},a\neq1,n+1,a=1$; (6) $(-a)^nu(n)$。

6-6 (1) $\dfrac{1}{4}[(-1)^n+2n-1]u(n)$; (2) $\dfrac{2}{3}\delta(n)+0.5^nu(-n-1)-3^{n-1}u(-n-1)$;

(3) $\begin{cases}2^{n+1}-3^n, & n<0\\ 2\delta(n)-(-1)^n, & n\geqslant0\end{cases}$。

6-7　(1) $\left[4\left(-\dfrac{1}{2}\right)^n-3\left(-\dfrac{1}{4}\right)^n\right]u(n)$;　(2) $-a\delta(n)+\left(a-\dfrac{1}{a}\right)\left(\dfrac{1}{a}\right)^n u(n)$;

(3) $5[1+(-1)^n]u(n)$;　(4) $\delta(n)-\cos\left(\dfrac{n\pi}{2}\right)u(n)$。

6-8　$10(2^n-1)u(n)$。

6-9　(1) $\left[8-(2n+6)\left(\dfrac{1}{2}\right)^n\right]u(n)$;　(2) $-\left[8-(2n+6)\left(\dfrac{1}{2}\right)^n\right]u(-n-1)$;

(3) $-8u(-n-1)-(2n+6)\left(\dfrac{1}{2}\right)^n u(n)$。

6-10　(1) $\dfrac{b}{b-a}[a^n u(n)+b^n u(-n-n)]$;　(2) $a^{n-2}u(n-2)$;

(3) $\dfrac{1-a^n}{1-a}u(n)$;　(4) $\dfrac{1-a^{n+1}}{1-a}u(n)-\dfrac{1-a^{n+1-N}}{1-a}u(n-N)$。

6-11　(1) 不稳定(边界稳定);　(2) 不稳定;　(3) 稳定;　(4) 不稳定。

6-12　$10<|z|\leqslant+\infty$ 时,$h(n)=(0.5^n-10^n)u(n)$,系统因果不稳定;

$0.5<|z|<10$ 时,$h(n)=0.5^n u(n)+10^n u(-n-1)$,系统非因果稳定。

6-13　(1) $H(z)=\dfrac{z}{z+1}$,$h(n)=(-1)^n u(n)$;　(2) $y(n)=5[1+(-1)^n]u(n)$。

6-14　(1) $H(z)=\dfrac{1-z^{-1}}{1-\dfrac{1}{2}z^{-1}}$,$h(n)=\delta(n)-\left(\dfrac{1}{2}\right)^n u(n-1)$;

(2) $y(n)=\left[4\left(\dfrac{1}{3}\right)^n-3\left(\dfrac{1}{2}\right)^n\right]u(n)$。

6-15　(1) $y_{zi}(n)=4(-1)^n-4(-2)^n,n\geqslant0$,$y_{zs}(n)=\left[\dfrac{1}{6}-\dfrac{1}{2}(-1)^n+\dfrac{4}{3}(-2)^n\right]u(n)$;

(2) $H(z)=\dfrac{1}{1+3z^{-1}+2z^{-2}}$,$h(n)=[-(-1)^n+2(-2)^n]u(n)$。

6-16　(1) $H(z)=\dfrac{z}{z-\dfrac{1}{3}}$,$|z|>\dfrac{1}{3}$;$h(n)=\left(\dfrac{1}{3}\right)^n u(n)$;　(2) $x(n)=(0.5)^n u(n-1)$;

(4) 呈低通特性。

6-17　(1) $y(n)-y(n-1)+\dfrac{1}{2}y(n-2)=x(n-1)$;

(2) $H(z)=\dfrac{z}{z^2-z+\dfrac{1}{2}}$,系统稳定;

(3) $h(n)=2(\sqrt{2})^{-n}\cdot\sin\dfrac{n\pi}{4}u(n)$;　(4) $y_{ss}(n)=20\cos\left(n\pi+\dfrac{\pi}{2}\right)$。

6-18　(1) $H(z)=\dfrac{2}{4-(2a+1)z^{-1}}$;　(2) $2.5<u<1.5$,　(3) $\dfrac{1}{2-e^{j\omega}}$。

参 考 文 献

[1] 郑君里,应启珩,杨为理.信号与系统[M].2 版.北京:高等教育出版社,2000.

[2] 燕庆明.信号与系统教程[M].2 版.北京:高等教育出版社,2007.

[3] 马金龙,胡建萍,王宛苹.信号与系统[M].北京:科学出版社,2006.

[4] 陈后金,胡健,薛健.信号与系统[M].北京:高等教育出版社,2007.

[5] 沈元隆,周井泉.信号与系统[M].2 版.北京:人民邮电出版社,2009.

[6] 吴大正.信号与线性系统分析[M].4 版.北京:高等教育出版社,2005.

[7] 徐亚宁,李和.信号与系统分析[M].西安:西安电子科技大学出版社,2012.

[8] 金波,张正炳.信号与系统分析[M].北京:高等教育出版社,2011.

[9] 向军,万再莲,周玮.信号与系统[M].重庆:重庆大学出版社,2011.

[10] 梁虹,普园媛,梁洁.信号与线性系统分析[M].4 版.北京:高等教育出版社,2006.

[11] 邢丽冬,潘双来.信号与线性系统[M].2 版.北京:清华大学出版社,2012.

[12] 李辉,思德,高娜.数字信号处理及 MATLAB 实现[M].北京:机械工业出版社,2011.

[13] 刘长征,叶瑰昀.信号与系统分析[M].北京:清华大学出版社,2012.

[14] 余成波,杨菁,杨如民,周登义.数字信号处理及 MATLAB 实现[M].北京:清华大学出版社,2005.

[15] 丛玉良,王宏志.数字信号处理原理及其 MATLAB 实现[M].北京:电子工业出版社,2005.

[16] 甘俊英,胡异丁.基于 MATLAB 的信号与系统实验指导[M].北京:清华大学出版社,2007.

[17] 徐利民,舒君,谢优忠.基于 MATLAB 的信号与系统实验教程[M].北京:清华大学出版社,2010.